21世纪高等学校计算机教育实用规划教材

Java Web开发实践教程

——从设计到实现（第2版）

刘冰月 李绪成 张 阳 主编
张 娜 宋晓慧 周绍斌 副主编

清华大学出版社
北京

内容简介

本书是关于Java Web开发的实践教程，第1～第5章介绍Web框架开发基础，第6章重点讲解一个基于MVC的实用Web开发框架的搭建，第7～第9章对一个实际的Web项目进行需求分析，数据模型建立、设计并给出实现，第10和第11章介绍Web应用的开发专题，第12章介绍J2EE的架构模式、对前端控制器进行详细的分析和实现以及Struts2＋Spring＋Hibernate(S2SH)框架的搭建过程。

本书不仅可以作为大专院校计算机相关专业Java Web课程的实践教材，也可作为学习Java Web开发的自学教材或培训教材。

图书在版编目(CIP)数据

Java Web开发实践教程：从设计到实现/刘冰月，李绪成，张阳主编. --2版. --北京：清华大学出版社，2013(2019.7重印)

21世纪高等学校计算机教育实用规划教材

ISBN 978-7-302-31433-2

Ⅰ. ①J… Ⅱ. ①刘… ②李… ③张… Ⅲ. ①JAVA语言－程序设计－高等学校－教材 Ⅳ. ①TP312

中国版本图书馆CIP数据核字(2013)第020182号

责任编辑：付弘宇　赵晓宁
封面设计：常雪影
责任校对：时翠兰
责任印制：沈　露

出版发行：清华大学出版社
网　　址：http://www.tup.com.cn，http://www.wqbook.com
地　　址：北京清华大学学研大厦A座　　邮　　编：100084
社 总 机：010-62770175　　邮　　购：010-62786544
投稿与读者服务：010-62776969，c-service@tup.tsinghua.edu.cn
质量反馈：010-62772015，zhiliang@tup.tsinghua.edu.cn
课件下载：http://www.tup.com.cn，010-62795954

印 装 者：北京密云胶印厂
经　　销：全国新华书店
开　　本：185mm×260mm　　印　张：20.5　　字　数：499千字
版　　次：2008年9月第1版　2013年8月第2版　　印　次：2019年7月第7次印刷
印　　数：3901～4400
定　　价：39.00元

产品编号：050329-02

出版说明

随着我国高等教育规模的扩大以及产业结构调整的进一步完善，社会对高层次应用型人才的需求将更加迫切。各地高校紧密结合地方经济建设发展需要，科学运用市场调节机制，合理调整和配置教育资源，在改革和改造传统学科专业的基础上，加强工程型和应用型学科专业建设，积极设置主要面向地方支柱产业、高新技术产业、服务业的工程型和应用型学科专业，积极为地方经济建设输送各类应用型人才。各高校加大了使用信息科学等现代科学技术提升、改造传统学科专业的力度，从而实现传统学科专业向工程型和应用型学科专业的发展与转变。在发挥传统学科专业师资力量强、办学经验丰富、教学资源充裕等优势的同时，不断更新教学内容、改革课程体系，使工程型和应用型学科专业教育与经济建设相适应。计算机课程教学在从传统学科向工程型和应用型学科转变中起着至关重要的作用，工程型和应用型学科专业中的计算机课程设置、内容体系和教学手段及方法等也具有不同于传统学科的鲜明特点。

为了配合高校工程型和应用型学科专业的建设和发展，急需出版一批内容新、体系新、方法新、手段新的高水平计算机课程教材。目前，工程型和应用型学科专业计算机课程教材的建设工作仍滞后于教学改革的实践，如现有的计算机教材中有不少内容陈旧(依然用传统专业计算机教材代替工程型和应用型学科专业教材)，重理论、轻实践，不能满足新的教学计划、课程设置的需要；一些课程的教材可供选择的品种太少；一些基础课的教材虽然品种较多，但低水平重复严重；有些教材内容庞杂，书越编越厚；专业课教材、教学辅助教材及教学参考书短缺，等等，都不利于学生能力的提高和素质的培养。为此，在教育部相关教学指导委员会专家的指导和建议下，清华大学出版社组织出版本系列教材，以满足工程型和应用型学科专业计算机课程教学的需要。本系列教材在规划过程中体现了如下一些基本原则和特点。

(1) 面向工程型与应用型学科专业，强调计算机在各专业中的应用。教材内容坚持基本理论适度，反映基本理论和原理的综合应用，强调实践和应用环节。

(2) 反映教学需要，促进教学发展。教材规划以新的工程型和应用型专业目录为依据。教材要适应多样化的教学需要，正确把握教学内容和课程体系的改革方向，在选择教材内容和编写体系时注意体现素质教育、创新能力与实践能力的培养，为学生知识、能力、素质协调发展创造条件。

(3) 实施精品战略，突出重点，保证质量。规划教材建设仍然把重点放在公共基础课和专业基础课的教材建设上；特别注意选择并安排一部分原来基础比较好的优秀教材或讲义修订再版，逐步形成精品教材；提倡并鼓励编写体现工程型和应用型专业教学内容和课程体系改革成果的教材。

(4) 主张一纲多本,合理配套。基础课和专业基础课教材要配套,同一门课程可以有多本具有不同内容特点的教材。处理好教材统一性与多样化,基本教材与辅助教材,教学参考书,文字教材与软件教材的关系,实现教材系列资源配套。

(5) 依靠专家,择优选用。在制订教材规划时要依靠各课程专家在调查研究本课程教材建设现状的基础上提出规划选题。在落实主编人选时,要引入竞争机制,通过申报、评审确定主编。书稿完成后要认真实行审稿程序,确保出书质量。

繁荣教材出版事业,提高教材质量的关键是教师。建立一支高水平的以老带新的教材编写队伍才能保证教材的编写质量和建设力度,希望有志于教材建设的教师能够加入到我们的编写队伍中来。

21 世纪高等学校计算机教育实用规划教材编委会
联系人:魏江江 weijj@tup.tsinghua.edu.cn

前　　言

随着 Internet 的迅猛发展，企业级应用系统中基于 B/S 架构的 Web 应用系统与日俱增。目前，Web 应用的两大主流开发体系是 Sun 公司的 Sun ONE 体系和微软公司的.NET 体系。在 JavaEE 规范中，JSP 和 Servlet 是 Web 项目开发的主要技术。

本书作为 Java Web 程序设计课程的后续课程的教材，重点讲解了一个 Java Web 开发框架的搭建和一个实际 Web 应用系统的设计与实现。遵照 Servlet 3.0 和 JSP 2.0 规范，采用 MVC 设计模式，全面介绍 Java Web 开发中的实用技术，从基础准备→Web 开发框架搭建→实际项目分析→数据库建模→基于 MVC 的设计与实现→Java Web 开发专题→前端控制器模式→S2SH 框架，一步一步地引导读者完成 Java Web 应用系统的分析、设计与实现，最终提高读者的 Web 项目开发的实践动手能力。

本书的特色

本书所讲解的 Web 项目来自实际的需求，读者易于理解。项目规模适中，拉近了与实际项目开发的距离。遵照 Servlet 3.0 和 JSP 2.0 规范，完全采用 MVC 设计模式，读者学习之后比较容易理解和掌握流行的 Web 开发框架。本书提供的 Web 开发框架简单易学，能够方便读者重用到其他 Web 项目的开发中。书中介绍了数据库建模和数据库设计测试等实用概念，能够方便读者在学习之后进行设计实践。通过前端控制器设计实例与 S2SH 框架的搭建实例，读者可以进一步理解和掌握 MVC 架构模式和流行的 Web 开发框架。

本书设计思路简单实用，文档详尽，实践步骤清晰，提供全部源代码和相关的文档。

每一章结束都有思考、练习和测试。其中，测试题是较难的练习，方便读者进行进阶练习和教师改编成实验使用。为了便于教师授课，提供了每章的 PPT。

本书的组织结构

本书精要地介绍了 Web 框架开发基础。着重讲解了一个实用 Web 框架的搭建和实际应用的开发。介绍了数据验证、数据转换、国际化和日志处理等 Web 开发专题。并对前端控制器和 S2SH 框架进行了详细的分析和实现。全书共 12 章。

第 1 章是 Web 开发概述，介绍 Web 应用开发的背景、相关技术、Web 应用的运行和开发环境以及 Web 开发前沿知识。

第 2 章介绍 Web 应用运行环境和开发环境的搭建，环境包括 JDK 6.0、Tomcat 7、Eclipse Indigo 和 MySQL 5.0。

第 3 章是框架基础——Servlet 与 JSP 技术回顾。回顾 Web 应用的文档结构，Servlet 和 JSP 的运行原理等重要的基本概念。讲解在 Eclipse 中利用动态 Web 应用进行开发的过程、编写 Servlet 和 JSP 的过程。列举了常用的 Servlet API、JSP 的指令和动作，并介绍了

Servlet 3.0 的新特性。说明了 JSP 2.0 中的 EL 以及 JSTL 的常用语法。

第 4 章是框架基础——MVC 分层设计与实现，介绍了 Web 中的 MVC 架构模式，举例说明了 MVC 分层设计与实现，总结了 MVC 开发的关键问题。

第 5 章是框架基础——数据库技术，包括 MySQL 常用命令、常用的 SQL 语句的语法、JDBC 技术以及数据库连接池。

第 6 章是 WebFrame 框架，提出了一种简单实用的 Web 开发框架——WebFrame，对该框架的各个层次的组成、功能进行了详细的描述，并从零开始完成了该框架的搭建。

第 7 章是 Tea Web 应用概述，包括系统概述和静态界面的演示与说明。

第 8 章是 Tea Web 应用的数据库设计，介绍了使用 PowerDesigner 建模工具进行概念建模和物理建模的过程。建立了 Tea Web 应用的概念模型和物理模型，进行了数据库设计的正确性验证，给出了主要业务的 SQL 语句。

第 9 章是 Tea Web 应用的 MVC 设计与实现。基于第 6 章搭建的 WebFrame 框架进行了二次开发。

第 10 章 Web 应用开发调试，分类介绍了开发过程中经常出现的错误，介绍了在 Eclipse 环境中的调试方法。

第 11 章是 Web 应用开发专题，包括数据验证、数据转换、国际化和日志处理。

第 12 章简单介绍了设计模式和架构模式以及 J2EE 中的分层架构模式，针对 WebFrame 框架的不足，继续完善了前端控制器的设计与实现，应用流行框架组合 Struts2＋Spring＋Hibernate，搭建了 S2SH 框架实例。

本书的配套资源

本书的配套资源的内容包括程序、文档和 PPT。为了便于使用，文件夹以章编号进行命名，具体说明如下：

ch02 文件夹中是开源的工具软件，包括 JDK 6.0、Tomcat 7、Eclipse Indigo、MySQL 5.0 以及 MySQL 5.0 的驱动程序等。

ch04 文件夹中是 firstmvc 的工程源码和 firstmvc.xml 配置文件。

ch05 文件夹中是 myweb 的工程源码和 myweb.xml 配置文件。

ch06 文件夹中是 WebFrame 框架的工程源码、webframe.xml 配置文件。

ch07 文件夹中是 Tea Web 应用的静态页面。

ch08 文件夹中是数据库的概念模型、物理模型和 SQL 脚本文档。

ch09 文件夹中是 Tea 应用的工程源码和 tea.xml 配置文件。

ch12 文件夹中是前端控制器和 S2SH 框架实例中需要下载的 jar 包。

ppt 文件夹中是本书各章的教学 PPT。

本书配套资源可以从清华大学出版社网站 www.tup.com.cn 下载，如果在下载或使用中发现问题，请联系 fuhy@tup.tsinghua.edu.cn。

本书第 1、第 2、第 10 和第 11 章由李绪成编写，第 3、第 7、第 9 章和第 4、第 6、第 12 章的部分内容由刘冰月编写，第 5、第 8 章和第 4、第 6、第 12 章的部分内容由张阳编写。参加编写的人员还有陈鹏、张娜、王红、宋晓慧、万洪莉、刘丹、兰艳、闫海珍、孙风栋等。

本书再版的过程中得到了很多人的帮助，他们对出现的各种技术问题进行了详尽的解答，并提供了很多宝贵的意见和建议。在此对他们表示感谢，同时，也要感谢我们的家人的鼓励和支持。

本书作者均是教学一线的教师，书中的内容都是几年教学实践的积累。但因水平有限，错误和不妥之处在所难免，敬请读者批评指正。

编者编写的另一本教材《Java 语言程序设计教程(Java 7)》将于 2013 年内出版，有兴趣的老师可以发邮件到 fuhy@tup.tsinghua.edu.cn 索取样书。

编　者

2013 年 5 月

目　录

第1章 Java Web 应用概述

本章内容

- Web 应用概述；
- Java Web 应用开发技术；
- 集成开发环境和运行环境；
- Web 开发前沿。

本章目标

- 了解 Java Web 应用背景；
- 了解 Java Web 开发技术和开发工具；
- 了解 Web 开发前沿。

1.1 Web 应用概述

1.1.1 什么是 Web 应用

Web(World Wide Web)是一个运行于 Internet 上的系统，通过浏览器，用户可以访问 Web 页面，这些 Web 页面往往包含文字、图片、视频和其他多媒体信息等。经常访问的新浪网、中华网、淘宝网、网易、搜狐网、微软公司的网站和 Oracle 公司的网站等，就是 Web 应用。对于 Web 应用，需要使用浏览器，通过网络，访问在远程的服务器运行的程序。Web 应用指的就是这些网站中的程序。

一个网站由大量的页面组成，每个页面通常是由一个文件组成，也可能由多个文件组成。组成一个网站的大量文件相互之间通过特定的方式进行连接，并且存在一个系统来管理这些文件。管理这些文件的系统通常称为应用服务器，它的主要作用就是管理这些文件。

根据上面的描述 Web 应用具有下列基本特点：

- 客户端通常需要浏览器；
- 通过 HTTP 协议访问；
- 在服务器端通常有 Web 服务器和应用服务器；
- 客户端和服务器端交互主要通过 HTML 语言。

1.1.2 Web 应用是如何运行的

多数读者都上过网，应该对上网的过程比较熟悉，上网的一般过程如下：

(1) 打开浏览器。

(2) 输入某个网址。

(3) 等待(可能会持续一段时间)。

(4) 浏览器显示要访问的信息。

然后读者可以在网页继续进行其他操作,可能的操作如下:

(1) 在网页上单击超链接访问希望访问的内容,等待浏览器中内容的再次更新。

(2) 在网页上输入一些信息,等待浏览器中内容的再次更新。

不管是在地址栏输入地址,还是单击超链接或单击按钮,都需要等待浏览器中内容的更新。等待浏览器内容更新的过程,实际上是浏览器访问 Web 应用的过程。这个过程如下:

(1) 浏览器根据用户输入的地址找到相应的服务器,不同的网站对应不同的服务器。这个服务器可以接收浏览器发送的请求,通常称为 Web 服务器。

(2) Web 服务器把这个请求交给相应的应用服务器,应用服务器对请求进行处理。

(3) 应用服务器接收到请求之后,查找相应的文件,加载并执行这个文件。执行的结果通常是 HTML 文档。

(4) 应用服务器执行完相应的文件之后,把执行的结果返回给 Web 服务器,Web 服务器再把这个结果返回给浏览器。

(5) 浏览器解析 HTML 文档,然后把解析后的网页显示给用户。

1.1.3 Web 应用发展历史

随着 Internet 技术的广泛使用,Web 技术已经广泛应用于 Internet 上,但早期的 Web 应用全部是静态的 HTML 页面,用于将一些文本信息呈现给浏览者,但这些信息是固定写在 HTML 页面里的,该页面不具备与用户交互的能力,没有动态显示的功能。

很自然地,人们希望 Web 应用里应该包含一些能动态执行的页面,最早的 CGI(通用网关接口)技术满足了该要求,CGI 技术使得 Web 应用可以与客户端浏览器交互,不再需要使用静态的 HTML 页面。CGI 技术可以从数据库读取信息,将这些信息呈现给用户;还可以获取用户的请求参数,并将这些参数保存到数据库中。

CGI 技术开启了动态 Web 应用的时代,给了这种技术无限的可能性。但 CGI 技术存在很多缺点,其中最大的缺点就是开发动态 Web 应用难度非常大,而且在性能等各方面也存在限制。

到 1997 年,随着 Java 语言的广泛使用,Servlet 技术迅速成为动态 Web 应用的主要开发技术。相比传统的 CGI 应用而言,Servlet 具有大量的优势:

Servlet 是基于 Java 语言创建的,而 Java 语言则内建了多线程支持,这一点大大提高了动态 Web 应用的性能。

Servlet 应用可以充分利用 Java 语言的优势,如 JDBC(Java Database Connectivity)等。同时,Java 语言提供了丰富的类库,这些都简化了 Servlet 的开发。

除此之外,Servlet 运行在 Web 服务器中,由 Web 服务器负责管理 Servlet 的实例化,并对客户端提供多线程、网络通信等功能,这都保证 Servlet 有更好的稳定性和性能。

Servlet 在 Web 应用中被映射成一个 URL(统一资源定位),该 URL 可以被客户端浏览器请求,当用户向指定 URL 对应的 Servlet 发送请求时,该请求被 Web 服务器接收到,该 Web 服务器负责处理多线程、网络通信等功能,而 Servlet 的内容则决定了服务器对客户端的响应内容。

到了1998年,微软公司发布了ASP 2.0。ASP 2.0是Windows NT 4 Option Pack的一部分,作为IIS 4.0的外接式附件。它与ASP 1.0的主要区别在于它的外部组件是可以初始化的,这样,在ASP程序内部的所有组件都有了独立的内存空间,并可以进行事务处理。标志着ASP技术开始真正作为动态Web编程技术。

当ASP技术在世界上广泛流行时,人们很快感受到这种简单的技术的魅力:ASP使用VBScript作为脚本语言,它的语法简单、开发效率非常高。而且,世界上已经有了非常多的VB程序员,这些VB程序员可以很轻易地过渡成ASP程序员——因此,ASP技术马上成为应用最广泛的动态Web开发技术。

随后,由Sun公司带领的Java阵营,立即发布了JSP标准,从某种程度上来看,JSP是Java阵营为了对抗ASP推出的一种动态Web编程技术。ASP和JSP从名称上如此相似,但它们的运行机制存在一些差别,这主要是因为VBScript是一种脚本语言,无须编译,而JSP使用Java作为脚本语句——但Java从来就不是解释型的脚本语言,因此JSP页面并不能立即执行。因此,JSP必须编译成Servlet,这就是说:JSP的实质还是Servlet。不过,编写JSP比编写Servlet简单得多。不论是Servlet动态Web技术,还是JSP动态Web技术,它们的实质完全一样。可以这样理解,JSP是一种更简单的Servlet技术,这也是JSP技术出现的意义——作为一个和ASP对抗的技术,简单就是JSP的最大优势。

随着ASP和JSP技术的广泛应用,直接将脚本代码写入到动态网页中带来诸多问题如:程序代码可读性差,代码冗长;HTML代码、程序代码混在一起,不利于维护;分工不明确,网页设计人员必须了解JSP代码的意义,才能对页面美工进行调整等。此时,人们意识到:使用单纯的JSP,或ASP页面充当过多角色是相当失败的选择,这对于后期的维护相当不利。慢慢地开发人员开始在Web开发中使用MVC(Model-View-Controller)模式。Java阵营发布了一套完整的企业开发规范——J2EE(现已更名为Java EE),微软公司也发布了ASP.NET技术,它们都采用了MVC分层思想,力图解决Web应用维护困难的问题。

1.2 Java Web应用开发技术

在本书的后面部分中,如果没有特殊说明,Web应用都表示Java Web应用。

1.2.1 Java Web核心技术

Java Web应用的核心技术包括以下几个方面:

- JSP,进行输入输出的基本手段;
- JavaBean,完成功能的处理;
- Servlet,对应用的流程进行控制;
- JDBC,是与数据库进行交互不可缺少的技术;
- JSTL和表达式语言EL,完成JSP页面中各种信息的控制和输出。

JSP主要完成输入和输出的功能,主要是由HTML代码、客户端脚本(JavaScript等)、JSP的标签和指令、自定义标签库构成。

JavaBean完成系统的所有处理功能,JavaBean就是普通的Java类,所以没有特殊之处。另外,Java Web 技术中提供了多个与 JavaBean 操作相关的标签。

Servlet 技术,可以完成与 JSP 相同的功能,但是其表现形式与 JSP 不同。JSP 是以脚本文件的形式存在,而 Servlet 则是以 Java 文件的形式存在。所以 Servlet 也是 Java 类,是特殊的 Java 类,在 Java Web 技术中主要完成控制功能,负责协调 JSP 页面和功能 JavaBean 之间的关系。

与数据库的交互几乎是所有 Java Web 应用不可缺少的,并且要访问的数据库管理系统可能是不同类型的,但现在多数数据库都是关系型数据库。Java 中提供了 JDBC 技术来完成 Java 应用与各种数据库系统之间的交互。虽然 JDBC 技术不属于 Java Web 技术,但是在 Java Web 技术中不可避免地要使用 JDBC 技术。所以 JDBC 是也算是 Java Web 开发中比较重要的技术之一。

JSTL 和表达式语言是在 JSP 2.0 之后引入的,主要目的是为了方便用户在 JSP 页面中使用常用功能。典型的是信息的输出,因为 JSP 页面的主要功能就是展示信息,使用表达式语言使得信息的显示非常简单。另外 JSTL 中提供了大量常用的功能,例如选择结构和循环结构。

1.2.2 面向对象程序设计思想

面向对象程序设计的基本要素是抽象,程序员通过抽象来管理复杂性。管理抽象的有效方法是使用层次式的分类特性,这种方法允许用户根据物理含义分解一个复杂的系统,把它划分成更容易管理的块。面向对象程序设计的本质:抽象的对象可以被看成具体的实体,实体对系统中的各种消息进行响应。面向对象的三大特性:封装性、继承性和多态性。面向对象设计的基本原则:优先考虑组成,针对接口编程,为变化而设计。

1.2.3 MVC 设计模式

MVC 是 Xerox PARC 在 20 世纪 80 年代为编程语言 Smalltalk-80 发明的一种软件设计模式。M(模型)指从现实世界中挖掘出来的对象模型,是应用逻辑的反映。模型封装了数据和对数据的操作。V(视图)是应用和用户之间的接口,负责将应用显现给用户和显示模型的状态。C(控制器)负责视图和模型之间的交互,控制对用户输入的响应方式和流程。它主要负责两方面的动作:把用户的请求分发到相应的模型;将模型的改变及时反应到视图上。MVC 将视图与模型分离以提高灵活性和复用性。

MVC 本来是存在于桌面应用程序中的,由于视图注册给了模型,因此当模型数据发生改变时,将即时通知视图页面发生改变。目前,Web 应用中使用 MVC 所不同的是,当 M 发生变化的时候,需要对 V 发出请求,M 和 V 才能保持同步。因为 Web 应用都是基于请求/响应模式的,只有当用户请求浏览该页面时,控制器才负责调用模型数据来更新 JSP 页面。

MVC 并不是 Java 程序设计或 Web 应用所特有的思想。对于包含有人机互动界面的系统设计,MVC 是首选的架构模式。

1.2.4 框架结构

为了提高 Web 应用的开发效率和便于 Web 应用的管理维护,出现了很多基于 Java Web 技术的框架。这些框架可以提高开发的效率,能够方便对 Web 应用的维护。常见的

Web 应用框架有 JSF、Struts、Tapestry 和 WebWork。在 Java 企业级应用的最新版本中，JSF 已经属于 Java Web 技术的一个组成部分。

除了这些 Web 应用框架之外，还有一些能够简化对数据库进行操作的技术，通常称为持久层框架，常见的有 Hibernate 和 TopLink。Hibernate 相对来说比较流行，在很大程度上影响了后来的 EJB3 中 Java 持久性 API 的规范。

另外还有一个比较流行的技术 Spring，它是一个企业级应用的框架，与 Java EE 平行。只是它不属于 Java 企业级应用开发的标准，但却非常成功。

在实际应用开发中运用这些框架，可以大大降低企业级应用开发的复杂度和难度，降低开发成本。但是这些框架也有不足的地方，如学习曲线较陡峭，配置复杂，较难掌握等。第 6 章提出了一种简单易行的 Web 开发框架——WebFrame，并对该框架的各个层次的组成、功能进行了详细的描述。第 12 章将对当前流行的框架组合 Struts2＋Spring＋Hibernate 进行讲解，并搭建组合框架实例。

1.2.5 XML 语言

HTML 和 XML 都是由 W3C 组织创建的标准，W3C 的成员认识到随着 Web 的发展，必须有一种方法能够把数据和它的显示分离开来，这样就导致了 XML 的诞生。早在 1969 年，IBM 公司就开发了一种文档描述语言 GML 用来解决不同系统中文档格式不同的问题，GML 是 IBM 许多文档系统的基础，包括 Script 和 Bookmaster，接下来的日子里，这个语言在 1986 年演变成一个国际标准(ISO8879)，并被称为 SGML，SGML 是很多大型组织，比如飞机、汽车公司和军队的文档标准，它是语言无关、结构化、可扩展的语言，这些特点使它在很多公司受到欢迎，用来创建、处理和发布大量的文本信息。

在 1989 年，在 CERN 欧洲粒子物理研究中心的研究人员开发了基于 SGML 的超文本版本，被称为 HTML。HTML 继承了 SGML 的许多重要的特点，比如结构化、实现独立和可描述性，但是同时它也存在很多缺陷：如它只能使用固定的有限的标记，而且它只侧重于对内容的显示。同时随着 Web 上数据的增多，这些 HTML 存在的缺点就变得不可忽略。W3C 提供了 HTML 的几个扩展用来解决这些问题，最后它决定开发一个新的 SGML 的子集，称为 XML。

XML 的出现就是为了解决 HTML 所存在的这些弊病。它保留了很多 SGML 标准的优点，但是更加容易操作和在 WWW 环境下实现。在 1998 年，它就变成了 W3C 的标准。

XML(Extensible Markup Language，可扩展标记语言)是一组语法规则，指定了如何使用标记元素表示结构化数据。一个标记元素表示为：一个开始标记(可带有属性)，一个体和一个结束标记。

1.2.6 HTML，CSS 和 JavaScript

HTML(Hypertext Markup Language，超文本标记语言)的文档布局，告诉浏览器如何显示文档内容，如文本、图像和其他媒体。

超文本链接：可以把文档与其他互联网资源连接起来。

CSS(Cascading Style Sheets)中文的意思是层叠样式表或级联样式表，是用于(增强)控制网页样式并允许将样式信息与网页内容分离的一种标记性语言。

CSS 可以用来精确地控制页面里每一个元素的字体样式、背景、排列方式、区域尺寸、边框等。使用 CSS 能够简化网页的格式代码,加快下载显示的速度。外部链接样式可以同时定义多个页面,大大减少了重复劳动的工作量。

JavaScript 是客户端脚本语言,是一种基于对象(Object)和事件驱动(Event Driven)的脚本语言。

JavaScript 认为文档和显示文档的浏览器都是由不同的对象组成的集合。这些对象具有一定的属性,可以对这些属性进行修改或计算。

JavaScript 的基本特点是脚本语言、基于对象、简单性、动态性和跨平台性。

JavaScript 是 Netscape 公司的产品,其目的是为了扩展其浏览器功能。现在 JavaScript 已被标准化为 ECMAScript,主流的浏览器都支持。

1.3 集成开发环境和运行环境

1.3.1 集成开发环境

目前主流的集成开发环境包括 Eclipse、NetBeans 和 JBuilder 等。

Eclipse 是一种可扩展的开放源代码 IDE。2001 年 11 月,IBM 公司捐出价值 4000 万美元的源代码组建了 Eclipse 联盟,并由该联盟负责这种工具的后续开发。集成开发环境(IDE)经常将其应用范围限定在"开发、构建和调试"的周期之中。为了帮助集成开发环境克服目前的局限性,业界厂商合作创建了 Eclipse 平台。Eclipse 允许在同一 IDE 中集成来自不同供应商的工具,并实现了工具之间的互操作性,从而显著改变了项目工作流程,使开发者可以专注在实际的嵌入式目标上。

Eclipse 框架的这种灵活性来源于其扩展点。它们是在 XML 中定义的已知接口,并充当插件的耦合点。扩展点的范围包括从用在常规表述过滤器中的简单字符串,到一个 Java 类的描述。任何 Eclipse 插件定义的扩展点都能够被其他插件使用;反之,任何 Eclipse 插件也可以遵从其他插件定义的扩展点。除了了解由扩展点定义的接口外,插件不知道它们通过扩展点提供的服务将如何被使用。

利用 Eclipse,可以将高级设计(也许是采用 UML)与低级开发工具(如应用调试器等)结合在一起。如果这些互相补充的独立工具采用 Eclipse 扩展点彼此连接,那么当使用调试器逐一检查应用时,UML 对话框可以突出显示开发者正在关注的器件。事实上,由于 Eclipse 并不了解开发语言,所以无论 Java 语言调试器、C/C++ 调试器还是汇编调试器都是有效的,并可以在相同的框架内同时瞄准不同的进程或节点。

Eclipse 的最大特点是能接受由 Java 开发者编写的开放源代码插件,这类似于微软公司的 VisualStudio 和 Sun 微系统公司的 NetBeans 平台。Eclipse 为工具开发商提供了更好的灵活性,使他们能更好地控制自己的软件技术。Eclipse 是一款非常受欢迎的 Java 开发工具,国内的用户也越来越多,实际上使用它的 Java 开发人员是最多的;其缺点就是较复杂,对初学者来说,理解起来比较困难。

NetBeans 是一个免费的开源的集成开发环境。使用该集成开发环境可以使用 Java 语言、C/C++ 和 Ruby 开发专业的桌面应用、企业级应用,Web 应用和移动应用。NetBeans 安装方便，能够运行在多数操作系统上，包括 Windows、Linux、Mac OS X and Solaris。

NetBeans 的最新版本是 6.1，提供了几个新的特性和一些功能的增强。例如，强大的 JavaScript 编辑功能，支持 Spring Web 框架，继承了 MySQL。这个版本同样对性能进行了很多改进，特别是启动速度（大概 40%），同时降低了内存的消耗，增强了在开发大项目时的响应。

NetBeans 集成开发环境的具有如下的特性：

- 易用的 Java GUI Builder，通过在画布上摆放和调整组件的对齐方式来创建看起来非常专业的图形用户界面；
- 可视化的移动开发，能够创建、测试和调试运行在移动电话、置顶盒以及 PDA 上的图形用户界面应用；
- Ruby 和 Rails 支持，具有功能强大的 Ruby 编辑器、调试器和对 Rails 的完全支持，包括 JRuby 运行时支持；
- 可视化的 Web 和 Java EE 开发，可以可视化的使用 Ajax、CSS 和 JavaScript 构建 Web 应用，支持 JSF、Struts、Spring 和 Hibernate 等框架，包括用于 EJB 开发的完整的工具集；
- 可视化的 UML 建模，能够根据模型生成代码；
- C/C++开发，完整的 C/C++编辑器、调试器和项目模板，并支持多项目配置。

从 NetBeans IDE 5.5 之后，NetBeans 的市场份额就可以不断地增加，在 2007 又获得了多项 Jolt 大奖。

JBuilder 曾经在 Java IDE 中占有绝对主导地位，但是随着开源并且免费的 Eclipse 和 NetBeans 的出现，JBuilder 的市场份额迅速下降。2006 年，Borland 公司把 IDE 产品线出售，专门成立了 CodeGear 公司，现在的 JBuilder 就是由该公司负责。之后，JBuilder 也采用了 Eclipse 平台，变成了 Eclipse 之上的一个大插件，发布了 JBuilder 2007，现在的版本是 JBuilder 2008。

JBuilder 2008 包括 3 个版本：企业版、专业版和 Turbo 版。

JBuilder 2008 企业版对企业级应用提供了全面的支持，提供了基于 TeamInsight 和 ProjectAssist 功能的团队协作开发支持，支持 UML2.0 建模，新引入了应用工厂，应用工厂能够代码空前的开发效率的提高和代码的重用。JBuilder 2008 企业版还提供了新的进度跟踪功能、CPU 过滤器功能、ProbeKit 功能。

JBuilder 2008 专业版增加了对 Java EE5 平台和 Web Service 开发的支持，包括可视化的 EJB、JPA 和 Web services 设计器，也支持把这些应用部署到领先的商用以及开源 Java 应用服务器。另外 JBuilder 2008 专业版还包括内存和 CPU 监测工具、性能调整工具、复杂的 Swing 设计支持、基本的 UML 建模功能。

JBuilder 2008 Turbo 版，是免费的 Eclipse 包，能够创建 Java 应用，并把它部署到领先的商业以及开源应用服务器上。

1.3.2 应用服务器

目前主流的 Java Web 应用服务器包括 Tomcat、JBoss 和 Weblogic 等。其中，Tomcat 和 IIS、Apache 等 Web 服务器一样，具有处理 HTML 页面的功能，另外它还是一个 Servlet

和 JSP 容器，独立的 Servlet 容器是 Tomcat 的默认模式。

1.4 Web 开发前沿

1.4.1 Web 2.0

Web 2.0 是 2003 年之后互联网的热门概念之一，不过目前对什么是 Web 2.0 并没有很严格的定义。一般来说 Web 2.0 是相对 Web 1.0 的新的一类互联网应用的统称。Web 1.0 的主要特点在于用户通过浏览器获取信息，Web 2.0 则更注重用户的交互作用，用户既是网站内容的消费者(浏览者)，也是网站内容的制造者。关于 Web 2.0 的价值和意义现在比较普遍的说法是它为用户带来了真正的个性化、中心化和信息自主权。到目前为止，对于 Web 2.0 概念的说明，通常采用 Web 2.0 典型应用案例介绍，加上对部分 Web 2.0 相关技术的解释，这些 Web 2.0 技术主要包括博客(BLOG)、RSS、百科全书(Wiki)、网摘、社会网络(SNS)、P2P、即时信息(IM)等。由于这些技术有不同程度的网络营销价值，因此 Web 2.0 在网络营销中的应用已经成为网络营销的崭新领域。网上营销新观察(www.marketingman.net)率先对博客营销、RSS 营销等进行实践应用和系统研究，已经取得了阶段性成果，对于博客营销的定义等有关研究被广为引用。

国内典型的 Web 2.0 网站主要包括一些以博客和社会网络应用为主的网站，尤其以博客网站发展最为迅速，影响力也更大。例如，博客网(www.bokee.com)、DoNews IT 社区(www.donews.com)、百度贴吧(post.baidu.com)、新浪博客(blog.sina.com.cn)等。

1.4.2 AJAX

术语 AJAX 用来描述一组技术，使浏览器可以为用户提供更为自然的浏览体验。在 AJAX 之前，Web 站点强制用户进入提交/等待/重新显示范例，用户的动作总是与服务器的“思考时间”同步。AJAX 提供与服务器异步通信的能力，从而使用户从请求/响应的循环中解脱出来。借助于 AJAX，可以在用户单击按钮时，使用 JavaScript 和 DHTML 立即更新 UI，并向服务器发出异步请求，以执行更新或查询数据库。当请求返回时，就可以使用 JavaScript 和 CSS 来相应地更新 UI，而不是刷新整个页面。最重要的是，用户甚至不知道浏览器正在与服务器通信：Web 站点看起来是即时响应的。

虽然 AJAX 所需的基础架构已经出现了一段时间，但直到最近，异步请求的真正威力才得到利用。能够拥有一个响应极其灵敏的 Web 站点确实激动人心，因为它最终允许开发人员和设计人员使用标准的 HTML/CSS/JavaScript 堆栈创建“桌面风格的(Desktop-like)”可用性。

Adaptive Path 公司的 Jesse James Garrett 定义 AJAX：AJAX 不是一种技术。实际上，它由几种蓬勃发展的技术以新的强大方式组合而成。AJAX 包含，基于 XHTML 和 CSS 标准的表示；使用 Document Object Model 进行动态显示和交互；使用 XMLHttpRequest 与服务器进行异步通信；使用 JavaScript 绑定一切。其实术语 AJAX 是由 Jesse James Garrett 创造的，他说 AJAX 是“Asynchronous JavaScript ＋ XML 的简写”。

AJAX 的核心是 JavaScript 对象 XMLHttpRequest。该对象在 Internet Explorer 5 中

首次引入，它是一种支持异步请求的技术。简而言之，XMLHttpRequest 使用户可以使用 JavaScript 向服务器提出请求并处理响应，而不阻塞用户。

小　　结

本章首先对 Web 应用进行概述，介绍了什么是 Web 应用，Web 应用如何运行以及现在流行的 Web 应用开发技术：JSP、ASP.NET 和 PHP。

Java Web 应用开发涉及多种技术包括基本的 Java Web 开发技术、面向对象的编程思想、MVC 设计模式、各种框架、XML 语言和 HTML 等技术。

Java Web 应用的运行需要特定的环境，使用集成开发环境可以大大提高开发效率。本章的 1.3 节对开发环境和运行环境进行了介绍，最后对 Web 开发的前沿技术 Web 2.0 和 AJAX 进行了概述。

思　　考

1. 什么是 Java Web 应用？
2. Java Web 应用开发的相关技术有哪些？
3. Web 开发的前沿技术有哪些？

练　　习

找一个自己熟悉的网站，在网站上进行各种操作，分析用户在客户端的操作特点，并分析在服务器端服务器都完成了哪些工作。

第2章 搭建运行环境和开发环境

本章内容

- Web 应用运行环境概述；
- JDK 1.6.0 安装；
- Web 服务器为 Tomcat 7；
- 集成开发环境为 Eclipse 3.7(Indigo)；
- 数据库服务器为 MySQL 5.0。

本章目标

- 掌握 JDK 1.6.0 的安装；
- 掌握 Tomcat 7 的安装；
- 掌握 Eclipse 3.7(Indigo)的安装、配置和使用；
- 掌握 MySQL 5.0 的安装。

2.1 Web 应用运行环境及开发环境概述

Web 应用的运行需要 Web 服务器和应用服务器。另外对于 Java Web 应用来说，应用服务器在管理 JSP 程序的过程中需要编译 Java 源文件、加载 Java 文件、执行 Java 文件，需要 JDK 和 JRE 的支持。采用集成开发环境可以大大提高开发效率，本书使用 Eclipse 作为集成开发环境。系统数据的存储采用 MySQL 数据库。

应用服务器厂商通常会把 Web 服务器集成到其中，所以在安装应用服务器的时候通常都包含 Web 服务器。当然也可以单独选择和安装 Web 服务器，如果单独安装服务器需要进行配置。

关于 Java Web 应用的应用服务器很多，有些是商业的，有些是免费的。对于读者学习来说，没有本质区别，本书选择 Apache 基金组织的 Tomcat。

多数操作系统在安装的时候都带有 JRE，但是也有一些操作系统不带 JRE，如果没有 JRE，则需要单独安装。

2.2 JDK 安装

1. 获取 JDK

本书使用的 JDK 是 Sun 公司的 JDK 6，可以从 Sun 公司的网站上下载，下载位置为

http://java.sun.com/javase/downloads/index.jsp，下载后的文件名为 jdk-6-windows-i586.exe。

2. 安装 JDK

直接双击即可安装。首先是许可证协议对话框，如图 2-1 所示。图 2-2 所示是选择 JDK 安装路径，使用默认安装路径为 C:\Program Files\Java\jdk1.6.0。图 2-3 所示是 JDK 的安装过程。图 2-4 所示是选择 JRE 安装路径，使用默认安装路径为 C:\Program Files\Java\jre1.6.0。图 2-5 所示是 JRE 的安装过程。图 2-6 表示安装完成。

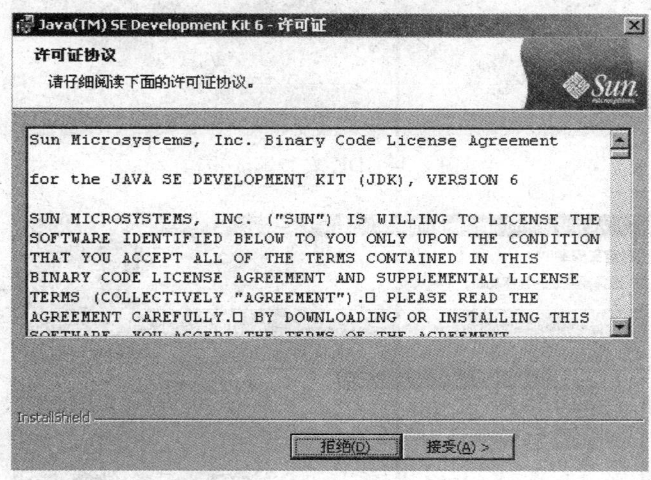

图 2-1　JDK 安装第 1 步

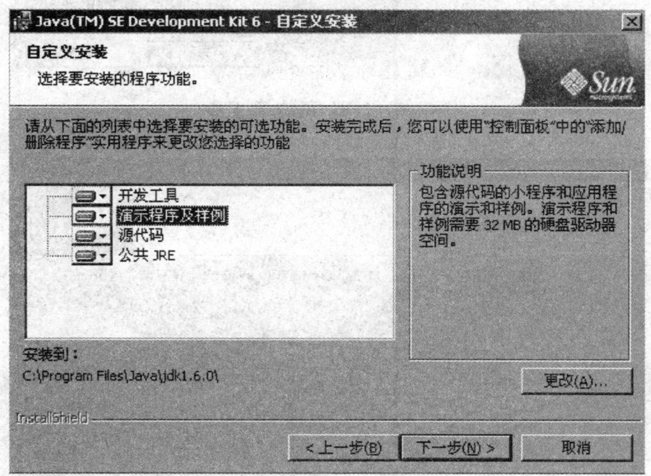

图 2-2　JDK 安装第 2 步

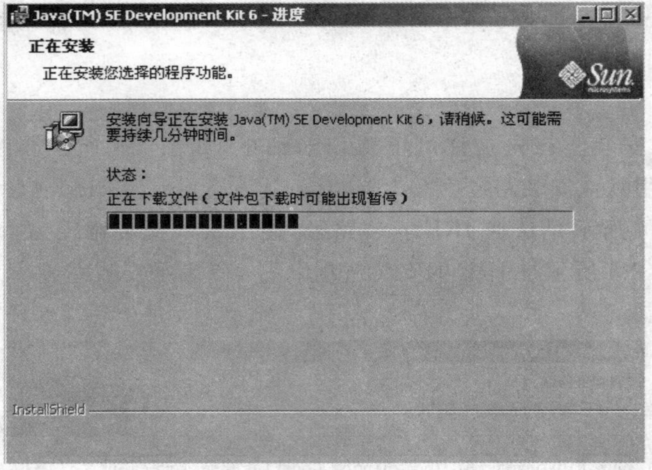

图 2-3 JDK 安装第 3 步

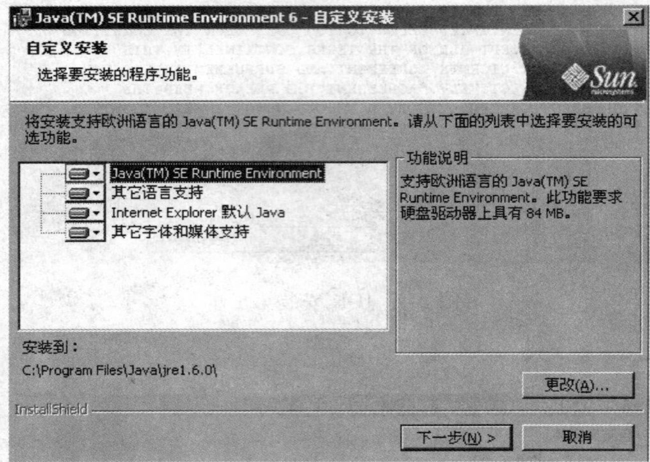

图 2-4 JDK 安装第 4 步

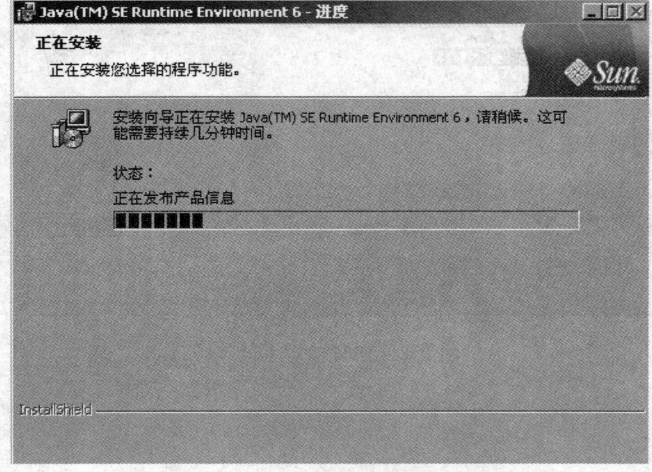

图 2-5 JDK 安装第 5 步

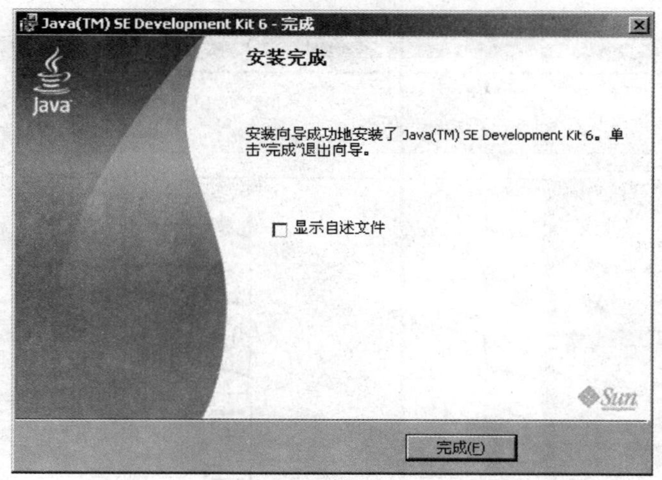

图 2-6　JDK 安装第 6 步

2.3　Tomcat 安装

Tomcat 7 是目前 Tomcat 系列产品的最新版本，其最大的变化就是对 Java 版本和运行环境的改变。Tomcat 7 是针对 Java EE 6 设计的，同时因为 Tomcat 7.0.4 引入了 Eclipse JDT Java 编译器，因此让 Tomcat 7 可以在不安装 JDK 的情况下直接编译 JSP 文件。

按官方说法，最新发布的 Tomcat 7.0.6 是 Tomcat 7 系列的第一个稳定版本。本书将使用该版本，读者可以到官方网站下载(http://tomcat.apache.org/download-70.cgi)。

2.3.1　安装

下载的程序文件名为 apache-tomcat-7.0.6.zip，解压后即可使用。本书将 Tomcat 文件解压到 D:\apache-tomcat-7.0.6 目录中。

解压后的 Tomcat 目录结构如图 2-7 所示。

接下来为 Tomcat 指定本机的 JDK 安装目录，添加一个系统环境变量 Java_Home 即可。在【我的电脑】图标上右击，选择【属性】菜单，弹出窗口中选择【高级】选项卡，单击【环境变量】按钮，在弹出窗口中【系统环境变量】一栏下面单击【新建】按钮，添加一个变量名为 Java_Home 的系统环境变量，变量值设为 2.2 节中 JDK 的安装路径，本书为 C:\Program Files\Java\jdk1.6.0。

注意：本书后续部分将使用%TOMCAT_HOME%来表示 Tomcat 的安装路径。

2.3.2　测试

安装完毕之后，可以启动 Tomcat 服务器来测试服务器是否能够正常运行。

进入%TOMCAT_HOME%下的 bin 目录，双击启动文件 startup.bat。启动完毕的 Tomcat 控制台窗口如图 2-8 所示。

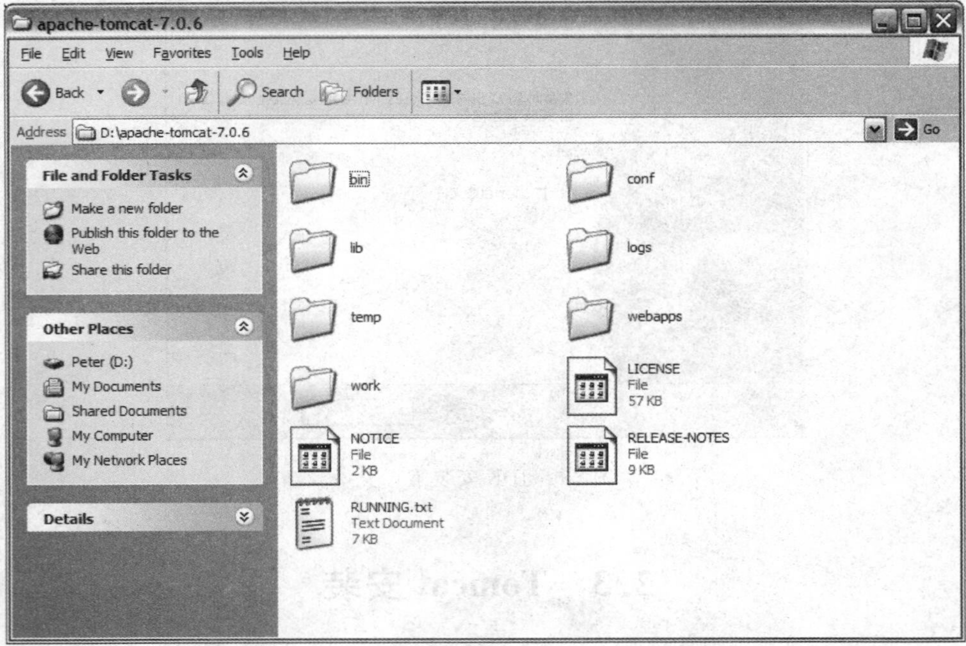

图 2-7　Tomcat 目录结构

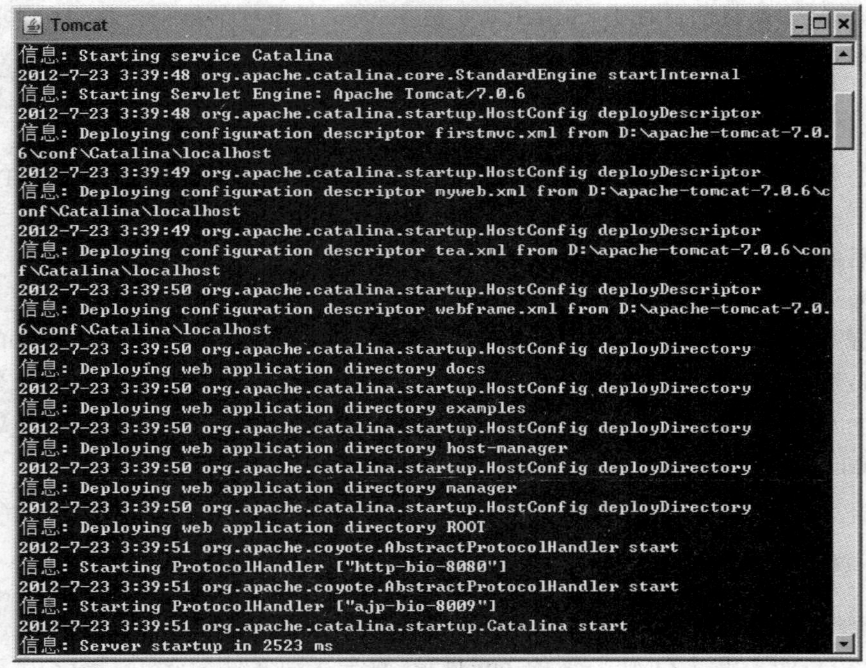

图 2-8　Tomcat 控制台窗口

要测试服务器是否正常运行，可以打开浏览器，在地址栏中输入 http://localhost:8080 或者 http://127.0.0.1:8080/，其中 localhost 代表本机，127.0.0.1 是本机的虚拟 IP 地址，8080 是 Tomcat 服务器的默认端口。

如果能看到如图 2-9 所示的 Tomcat 的根应用的首页表示服务器基本没有问题。如果产生 500 错误，可以到%TOMCAT_HOME%下的 logs 目录中查看日志文件，里面有错误提示。

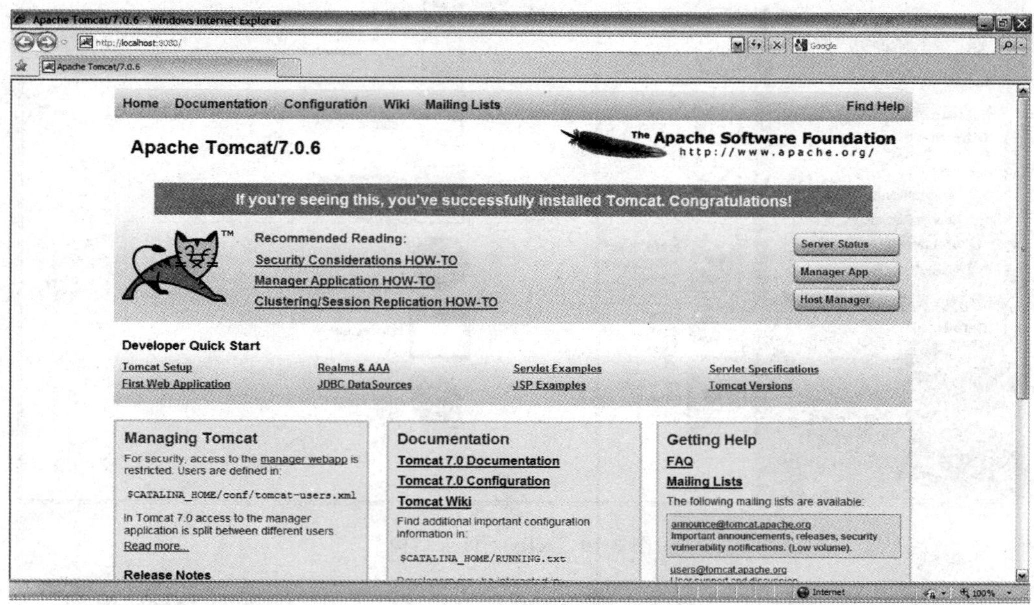

图 2-9　Tomcat 根应用首页

2.4　集成开发环境的安装和配置

本书的集成开发环境采用 Eclipse 3.7(Indigo)，该集成工具的功能可以给程序员的开发工作带来极大的方便，读者可以到 Eclipse 的官方网站下载(http://www.eclipse.org/downloads/packages/release/indigo/sr2)。

2.4.1　安装

下载后的程序文件名为 eclipse-jee-indigo-SR2-win32.zip，解压后即可使用，本书将 Eclipse 解压到 D:\eclipse 目录下。

解压后的 Eclipse 目录结构如图 2-10 所示。

2.4.2　启动

要启动 Eclipse，双击 eclipse 目录下的 eclipse.exe 文件即可。启动画面如图 2-11 所示。

启动时，会打开一个对话框，让用户来设置工作区，如图 2-12 所示。可以通过单击下拉框右边的 Browse 按钮来选择一个工作区，本书中使用的工作区为 D:\eclipse\workspace。然后单击 OK 按钮进入 Eclipse 的欢迎窗口。

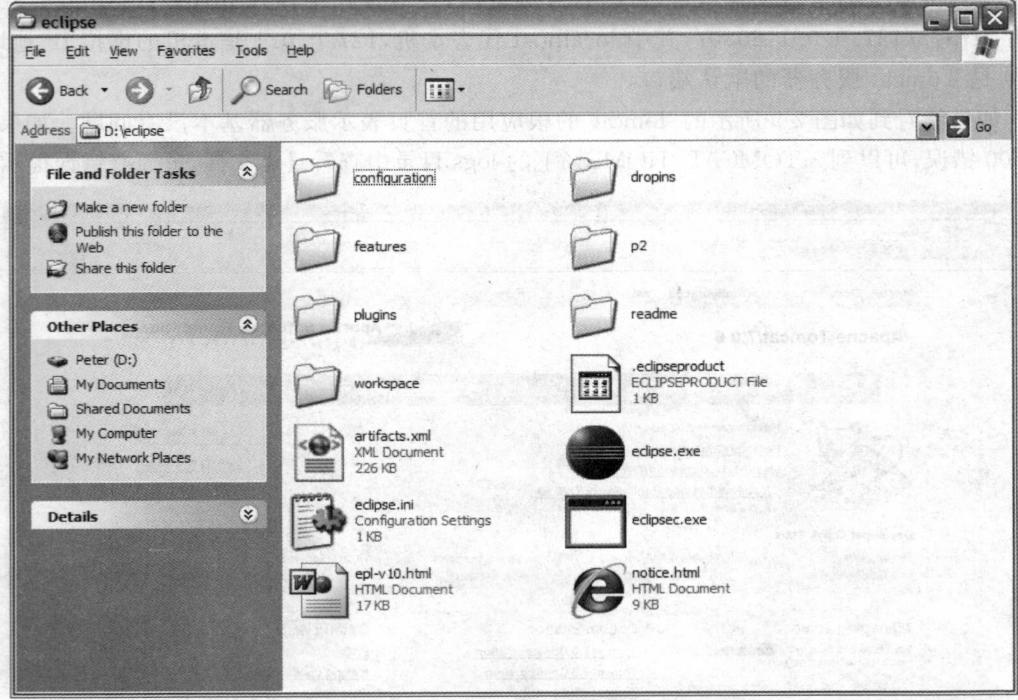

图 2-10　eclipse 目录结构

图 2-11　Eclipse 启动

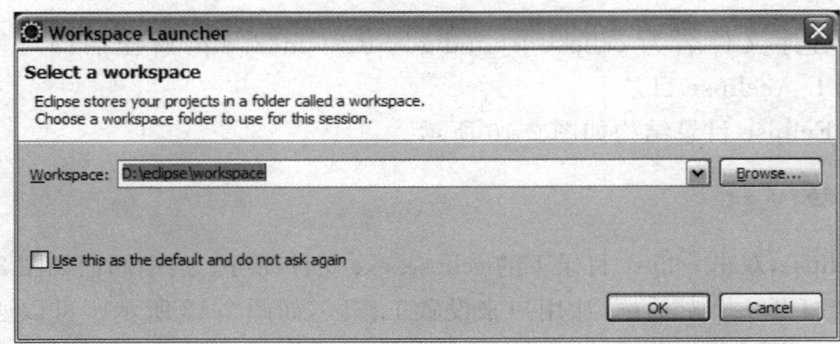

图 2-12　工作区选择对话框

注意：本书后续部分将使用%WORK_SPACE%来表示 Eclipse 工作区的位置。

2.4.3 配置

为了能够在 Eclipse 中管理服务器，方便地在 eclipse 里启动和调试动态 Web 工程，需要在 Eclipse 中进行配置，配置过程如下：

(1) 单击 Window 菜单，选择 Open Perspective 菜单，单击 Other...菜单项，在弹出窗口中选择 Java EE(default)，将透视图切换到 Java EE 透视图。

(2) 在透视图下方的 Servers 窗口中，单击 new server wizard...，配置服务器，如图 2-13 所示。

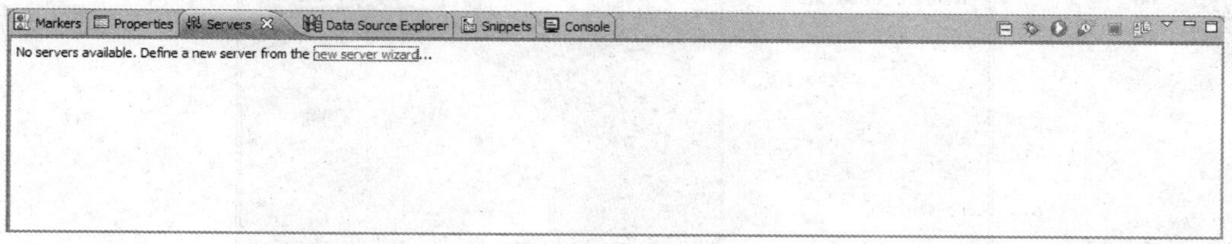

图 2-13 配置 Server

(3) 在弹出窗口中选择 Apache 中的 Tomcat v7.0 Server 项，单击 Next 按钮，如图 2-14 所示。

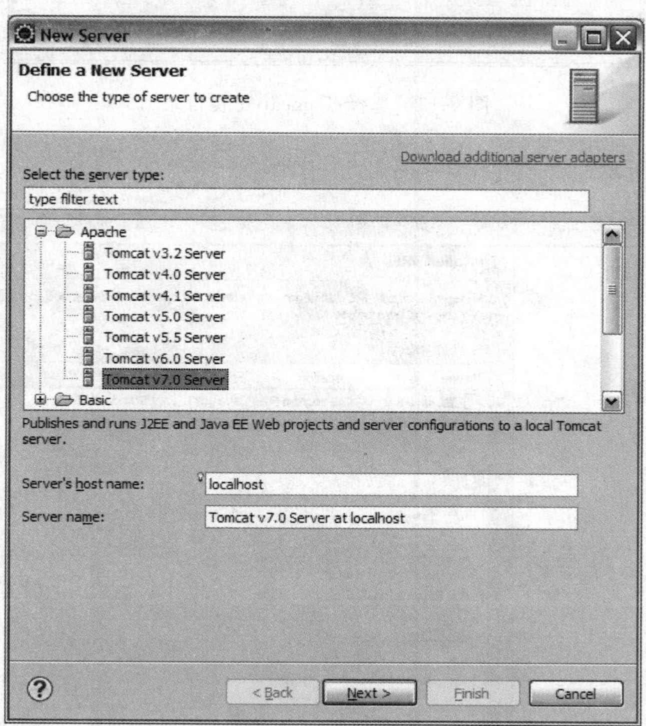

图 2-14 选择 Tomcat 版本

(4) 单击 Browse...按钮，选择 2.3 节中安装 Tomcat 服务器的目录位置，如图 2-15 所示。

(5) 单击 Installed JREs...按钮，在弹出窗口中单击 Add 按钮，接下来选择 Standard VM 项，单击 Next 按钮，在弹出窗口中单击 Directory 按钮，选择 2.2 节中安装的 JDK 的目

图 2-15　选择 Tomcat 安装目录

录位置,如图 2-16 所示。

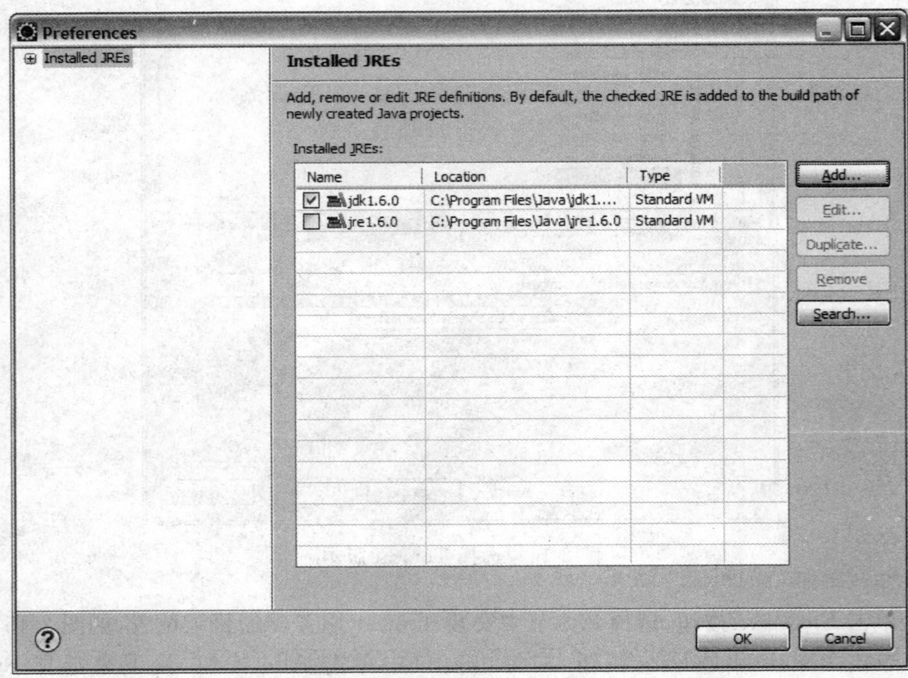

图 2-16　选择 JDK 安装目录

(6) 单击 Finish 按钮，结束服务器的配置。

2.4.4 启动

可以在 Eclipse 中直接启动 Tomcat 服务器。在 Servers 窗口中的 Tomcat 7.0 Server at localhost(Stopped)项上右击，单击 Start 菜单项，如图 2-17 所示，启动 Tomcat 服务器。

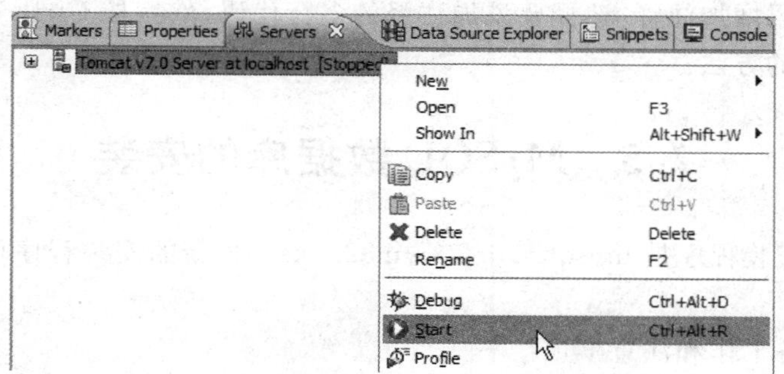

图 2-17　启动 Tomcat 服务器

服务器启动后的控制台窗口如图 2-18 所示。

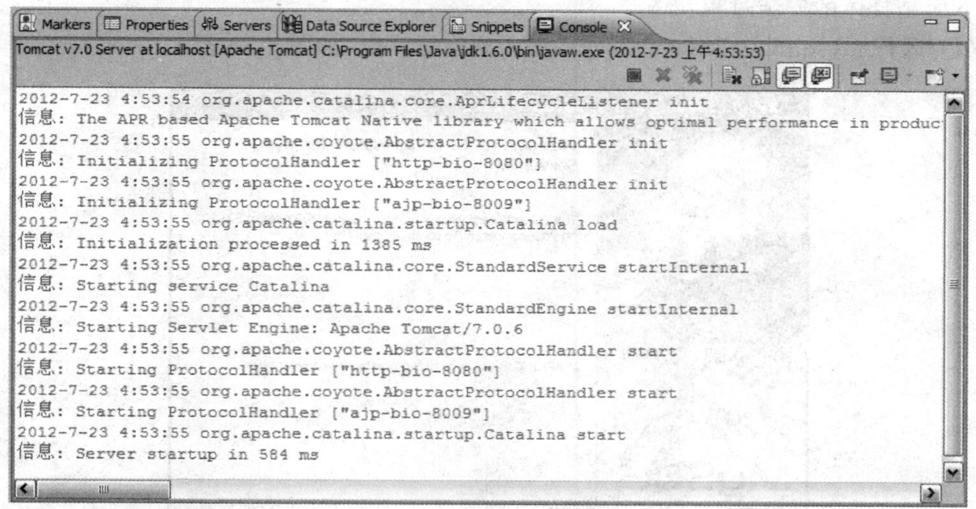

图 2-18　服务器启动之后的控制台窗口

关于如何在 Eclipse 中创建 Web 应用，Web 应用如何部署以及如何创建 JSP 页面和 Servlet 等将在第 3 章中进行讲解。

2.4.5 Eclipse 常用功能

如果能够熟练使用 Eclipse 提供的快捷功能，则能大大提高开发效率，常用的使用技巧如下：

- 为成员变量添加 set 方法和 get 方法：选中要添加 set 方法和 get 方法的属性，然后右击，选择 source 项，然后再选择 Generate setters and getters 项，在弹出的对话框中选择即可。

- 导入包所使用的快捷方式：选中要导入的类，然后按 Ctrl+Shift+O 键，如果在多个包中都包含了这个类，需要在弹出的包中选择，如果只有一个包，会直接导入。
- 格式化代码：选中要格式化的代码，然后按 Ctrl+Shift+F 键。
- 查找某个单词，可以按 Ctrl+F 键。
- 为多行代码增加注释，选择要添加注释的多行代码，然后按 Ctrl+/键。要去掉注释采用相同的方法。

2.5 MySQL 数据库的安装

本书使用的安装程序是 mysql-5.0.20-win32.exe。最新的安装程序可以从 MySQL 的官方网站上下载。

安装前的准备工作和注意事项：

- 首先检查计算机上是否已经安装了 MySQL。方法是，选择【开始】→【程序】命令，查看是否有 MySQL 的目录；或到【服务】中查看是否有名为 MySQL 的服务。
- 所有的安装目录必须是英文目录(不能是中文)。

下面是具体的安装过程：

(1) 运行 mysql-5.0.20-win32.exe，进入欢迎对话框，如图 2-19 所示。

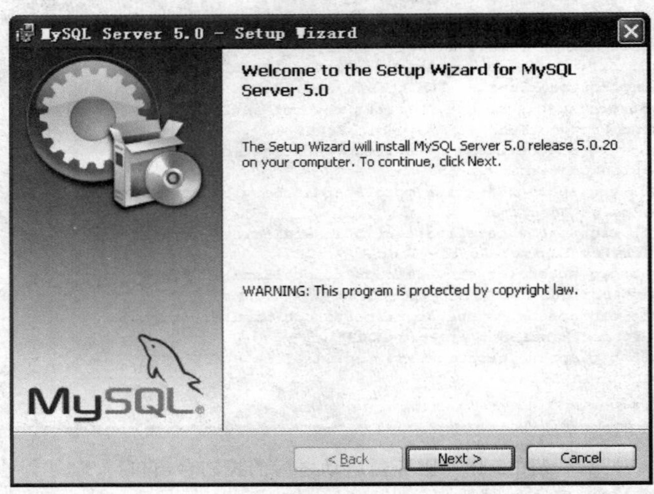

图 2-19 欢迎对话框

(2) 选择安装类型，这里选择默认的安装类型，即 Typical，如图 2-20 所示。

(3) 下一个对话框显示默认的安装目录。如果不想使用默认的安装目录，则可以单击 Back 按钮按钮，回到前一对话框，选择 Custom 项，这样可以指定安装目录。

(4) 单击 Install 按钮开始安装，如图 2-21 和图 2-22 所示。

(5) 下一个对话框要求创建 MySQL.com 的账号或登录注册。这里选择 Skip Sign-Up 单选按钮跳过注册，如图 2-23 所示。

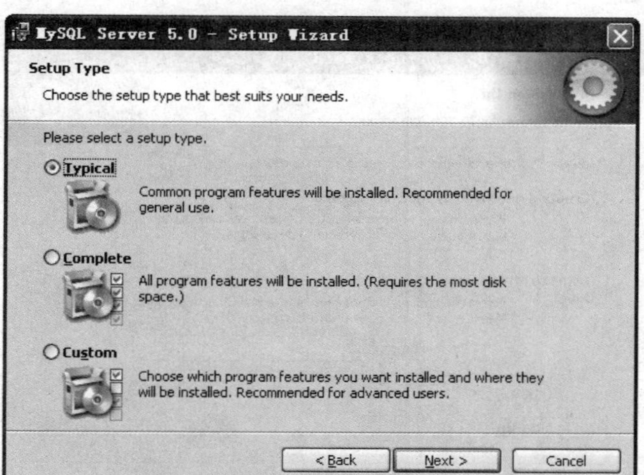

图 2-20　选择安装类型

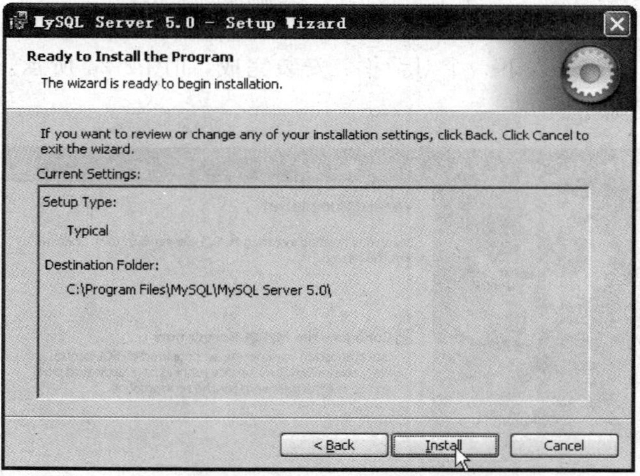

图 2-21　安装信息确认

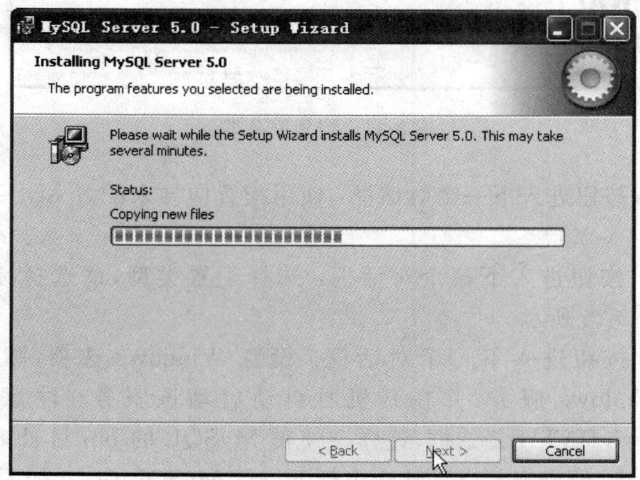

图 2-22　安装过程

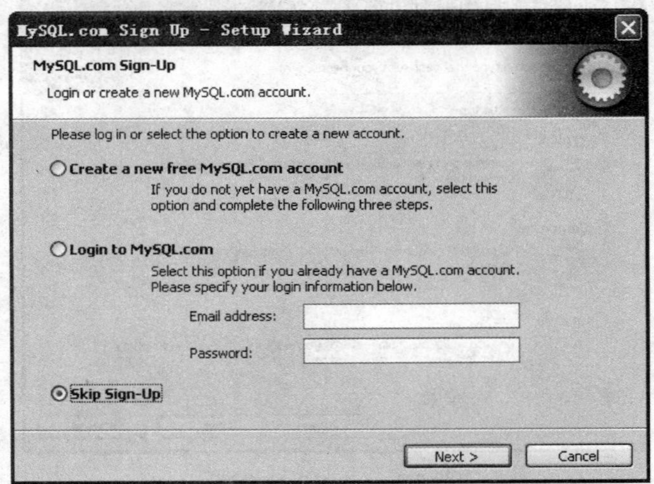

图 2-23　注册

(6) 单击 Next 按钮进入下一个对话框：安装完成，如图 2-24 所示。默认情况下，会要求配置 MySQL 服务器。

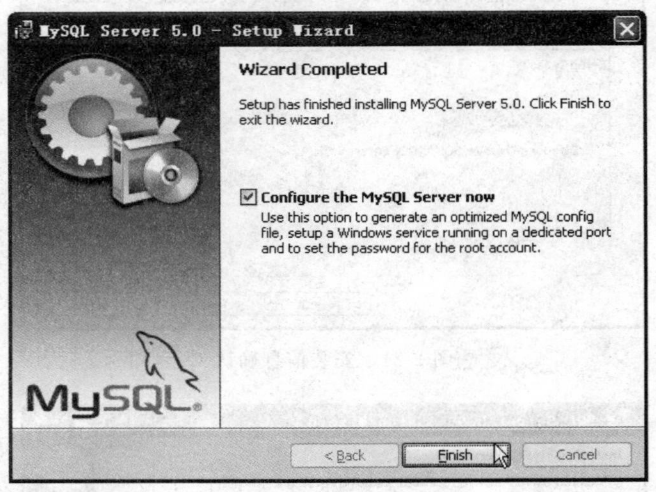

图 2-24　配置服务器

(7) 单击 Finish 按钮进入下一个对话框：使用配置向导来配置 MySQL 实例，如图 2-25 所示。

(8) 单击 Next 按钮进入下一个对话框：选择配置类型，请选择标准配置 Standard Configuration，如图 2-26 所示。

(9) 单击 Next 按钮进入下一个对话框：设置 Windows 选项，默认情况下选择将 MySQL 安装为 Windows 服务，并在开机时自动启动该服务。注意选中 Include Bin Directory in Windows PATH 复选框，这样会使得 MySQL 的 bin 目录被包含在 Windows 的环境变量 PATH 中，便于安装以后从命令行下执行 MySQL 命令，如图 2-27 所示。

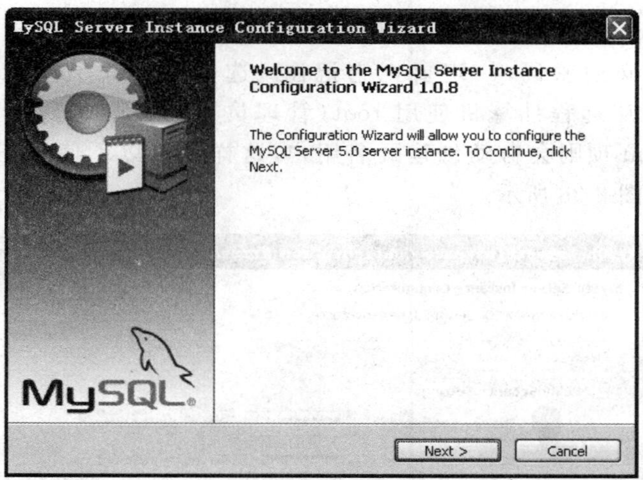

图 2-25　开始配置

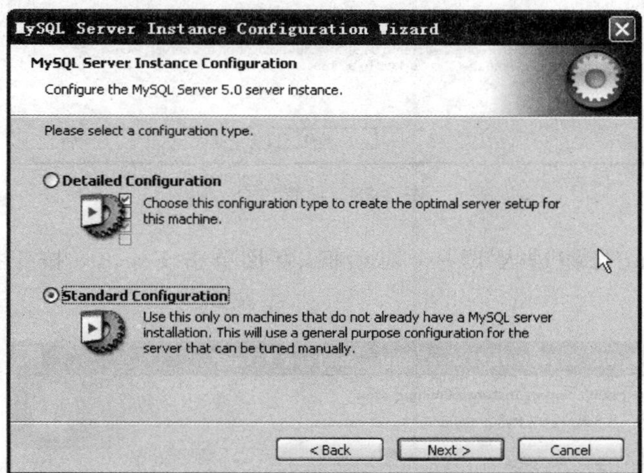

图 2-26　选择配置类型

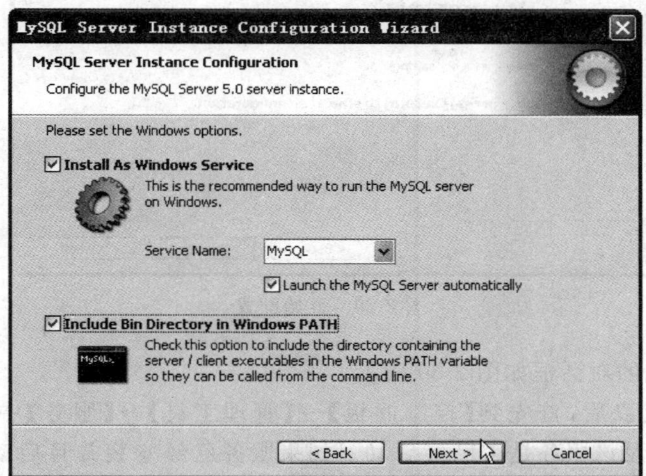

图 2-27　服务设置

(10) 单击 Next 按钮进入下一个对话框：设置安全选项。这里要求设置管理员 root 的口令，输入两遍相同的密码，一定要把它记住。选中 Enable root access from remote machines 项则允许从远程计算机使用 root(管理员)登录到 MySQL。选中 Create An Anonymous Account 项则会自动创建匿名用户，这样就可以不使用任何用户名登录到 MySQL 服务器，如图 2-28 所示。

图 2-28 设置口令

(11) 单击 Next 按钮进入下一个对话框，直接单击 Execute 按钮按钮开始配置，如图 2-29 所示。

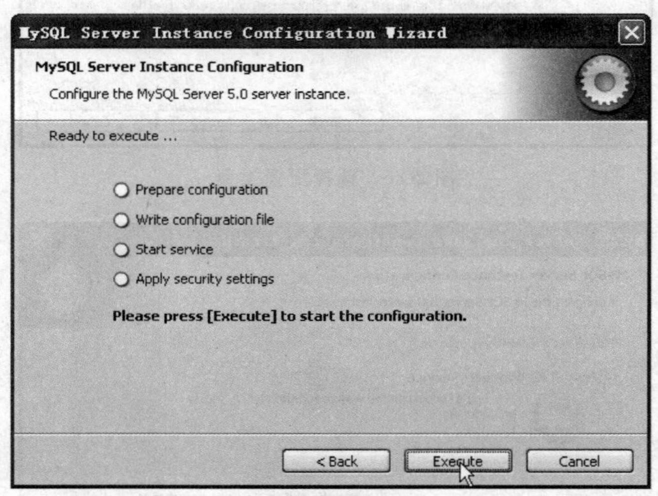

图 2-29 开始配置

(12) 配置完成的对话框如图 2-30 所示。

(13) 配置完成以后，首先到【控制面板】→【管理工具】→【服务】中查看是否有名为 MySQL 的服务，以及该服务是否已经启动。如果服务已经安装并且启动，说明安装成功，如图 2-31 所示。

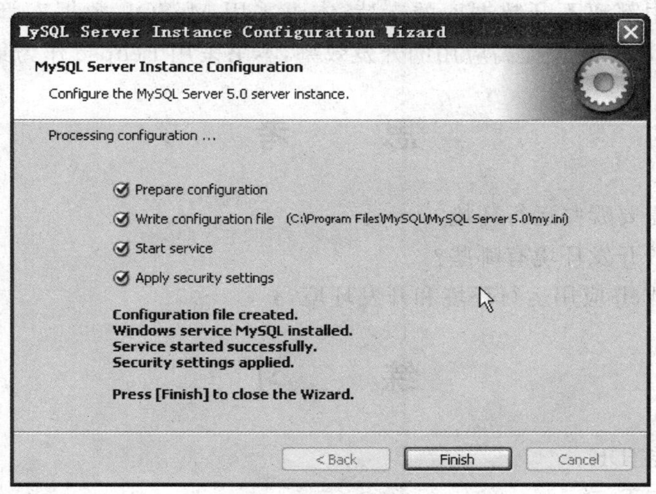

图 2-30　完成配置

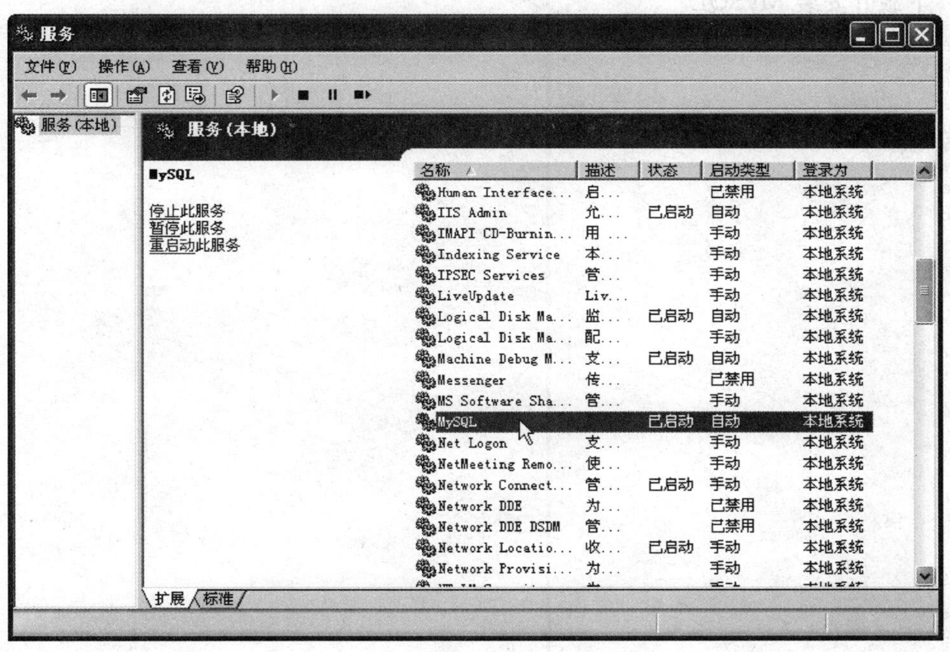

图 2-31　查看安装的 MySQL 服务

小　　结

Web 应用的运行需要 Web 服务器和应用服务器的支持，Web 应用需要部署到这些环境中才可以运行。流行的应用服务器有很多，如 Tomcat、WebSphere 和 WebLogic 等，本书采用 Tomcat 作为服务器。

任何 Web 应用都离不开数据库的支持,本书采用 MySQL 数据库管理系统来管理数据。集成开发环境可以大大提高应用的开发效率,本书采用 Eclipse 作为集成开发环境。

思　　考

1. Web 应用需要哪些运行环境?
2. Web 应用的开发环境有哪些?
3. 如何搭建 Web 应用运行环境和开发环境?

练　　习

1. 下载并安装 JDK。
2. 下载并安装 Tomcat。
3. 下载并安装 Eclipse。
4. 下载并安装 MySQL。

第3章 框架基础——Servlet与JSP技术回顾

本章内容

- 在 MyEclipse 中创建 Web 工程；
- 在 MyEclipse 中编写 Servlet；
- Servlet 常用 API；
- 过滤器和监听器；
- Servlet 3.0 的新特性；
- 在 MyEclipse 中编写 JSP；
- EL 表达式语言；
- JSP 常用的指令和动作；
- JSTL 标准标签库。

本章目标

- 掌握 Web 应用的文档结构；
- 掌握 Servlet 的编写和访问；
- 掌握 JSP 的编写和访问；
- 掌握 Servlet 常用 API；
- 掌握 EL 表达式语言的使用；
- 掌握 JSP 常用的指令和动作；
- 掌握 JSTL 的使用。

3.1 创建 Web 应用

在 Java Web 应用运行环境和开发环境搭建完毕之后，接下来，可以利用开发工具编写一些简单的 JSP 和 Servlet 程序，熟悉它们的基本语法，在运行环境中测试并运行程序，掌握常用的访问方式，以便在今后的项目开发过程中使用。

所有 JSP 和 Servlet 程序都需要放置在一个合法有效的 Web 应用中才能被正确地运行和访问。如果没有安装集成开发工具，那么需要手工创建 Web 应用目录并把它部署或配置到 Web 服务器中。

下面介绍 Web 应用的文档结构。

3.1.1 Web 应用文档结构

Web 应用中通常包含大量的文件，有 JSP 文件、HTML 文件、图片文件、Java 文件、配置文件和其他的类库，这些文件必须按照一定的结构组织。

每个 Web 应用都有一个根目录，如这里的 Web 应用根目录命名为 myweb。可以把 JSP 文件、HTML 文件和图片文件等与页面相关的文件直接放在根目录下。但是为了便于管理，通常会建立若干子目录把文件进行分类管理。一般会按照各自功能的不同把 Web 应用分成若干个模块，把每个模块相关的文件放在一个子目录中。

Web 应用中可能会存在大量的图片，为了便于管理，通常会在应用的根目录中创建一个子目录来保存所有的图片，这个子目录可以命名为 images。

在 Web 应用的各个模块中可能会用到一些公用的文件，如页面的导航栏、版权信息、出错页面等。可以创建 common 子目录存放这些共享文件。

另外，在 Web 应用中有一个比较特殊的子目录 WEB-INF，其他子目录不能使用这个名字，放在这个目录中的文件不能通过浏览器访问，这个目录下的文件主要是供服务器使用的。在 WEB-INF 目录下，包括两个子目录和一个配置文件 web. xml。两个子目录分别是 classes 和 lib，前者用于存放所有与网站相关的 Java 文件编译后生成的字节码文件；后者用于存放以压缩包 jar 形式存在的 Java 文件。WEB-INF 下也可以存放标签文件等。

+myweb
+各模块子文件夹
+common
+images
+WEB-INF
+classes
+lib
web. xml

图 3-1　Web 应用的文档结构

综上所述，一个 Web 应用的文档结构大致如图 3-1 所示。

1. WEB-INF 文件夹

在 WEB-INF 目录下主要有如下几类文件：

- 配置文件：常见的有 xml 文件、tld 文件、properties 文件(属性文件)。
- 类文件：系统用到的外部类库，或自己编写的类文件。
- web. xml 文档。

web. xml 文档位于 WEB-INF 文件夹中，每个 Web 应用都应该对应一个 web. xml 文档。这个文档用于描述 Web 应用的配置信息。

这个文件通常不需要手工来写，一方面容易出错，另一方面比较费时间。如果采用集成开发环境，集成开发环境会自动生成这个文件。如果手工创建 Web 应用，可以从其他的 Web 应用中复制一个，然后进行修改。修改成下面的样子即可。

```
<?xml version = "1.0" encoding = "ISO - 8859 - 1"?>          ← xml版本
< web - app xmlns = "http://java.sun.com/xml/ns/j2ee"
    xmlns:xsi = "http://www.w3.org/2001/XMLSchema - instance"
    xsi:schemaLocation = "http://java.sun.com/xml/ns/j2ee      } 开始标志
http://java.sun.com/xml/ns/j2ee/web - app_2_5.xsd"
    version = "2.5">

</web - app >                                                  ← 结束标志
```

2. classes 文件夹

classes 文件夹位于 WEB-INF 文件夹中，与这个 Web 应用相关的所有的类文件都应该放在这个文件夹下。

注意： *类放在 classes 文件夹中的时候，需要创建相关的包对应的文件夹。*

例如，有一个类 DBBean，所在的包是 beans，则应该按照下面的方式存放文件：

```
WEB - INF/classes/beans/DBBean.class
```

有的 Web 应用会使用属性文件(properties 文件)保存一些配置信息,这些属性文件也需要放在 classes 文件夹中。如果有多个属性文件,也可以根据属性文件的类别分别为属性文件创建子文件夹,就像为类创建包一样。

3. lib 文件夹

lib 文件夹位于 WEB-INF 文件夹中,lib 文件夹也是用于存放类文件的,只是这些文件都是以压缩包的形式存在的。如果类文件不是以压缩包的形式存在,则应该放在 classes 文件夹中。

当在 Web 应用中使用外部的一些功能的时候,这些功能通常都是以压缩包 jar 文件的形式存在的。这些压缩包应该放在 lib 目录下。

4. 欢迎页面

每个网站都是由大量的文件组成的,但是不管访问什么网站,用户都很少输入文件的名字,因为通常也不知道网站上文件的名字。网站通常都会有一个欢迎页面,当用户访问一个网站的时候,通常看到的就是欢迎页面。

通常欢迎页面的名字是 index.html、index.htm 或 index.jsp。如果希望为 Web 应用配置默认欢迎页面,可以在 web.xml 配置文件中添加如下代码:

```
<welcome-file-list>
    <welcome-file>
        index.jsp
    </welcome-file>
</welcome-file-list>
```

3.1.2 创建一个 Web 工程

许多功能强大、操作方便的集成开发工具,利用其简单易懂的图形化界面可以省去大量以前需要手工完成的配置操作,可以更加快速、方便的创建 Web 应用。在 Eclipse 中,提供了 Dynamic Web Project 这种工程类型,生成 Web 工程后,会自动创建一个有效的 Web 应用目录,默认根目录名为 WebContent,并且 Web 应用应具备的一些基本目录和文件都会自动生成。本节以 Eclipse 为开发工具,介绍创建一个 Web 工程的步骤。

(1) 在 Project Explorer 窗口的空白处右击鼠标选择 New 菜单中的 Dynamic Web Project 项。

(2) 如图 3-2 所示,在 Project Name 处填写工程名,本章创建的工程命名为 myweb。通常,Web 工程发布后的 Web 应用名默认就会使用工程名字。Dynamic web module version 选择 3.0,其含义是使用 Java EE 6 和 JavaSE 6 规范;若选择 2.5,则对应 Java EE 5 和 Java SE 5。单击 Next 按钮。

(3) 默认源代码目录为 src,默认输出目录为 build\classes,可以修改默认设置。例如,可以将输出目录设为 WebContent\WEB-INF\classes,以和标准 Web 应用目录结构保持一致。单击 Next 按钮进行 Web 模块设置。其中,默认的 Web 应用上下文路径为/myweb,Web 应用根目录默认命名为 WebContent,并且选择 Generate web.xml deployment descriptor 选项,要求生成 web.xml 部署描述符,单击 Finish 按钮结束 Web Project 创建,如图 3-3 所示。

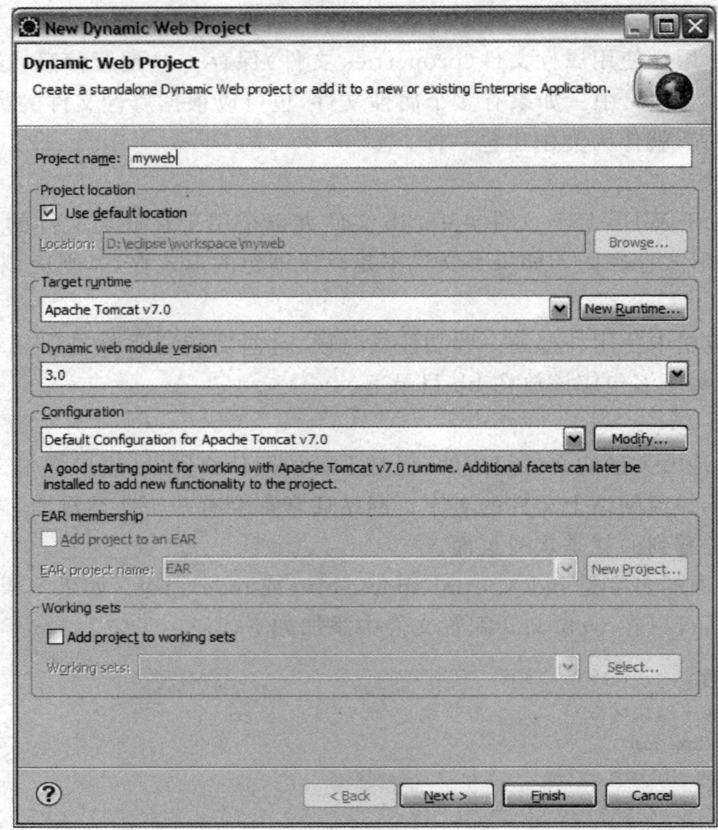

图 3-2 创建 Dynamic Web Project

注意:

- Web 工程中的 WebContent 目录即为 Web 应用的根目录。
- Web 工程中的 src 目录用于存放 Java 源文件。
- Web 工程的 Context root 即该 Web 应用的上下文路径(根路径)。

(4) 在创建后的 myweb 工程目录上右击,选择 Properties 菜单项,在弹出窗口中,将工程的字符集修改为 UTF-8。单击 Finish 按钮结束,如图 3-4 所示。

(5) 为工程添加 JSTL 标签库的类库。将 JSTL 的类库文件 jstl.jar 和 standard.jar 复制到 myweb\WebContent\WEB-INF\lib 目录下,这两个 jar 文件可以在配套文中 ch03 目录下的 myweb 工程中找到。

(6) 也可以在 Web 工程创建完毕后,修改工程的输出目录。在工程文件夹上右击,在菜单中选择 Build Path 中的 Configure Build Path...菜单项。在弹出窗口中选择 Source 选项卡,在 Default output folder 一栏处可以修改工程的输出目录位置。例如,为了保持和标准 Web 应用的目录结构一致,可以将输出目录改为 myweb/WebContent/WEB-INF/classes。单击 Browse...按钮,在弹出窗口中选择 WebContent/WEB-INF 目录,单击 Create New Folder...按钮,在 WEB-INF 目录下创建一个名为 classes 的目录,然后选中 classes 目录,单击 OK 按钮,如图 3-5 所示。

图 3-3　Web 模块配置

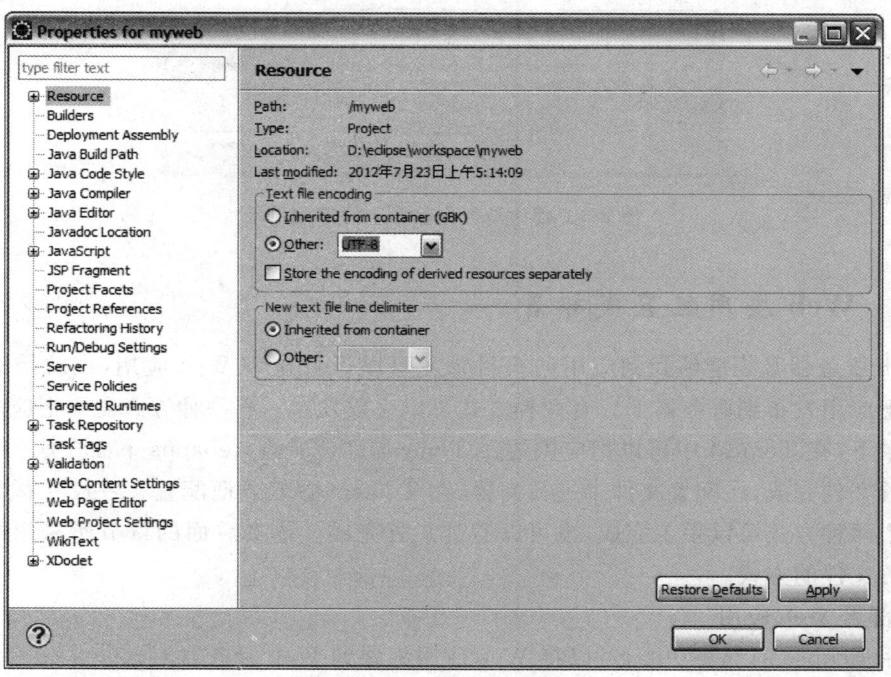

图 3-4　修改工程的字符集

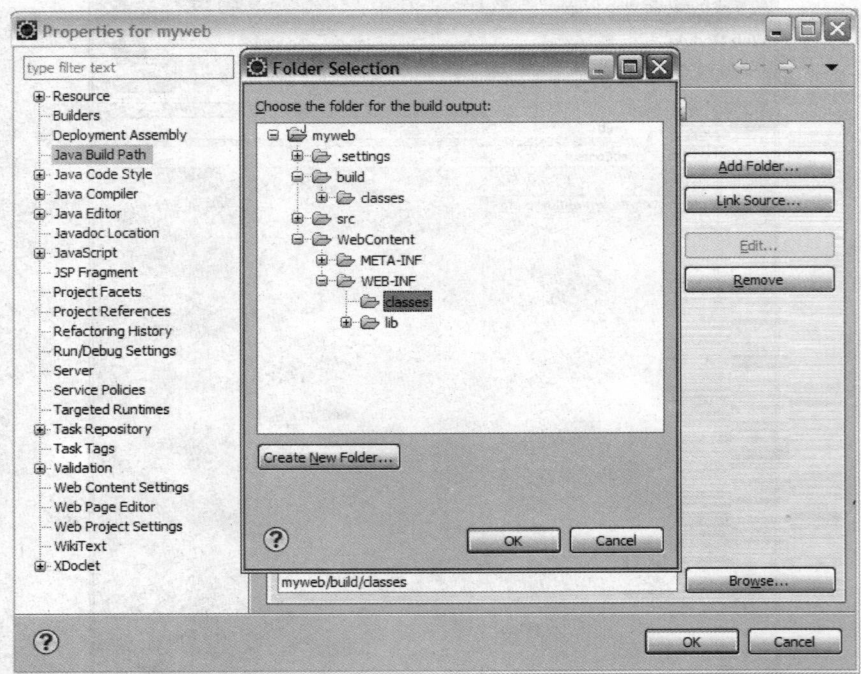

图 3-5 修改工程的输出目录

接下来会弹出一个询问窗口,询问"是否删除原来的默认输出目录 myweb/build/classes 以及该目录下的所有内容?",单击 Yes 按钮即可,如图 3-6 所示。

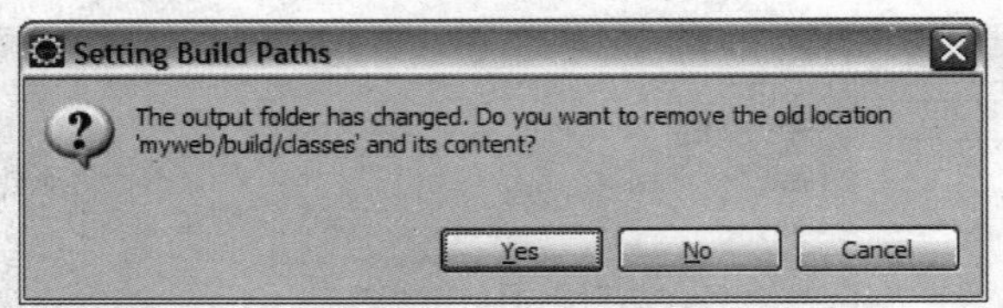

图 3-6 确认是否删除原来的输出目录

3.1.3 Web 应用配置或部署

Web 服务器必须能够找到应用的根目录才可以运行这个 Web 应用,也就是通常所说的需要把应用发布到服务器上。有两种方式可以完成发布。第一种方式需要把应用放在特定的目录下,在 Tomcat 中可以把应用放在 Tomcat 目录下的 webapps 下面;另一种方式是通过配置文件完成,在配置文件中进行配置,在 Tomcat 中需要把配置文件放在特定的目录下。以上两种方式可以手工完成,也可以通过工具完成。本书后面的章节所采用的发布方式是配置文件的方式。

1. 部署 Web 应用

利用 Eclipse 的部署功能,可以将 Web 应用部署到 Web 服务器上。

(1) 在 Servers 窗口中的 Tomcat v7.0 Server at localhost 项上右击,单击 Add and

Remove…菜单项，如图 3-7 所示。

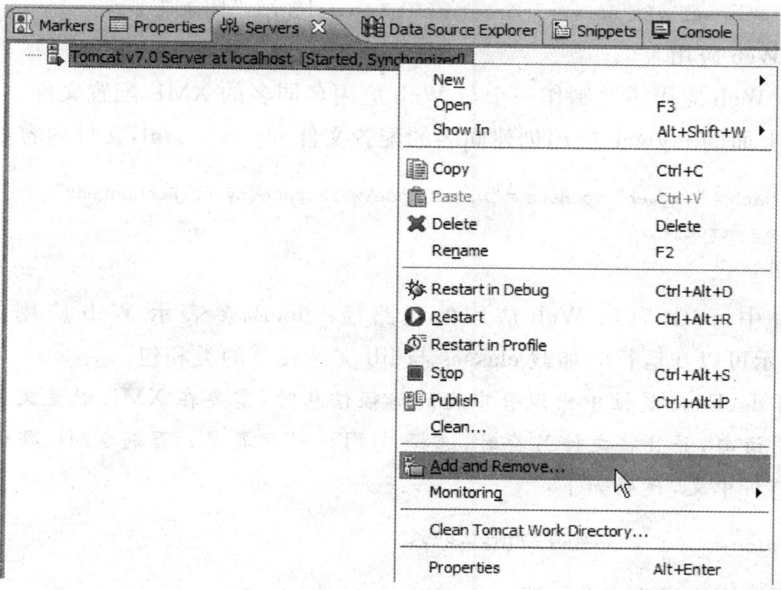

图 3-7　部署 Web 应用

（2）在弹出窗口中选择 myweb 应用，单击 Add 按钮，将其部署到服务器上，单击 Finish 按钮，结束 Web 应用的部署，如图 3-8 所示。

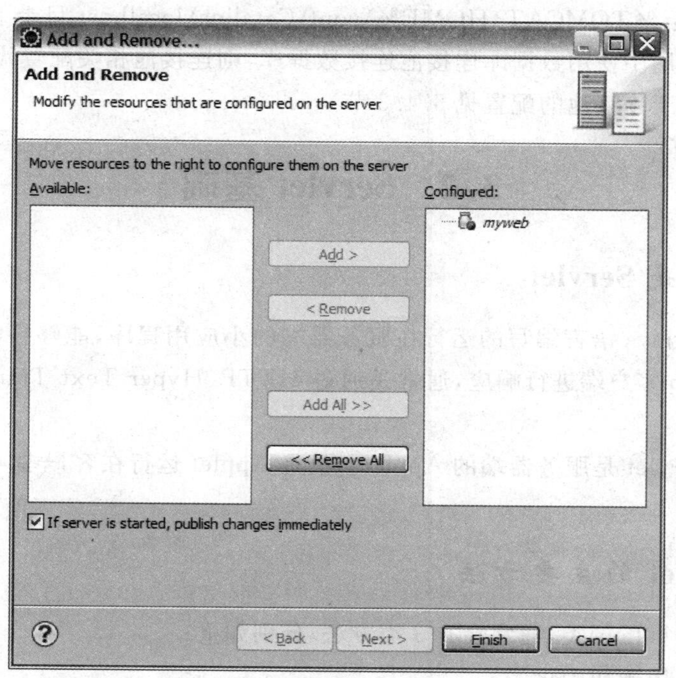

图 3-8　将 Web 应用添加到 Tomcat 服务器上

注意：在 Eclipse Indigo 中，Web 应用的部署位置位于“%WORK_SPACE%\.metadata\.plugins\org.eclipse.wst.server.core\tmp0\wtpwebapps”目录下。

2. 配置 Web 应用

(1) 配置 Web 应用需要制作一个与 Web 应用名同名的 XML 配置文件。

例如，为上面的 myweb 应用创建同名的配置文件 myweb.xml，文件内容如下：

```
<Context path = "/myweb" docBase = "D:\eclipse\workspace\myweb\WebContent"
reloadable = "true">
    </Context>
```

配置文件中，path 表示 Web 应用的根路径；docBase 表示 Web 应用的存放位置；reloadable 表示可以在运行时加载 classes 与 lib 文件夹下的类和包。

注意：当 docBase 属性中出现含中文的路径信息时，需要在 XML 配置文件的第一行加入字符集声明语句，并且将文件另存时，选择“UTF-8”字符集；否则 XML 默认的西欧字符集无法正确解析中文，代码如下：

```
<?xml version = "1.0" encoding = "UTF - 8"?>
```

(2) 配置文件的相关要求如下：

① 文件命名：Web 应用名字.xml。

② 内容：一般配置文件不需手工书写，具体代码可见本书配套资源 ch03 目录下的 myweb.xml 文件。

③ 存放位置：%TOMCAT_HOME%\conf\Catalina\localhost 目录下。

④ 若 web 应用中使用数据库连接池连接数据库，则连接池相关配置代码也可以写在上述配置文件中(关于连接池的配置见 5.4.3 节)。

3.2 Servlet 基础

3.2.1 什么是 Servlet

Servlet 是用 Java 语言编写的运行在服务器端的小应用程序，能够接收 Web 客户端的请求，并能对 Web 客户端进行响应，通常是通过 HTTP(Hyper Text Transfer Protocol)协议进行工作的。

可以认为 Servlet 是服务器端的 Applet。只是 Applet 运行在客户端，而 Servlet 运行在服务器端。

3.2.2 Servlet 的主要方法

Servlet 是一个 Java 类，通常会有 3 类方法，分别如下：

- init 方法，用于初始化。
- destroy 方法，用于释放资源。
- service 方法，服务类方法，对用户的请求进行处理，并对用户进行响应，几乎所有处理功能都在这里完成。这类方法可以有多个，最常用的是 doGet 和 doPost 方法。doGet 方法可以响应 get 方式的请求，doPost 方法可以响应 post 方式的请求。通常表单提交都使用 post 方式，超链接使用 get 方式。

除了上面的 3 个方法之外，Servlet 可以有其他的辅助方法，可以在上面的 3 个方法中调用这些辅助方法。例如，一般会编写一个处理方法 process，在 doGet()和 doPost()中均调用该方法。这样，所有的处理代码写在 process 方法即可。

3.2.3 Servlet 运行原理

1. Servlet 的工作过程

Servlet 的工作过程如下：

(1) Servlet 容器接收到客户端的请求时，先判断用户所请求的 Servlet 对象是否存在，如果不存在，则需要加载 Servlet 类，创建 Servlet 对象并实例化，然后调用 init 方法进行初始化。

(2) 容器创建 request 和 response 对象，并且创建一个线程，调用 Servlet 对象的 service 方法(间接调用 doGet 方法或 doPost 方法)。

(3) service 方法产生响应，容器将响应发回客户端。

(4) 容器销毁 request 和 response 对象以及相应的线程。

注意： 加载 Servlet 类，创建对象、调用初始化方法 init 和销毁方法 destroy 都只有一次。当 Web 应用被卸载或者服务器被关闭的时候，系统卸载 Servlet，调用 destroy 方法释放资源。

2. Servlet 的加载方式

Servlet 的加载有两种方式：

(1) 第一次请求时加载。

(2) 服务器启动的时候加载。

两种方式各有利弊，如果第一次请求的时候加载，加载的速度比较慢，但是不浪费空间。如果是启动服务器的时候加载，第一次访问的时候就快了，但是如果一直没有人访问，则这段时间就浪费了空间。

加载 Servlet 的方式可以在 web.xml 中声明 Servlet 的时候配置，如果希望在启动的时候加载 HelloServlet，使用下面的代码声明：

```
<servlet>
  <servlet-name>hello</servlet-name>
  <servlet-class>servlets.HelloServlet</servlet-class>
   <load-on-startup>1</load-on-startup>
</servlet>
```

3. Servlet 的运行原理

Servlet 的运行原理如图 3-9 所示。

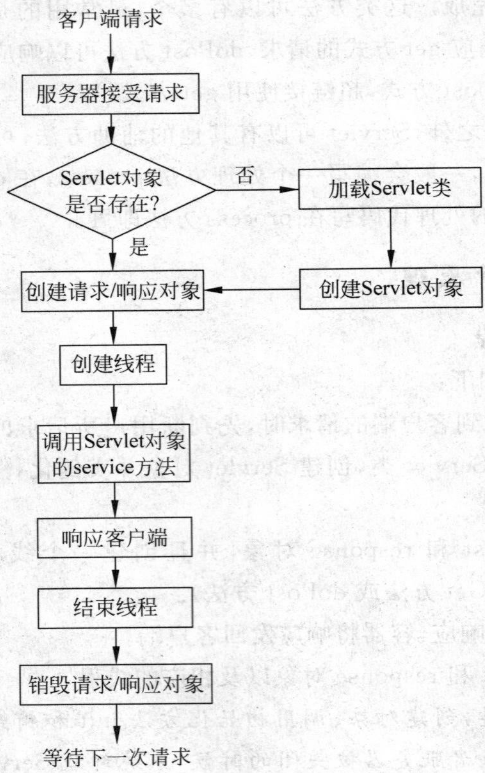

图 3-9 Servlet 运行原理

3.2.4 Eclipse 中开发 Servlet

利用 MyEclipse,可以在 Web 工程中非常方便地创建 Servlet 程序,并且可以根据需要为程序员自动生成其中的大部分方法。程序员只需在此基础上进行修改就可以快速开发出自己的程序。

下面介绍利用 MyEclipse 开发 Servlet 的步骤:

(1) 在 3.1.2 节中创建的 myweb 工程的 src 目录上,右击,选择 New 菜单中的 Package 菜单项,先创建存放 Servlet 类的包结构,包命名为 myservlet。然后,继续在 myservlet 包上右击,选择 New 菜单中的 Servlet 菜单项。

(2) 在弹出窗口中的 Name 处输入 Servlet 名字,如 MyServlet,单击 Next 按钮,如图 3-10 所示。

(3) 在 url mappings 一栏处可以配置 Servlet 的 mapping url 信息,选择/MyServlet 项,单击 Edit… 按钮,重新配置 MyServlet 的 mapping url,如/test/MyServlet。此处配置的 mapping url 即为将来访问 Servlet 时的地址格式。单击 Next 按钮,如图 3-11 所示。

(4) 可以选择自动生成 Servlet 中的哪些方法,通常默认会生成 doGet()和 doPost(),这里,要求生成 init()和 destroy(),只需选中方法前的复选框即可。单击 Finish 按钮结束 Servlet 的创建,如图 3-12 所示。

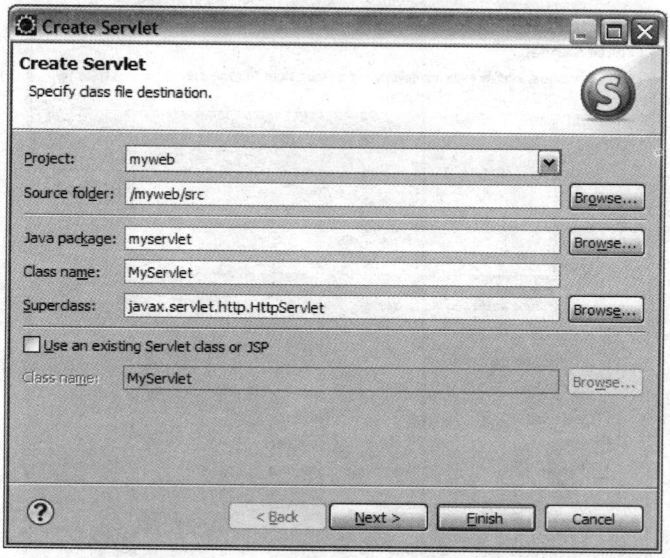

图 3-10　创建 Servlet

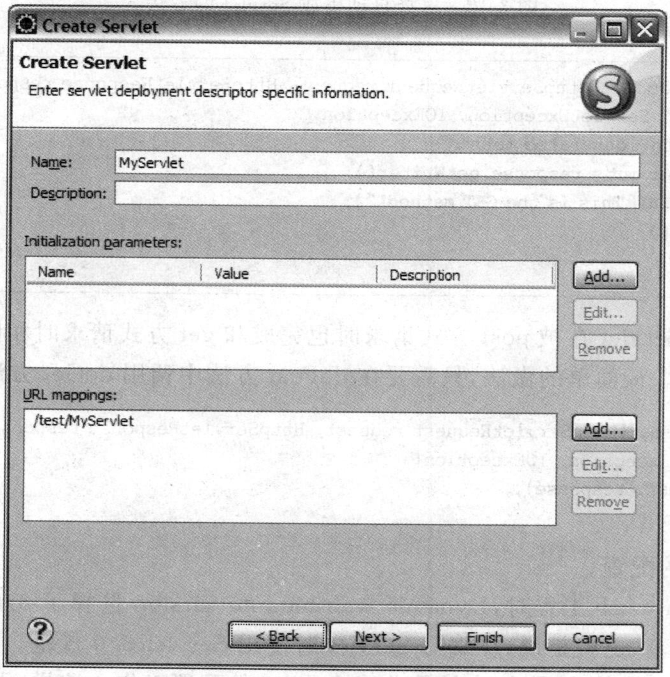

图 3-11　配置 Servlet 的 mapping url

(5) 查看生成的 Servlet 源文件。

在 Eclipse 环境中，创建 Servlet 时可以选择自动生成构造方法、init 方法、destroy 方法、doGet 方法和 doPost 方法。在自动生成的 doGet 方法中加入如下代码：

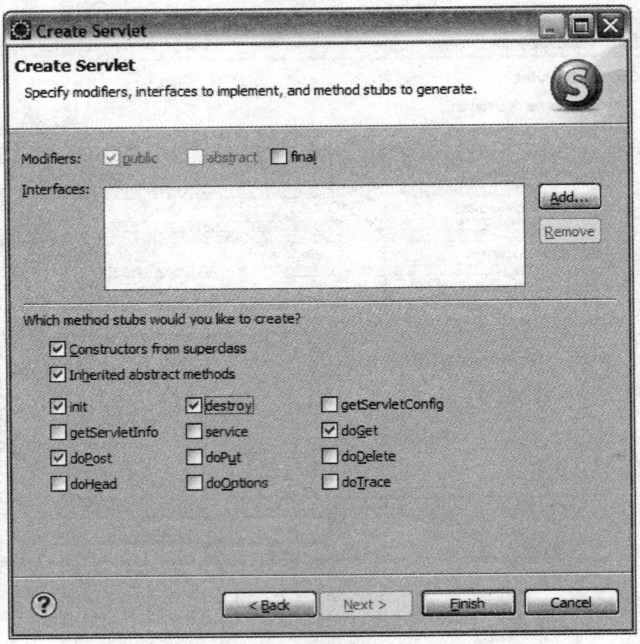

图 3-12　选择自动生成 Servlet 的方法

```
protected void doGet(HttpServletRequest request, HttpServletResponse response)
        throws ServletException, IOException {
    //TODO Auto - generated method stub
    PrintWriter out = response.getWriter();
    out.println("This is the GET method! ");
    out.flush();
}
```

为了使这个 Servlet 在被 post 方式请求时也完成和 get 方式请求时相同的处理,则需要实现 doPost 方法。最简单的做法,只需要在 doPost 方法中调用 doGet 方法即可。

```
public void doPost(HttpServletRequest request, HttpServletResponse response)
throws ServletException, IOException{
  doGet(request, response);
}
```

(6) Servlet 的配置。

由于在创建 myweb 工程时,Dynamic web module version 选择了 3.0 版本,其对应了 Java EE 6 体系规范,也就是说,在编写 Servlet 时使用 Servlet 3.0 规范。而 Servlet 3.0 中支持对 Servlet 进行注解声明,极大地简化了 Servlet 的配置工作。这样,无须再在部署描述符 web.xml 中对 Servlet 进行配置。对 MyServlet 的注解代码如下:

```
@WebServlet("/test/MyServlet")
public class MyServlet extends HttpServlet {
    ⋮
}
```

关于 Servlet 3.0 规范中对注解的支持，会在后面的 3.5 节中进行专门介绍。

若使用 Servlet 2.x 规范编写 Servlet，对 Servlet 的配置需要在 web.xml 中进行，这里也做一下简要说明。MyServlet 在 web.xml 中的配置代码如下：

```
<?xml version="1.0" encoding="UTF-8"?>
<web-app version="2.4"
    xmlns="http://java.sun.com/xml/ns/j2ee"
    xmlns:xsi="http://www.w3.org/2001/XMLSchema-instance"
    xsi:schemaLocation="http://java.sun.com/xml/ns/j2ee
    http://java.sun.com/xml/ns/j2ee/web-app_2_4.xsd">
    <servlet>
        <description>This is the description of my J2EE component</description>
        <display-name>This is the display name of my J2EE component</display-name>
        <servlet-name>MyServlet</servlet-name>
        <servlet-class>myservlet.MyServlet</servlet-class>
    </servlet>
    <servlet-mapping>
        <servlet-name>MyServlet</servlet-name>
        <url-pattern>/test/MyServlet</url-pattern>
    </servlet-mapping>
</web-app>
```

每个 Servlet 在 web.xml 中都对应一对<servlet>标签和一对<servlet-mapping>标签。

① <servlet>标签用于声明 Servlet。其中的子标签又包括：

- <servlet-name>标签：用于声明 Servlet 的名字，是 web.xml 中内部使用的名字。
- <servlet-class>标签：用于声明 Servlet 所对应的类名。

② <servlet-mapping>标签用于进行 Servlet 映射。其中的子标签又包括：

- <servlet-name>标签：表示 Servlet 的名字，需要和上面<servlet>标签的<servlet-name>子标签中声明的名字保持一致。
- <url-pattern>标签：用于配置 Servlet 的访问地址。

(7) 测试 Servlet 的运行。

① 访问 Servlet 的时候，需要提供以下几个信息：

- 协议，通常是 HTTP。
- 主机，服务器的 IP 地址或者名字。对于本地应用可以使用本地虚拟地址也可以使用真实地址。localhost 是本地虚拟主机的名字，127.0.0.1 是本地虚拟主机的 IP 地址。
- 端口，默认是 80，使用 Tomcat 开发的时候默认是 8080。
- Web 应用，每个 Web 应用都对应一个路径，默认的路径名与 Web 工程文件夹名相同，本实例中的 Web 应用的名字是 myweb，其上下文路径为/myweb。
- Servlet 的 Mapping URL，本例中是/test/MyServlet。

② 对 Servlet 的访问，可以通过以下 3 种方式进行：

- 通过在浏览器中直接输入地址访问：

```
http://localhost:8080/myweb/test/MyServlet
```

- 通过超链的形式访问:

```
<a href = "http://localhost:8080/test/MyServlet ">第一个 Servlet</a>
```

- 通过表单提交的方式访问:

```
<form method = "post" action = "http://localhost:8080/test/MyServlet ">
```

启动 Tomcat 服务器,使用第一种方式,即在浏览器地址栏中直接输入地址访问 http://localhost:8080/myweb/test/MyServlet,运行效果如图 3-13 所示。

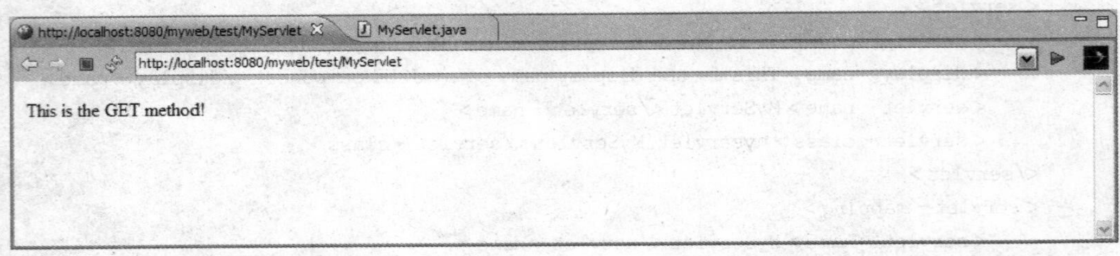

图 3-13　测试 Servlet

3.2.5　不使用集成开发工具开发 Servlet 的基本流程

由于 Ecilpse 自身具有的强大功能,上面开发 Servlet 的过程中某些操作已经由 Eclipse 自动完成,极大地方便了程序员开发程序。当脱离集成开发工具时,对开发一个 Servlet 的基本流程也应有所了解。本节简单介绍开发 Servlet 的基本流程。

由于 Servlet 是使用 Java 语言实现的,因此,在编写 Servlet 之前,需要对 Java 的基本语法有一定的了解。

1. 编写 Servlet

1) 引入用到的包

需要的导入的包有 javax. servlet. * ,javax. servlet. http. * ,通常还需要导入的包是 java. io. * 。代码如下:

```
import javax.servlet.*;
import javax.servlet.http.*;
import java.io.*;
```

2) 定义类的基本框架并继承 HttpServlet

每个 Servlet 都必须实现 javax. servlet. Servlet 接口,而这里要编写的 Servlet 主要是用于 HTTP 协议的,可以继承实现了 Servlet 接口的 HttpServlet。代码如下:

```
public class HelloServlet extends HttpServlet{
}
```

3) 成员方法

Servlet 通常不需要成员变量。成员方法主要包括 init、service、destroy 等。如果需要对 Servlet 进行初始化,需要实现 init 方法。如果需要在卸载 Servlet 的时候执行一些功能,可以实现 destory 方法。一般情况下，根据需要完成的功能只需要实现服务类方法即可。服务类方法包括 doGet 方法和 doPost 方法等。

(1) doGet 方法：由服务器自动调用，当请求方式为 get 时调用(如浏览器地址栏输入地址直接访问 Servlet 或通过超链接访问 Servlet)。

(2) doPost 方法：由服务器自动调用，当请求方式为 post 时调用(如表单提交给 Servlet 时，其 method 属性设为 post 方式)。

doGet/doPost 方法有两个参数：第 1 个参数是 javax. servlet. http. HttpServletRequest 类型的对象，该参数包含了用户的所有请求信息，要想获取用户的请求信息，必须使用该接口提供的方法；第 2 个参数是 javax. servlet. http. HttpServletResponse 类型的对象，可以通过这个对象对用户进行响应，如果希望对用户进行响应或设置响应相关的信息，需要使用该接口提供的方法。request 和 response 对象是由 Web 容器创建的对象实例，它们在以上两个方法中可以直接使用。

通常，doGet()和 doPost()均要重写。可以将具体代码写在 doGet()和 doPost()其中一个方法中，另一个方法直接调用该方法即可。通常的做法是封装一个 process 方法作为处理代码，然后在 doGet 和 doPost 方法中都调用这个 process 方法。process 方法可以定义如下：

```
public void process (HttpServletRequest request, HttpServletResponse response)
throws ServletException, IOException{
   //process
}
```

doGet 和 doPost 方法中调用 process 的语句如下：

```
process(request,response);
```

2. 编译 Servlet

在 Ecilpse 中，. java 文件会在保存后自动编译。

若未安装 Ecilpse，则需要程序员手工编译 Servlet。由于 Servlet 开发所需要的包有 javax. servlet. * 和 javax. servlet. http. *。这些包不是 Java 标准版的类库，需要配置环境变量。这些包位于%TOMCAT_HOME%\common\lib 下的 servlet-api. jar 压缩包中，需要把这个压缩包添加到环境变量中。

假设 servlet-api. jar 所在的位置为 C:\Program Files\Apache Software Foundation\Tomcat 6. 0\lib，则需要在环境变量 classpath 中添加 C:\Program Files\Apache Software Foundation\Tomcat 6. 0\lib\servlet-api. jar。

注意：不要删除 classpath 中原来的信息，如果不存在 classpath 环境变量，可以创建一个 classpath。

环境变量设置后，使用 JDK 中的 javac 命令编译：

```
javac HelloServlet. java
```

3. 配置 Servlet

Servlet 编写完之后，可以使用注解的方式进行配置(需要支持 Servlet 3. 0 规范的 Servlet 容器，如 Tomcat 7)，也可以在部署文件描述符 web. xml 中进行配置。具体配置代码和 3.2.4 节列出的配置代码相同。

4. 部署 Servlet

Servlet 编写完成之后,需要部署到服务器才能访问,编译好的文件需要放在 Web 应用的 WEB-INF\classes 下面。

利用 Eclipse 创建的 Servlet,成功编译后其.class 文件已自动放置到输出目录中的 classes 目录下。

5. 测试 Servlet

测试方式和上节相同。

访问 Servlet 时,要使用在注解中声明的 url 或在 web.xml 中配置的 url 地址格式进行访问。

3.3 Servlet 常用 API

本章简要介绍了 Servlet 的运行原理、生命周期和其中的一些主要方法,并介绍了利用 MyEclipse 在 Web 工程中创建一个 Servlet 的具体步骤。

由于 Servlet 自身的特点,在本书将要实现的系统中,主要采用 Servlet 完成页面和业务处理模块之间的中转控制功能。

Servlet API 位于 javax.servlet 和 javax.servlet.http 两个包中,常用的 API 如表 3-1 所示。

表 3-1 Servlet 常用 API

包	接口名/类名	描　述
javax.servlet	Servlet	接口,定义了所有 Servlet 必须实现的方法
	ServletContext	接口,定义了一系列 Servlet 与 Servlet 容器通信的方法
	ServletConfig	接口,定义了 Servlet 配置对象,用于在 Servlet 容器初始化 Servlet 时,将信息传递给 Servlet
	GenericServlet	抽象类,实现了 Servlet 接口和 ServletConfig 接口,定义了通用的与协议无关的 Servlet
	ServletRequest	接口,定义了向 Servlet 传递客户请求信息的对象
	ServletResponse	接口,定义了支持 Servlet 向客户端发送响应信息的对象
javax.servlet.http	HttpServletRequest	接口,继承 ServletRequest 接口,为基于 HTTP 工作的 Servlet 提供请求信息
	HttpServletResponse	接口,继承 ServletResponse 接口,为基于 HTTP 工作的 Servlet 发送响应信息提供支持
	HttpSession	接口,用于跟踪和存储一个用户在会话期间的信息
	HttpServlet	抽象类,继承 GenericServlet

在通信中通常采用 HTTP 协议进行通信,因此在编写 Servlet 程序时,最常使用的 API 是 HttpServlet、HttpServletRequest、HttpServletResponse、RequestDispather、HttpSession 和 ServletContext,下面对这些 API 中常用的方法进行介绍。

HttpServlet 的常用方法如表 3-2 所示。

表 3-2 HttpServlet 常用方法

方法名	方法描述
doGet()和 doPost()	处理 get 请求和 post 请求的方法；在这两个方法中，若需要获取客户端请求相关的信息，则访问方法的第一个参数(HttpServletRequest 类型)，若需要发回给客户端响应信息，则利用方法的第二个参数(HttpServletResponse 类型)
init()	初始化方法，在服务器载入 Servlet 时执行。默认的 init()通常是符合要求的，当然也可以用重写 init()来执行一些自定义的初始化操作。默认的 init()设置了 Servlet 的初始化参数，并用它的 ServletConfig 对象参数来启动配置，因此若覆盖 init()方法需记得调用 super.init()以确保仍然执行这些任务
destroy()	在销毁 Servlet 实例前调用的方法。默认的 destroy()通常是符合要求的，当然也可以重写它，典型的是管理服务器端资源，如关闭数据库连接
service()	service()方法是 Servlet 的核心。每当一个客户请求一个 HttpServlet 对象，该对象的 service()方法就要被调用，而且传递给这个方法一个请求对象(ServletRequest)和一个响应对象(ServletResponse)作为参数。在 HttpServlet 中已定义了 service()方法，其默认的功能是调用与 HTTP 请求方式相对应的 do 方法。例如，如果 HTTP 请求方式为 GET，则默认情况下就调用 doGet()。通常，应该重写 do 方法，而不推荐重写 service()方法
getServletContext()	获取 ServletContext 对象的方法
getServletConfig()	获取 ServletConfig 对象的方法

HttpServletRequest 的常用方法如表 3-3 所示。

表 3-3 HttpServletRequest 常用方法

方法名	方法描述
getParamter()	获取单值请求参数值的方法，该方法返回一个字符串，如表单的单行文本框、单选按钮的输入值读取
getParameterValues()	获取多值请求参数值的方法，该方法返回一个字符串数组，如表单的复选框、多选下拉列表的输入值读取
getParameterNames()	获取请求参数名字的方法，该方法返回一个枚举类型变量(Enumeration)
setCharacterEncoding()	设置请求参数的编码字符集
getSession()	获取 session 对象的方法
getContextPath()	获取当前 Web 应用的上下文路径的方法
getServletPath()	获取 Servlet 路径的方法
getAttribute()	获取 request 中的属性的方法
setAttribute()	设置 request 中的属性的方法
getRequestDispatcher()	获取请求转发对象的方法

RequestDispatcher 的常用方法如表 3-4 所示。

表 3-4 RequestDispatcher 常用方法

方法名	方法描述
forward()	进行请求转发的方法，只能在本应用中跳转，跳转前后的资源处于同一次请求范围内

HttpServletResponse 的常用方法如表 3-5 所示。

表 3-5　HttpServletResponse 常用方法

方法名	方法描述
setContentType()	设置响应页面的内容类型的方法
getWriter()	获取输出流对象的方法，返回一个打印流(PrintWriter)对象
sendRedirect()	重定向方法，可以用于跳转到其他应用，跳转前后的资源处于不同的请求范围内

HttpSession 的常用方法如表 3-6 所示。

表 3-6　HttpServletResponse 常用方法

方法名	方法描述
getAttribute()	获取 session 中的属性的方法
setAttribute()	设置 session 中的属性的方法
invalidate()	使 session 失效的方法

ServletContext 的常用方法如表 3-7 所示。

表 3-7　HttpServletResponse 常用方法

方法名	方法描述
getAttribute()	获取 ServletContext 中的属性的方法
setAttribute()	设置 ServletContext 中的属性的方法
getRealPath()	获取真实路径的方法

注意：

- HttpServlet、HttpServletRequest、HttpServletResponse、ServletContext 等相关的类和接口中，有许多常用的方法，以上仅对本书中所使用的方法进行了介绍。其他相关的方法可以参见 Servlet 的帮助文档。帮助文档的路径为%TOMCAT_HOME%\webapps\docs。Servlet 相关的 API 在 servletapi 目录中，JSP 相关的 API 在 jspapi 目录中。
- Web 应用中组件之间不是孤立的，它们之间需要互相传递信息，进行信息共享。以上介绍的 HttpServletRequest、HttpSession 和 ServletContext 中的 setAttribute 和 getAttribute 方法常用于 Web 应用中组件之间进行信息共享，采用的是属性设置和获取的方式。而 HttpServletRequest 中的 getParamter 等与获取参数相关的操作则是通过参数传递的方式进行信息共享。

3.4　过滤器和监听器

从 Servlet 2.3 规范开始，引入了两个新的组件类型：过滤器(Filter)和监听器(Listener)。本节将分别介绍这两种组件的作用和使用方式。

3.4.1　过滤器

过滤器是一种小型的 Web 组件，位于客户端和 Web 应用程序之间，可以拦截发送到 Servlet、JSP 页面的请求，也可以在响应发送到客户端之前进行截获。过滤器为程序员提供了一种 Web 应用程序中的预处理和后期处理逻辑的实现方式。通过过滤器可以查看、提取或者操作在客户端和服务器之间交换的数据,并由过滤器提供一些应用于所有请求的通用的功能(如访问控制、日志记录等)。过滤器是一种面向对象的模块化编程模式,用来将公共任务封装到可重用的组件中,这些组件通过一个配置文件来声明,并且可被动态的处理。

过滤器可以应用于某一个特定的 Servlet,也可以应用到与某个 URL 模式相匹配的所有请求。例如,以相同的路径格式开头的 URL,或具有同样后缀的 URL。

也可以为一个请求部署多个过滤器,这些过滤器组成一个链式结构,其中的每一个过滤器执行特定的操作或检查,当一个过滤器执行结束后,可以将该请求转发给链中的下一个节点,或者终止该请求并返回给客户端一个响应。

过滤器主要包含以下几点特性。

- 模块化:过滤器把处理逻辑封装到独立的类中,并且使用声明式的配置方式,这样可以很容易的为一个项目添加或删除过滤器,而不影响任何应用程序代码以及 JSP 页面。
- 可移植性:基于 Java 语言编写的 Servlet 过滤器同样具有跨平台特性。它独立于平台或 Servlet 容器,可以将其部署到任何相容的 J2EE 环境中。
- 可重用性:由于过滤器的模块化设计以及声明式的配置方式,可以很容易的将其应用于不同的项目中。
- 透明性:过滤器是独立的模块化组件,通过 Web 部署描述符(web. xml)中的 XML 标签来声明,这样在添加和删除过滤器时对项目中的其他应用程序不会有任何影响。

下面简要介绍一下过滤器的实现方式。

过滤器中常用的 API 接口主要包括以下 3 个:Filter、FilterChain 和 FilterConfig。它们均位于 javax. servlet 包中。

实现一个过滤器通常包括两个步骤:

(1) 编写过滤器实现类。

(2) 在 web. xml 文件中声明。在 Servlet 3.0 规范中,可以使用注解声明过滤器,此时无须在 web. xml 中写配置代码。

1. 编写过滤器实现类

过滤器的生命周期和 Servlet 的生命周期类似,其中的主要方法均由 Servlet 容器在适当的时刻自动激活。

过滤器中主要的方法如下。

(1) init()方法:过滤器的初始化方法,当 Servlet 容器创建过滤器实例时会调用该方法。在该方法中,主要进行一些读取配置文件中初始化参数等操作。

(2) doFilter()方法:这是过滤器的核心方法,在该方法中完成实际要进行的过滤操作。当客户端发送的请求与某一过滤器相关联的 URL 相匹配时,Serlvet 容器会激活该过滤器的 doFilter()方法。该方法包含 3 个参数,类型分别为 ServletRequest、ServletResponse、FilterChain。其中,FilterChain 用于继续访问过滤器链上的下一个节点。

(3) destroy()方法:当 Servlet 容器销毁过滤器实例时,调用该方法,在该方法中可以进行一些释放过滤器所占用资源的操作等。

总结编写过滤器的步骤如下：

(1) 声明过滤器类并让其实现 Filter 接口。

(2) 实现 init()方法，读取过滤器的初始化参数。

(3) 实现 doFilter()方法，实现对请求或响应的过滤操作。通常在过滤操作之后，会调用该方法的 FilterChain 参数的 doFilter()方法，来继续调用链上的下一个节点。

(4) 实现 destory()方法，完成资源释放等操作。

2. 配置过滤器

在 Servlet 3.0 中，可以使用注解来配置过滤器，具体语法请参见 3.5 节的内容。

在 Servlet 2.x 中，过滤器需要通过在 web.xml 文件中的两个 XML 标签来声明。

1) <filter>标签

<filter-name>：为过滤器起一个唯一的标示符名称。

<filter-class>：声明过滤器实现类的类名(包括类所在的包名)。

<init-param>：为过滤器实例提供初始化参数，可以有多个。

2) <filter-mapping>标签

<filter-name>：指定过滤器名称，要和<filter>标签中的<filter-name>子标签的值相对应。

<url-pattern>：指定和过滤器相关联的 URL，可以使用"/*"表示所有 URL。在 Servlet 2.5 规范中，支持复合模式的映射。即可以在<filter-mapping>中写多个<url-pattern>标签。

<servlet-name>：指定和过滤器相关联的 Servlet，要和某个<servlet>标签中的<servlet-name>子标签的值相对应。在 Servlet 2.5 规范以后，支持复合模式的映射，也支持 Servlet 名称的通配符化。也就是说，可以在<servlet-name>标签中写多个<servlet-name>标签，也可以使用*号来代表所有的 Servlets。而不是像以前那样，一次只能把一个 Servlet 绑定到过滤器上。例如：

```
<filter-mapping>
    <filter-name>Multiple Mappings Filter</filter-name>
    <url-pattern>/urlpat1/*</url-pattern>
    <url-pattern>/urlpat2/*</url-pattern>
    <servlet-name>Servlet1</servlet-name>
    <servlet-name>Servlet2</servlet-name>
</filter-mapping>
```

<dispatcher>：指定过滤器对应的请求方式，可以是 request，forward，include 和 error 之一，默认为 request，即当直接请求目标资源时，该过滤器将被调用。

include：当使用 RequestDispatcher 的 include()方法请求目标资源时，该过滤器将被调用。

forward：当使用 RequestDispatcher 的 forward()方法请求目标资源时，该过滤器将被调用。

error：当通过声明式异常处理机制调用目标资源时，该过滤器将被调用。

通常，在 web.xml 文件中，会先声明过滤器，再声明 Servlet。当为同一个资源声明了两个或两个以上的过滤器元素时，会按照它们在配置文件中出现的顺序依次调用。

本书在第 6 章搭建 WebFrame 框架时，使用了一个登录验证过滤器 LoginFilter，关于过滤器的详细介绍和使用方法在第 6 章还会涉及。

3.4.2 监听器

利用监听器可以对应用中发生的某些事件做出反应。在 Servlet 2.3 规范之前，提供了一个 HttpSessionBindingListener 接口来处理会话属性绑定事件(向 session 中添加对象或从 session 中删除对象时触发 HttpSessionBindingEvent 事件)。基于在 Servlet 2.3 和 Servlet 2.4 规范中引入的新接口，可以为 Servlet 上下文、会话和请求生命周期事件创建监听器。在新规范中，一共提供了 8 种监听器接口，如表 3-8 所示。

表 3-8 监听器接口

接口名	描述
ServletContextListener	对一个应用进行全局监听，当创建 ServletContext 时，激活 contextInitialized (ServletContextEvent e) 方法；当销毁 ServletContext 时，激活 contextDestroyed(ServletContextEvent e)方法
ServletContextAttributeListener	监听对 ServletContext 属性的操作。当一个全局变量被添加到 ServletContext 时，激活 attributeAdded(ServletContextAttributeEvent e)方法；当从 ServletContext 中删除变量时，激活 attributeRemoved (ServletContextAttributeEvent e) 方法；当从 ServletContext 中替换已有变量时，激活 attributeReplaced(ServletContextAttributeEvent e)方法
ServletRequestListener	和 ServletContextListener 接口类似的，它对 ServletRequest 进行监听，当创建 ServletRequest 时，激活 requestInitialized (ServletRequestEvent e) 方法；当销毁 ServletRequest 时，激活 requestDestroyed(ServletRequestEvent e)方法
ServletRequestAttributeListener	和 ServletContextAttributeListener 接口类似的，监听对 ServletRequest 属性的操作。当向 ServletRequest 添加新属性时，激活 attributeAdded (ServletRequestAttributeEvent e)方法；当从 ServletRequest 中删除属性时，激活 attributeRemoved(ServletRequestAttributeEvent e) 方法；当 ServletRequest 中的属性被重新设置时，激活 attributeReplaced (ServletRequestAttributeEvent e)方法
HttpSessionListener	监听对 HttpSession 的操作。当创建一个 Session 时，激活 session Created(SessionEvent e)方法；当销毁一个 Session 时，激活 sessionDestroyed (HttpSessionEvent e)方法
HttpSessionAttributeListener	监听对 HttpSession 中的属性的操作。当向 Session 添加新属性时，激活 attributeAdded(HttpSessionBindingEvent e) 方法；当从 Session 删除属性时，激活 attributeRemoved(HttpSessionBindingEvent e)方法；当 Session 中的属性被重新设置时，激活 attributeReplaced (HttpSessionBindingEvent e) 方法
HttpSessionActivationListener	用于同一个 Session 转移至不同的 JVM 的情况。sessionDidActivate (HttpSessionEvent e)方法对 Http 会话处于 active 的情况进行监听；sessionWillPassivate(HttpSessionEvent e)方法对 Http 会话处于 passivate 的情况进行监听
HttpSessionBindingListener	上面的监听器都是作为一个独立的 Listener 在容器中控制事件的，而 HttpSessionBindingListener 用于在一个对象中监听该对象的状态。当实现了该接口的对象被添加到 session 中时，激活 valueBound (HttpSessionBindingEvent e) 方法；当从 session 中删除时，激活 valueUnbound(HttpSessionBindingEvent e)方法。这对于一些非纯 Java 对象，生命周期长于 session 的对象，以及其他需要释放资源或改变状态的对象非常重要

监听器类型遵循标准 Java 事件模型,也就是说,监听器就是一个实现了一个或多个监听器接口的类。这些接口中定义了与某些事件相关联的方法。应用开始时,监听器类会向 Servlet 容器注册,容器则会在适当的时间自动调用这些事件处理方法。

实现一个监听器通常包括以下几个步骤:

(1) 声明监听器类并让其实现相应的监听器接口,一个监听器类可以实现多个监听器接口。

(2) 实现监听器接口中的事件处理方法。

(3) 在 web. xml 文件中配置监听器。在 Servlet 3.0 规范中,可以使用注解声明监听器,此时无需在 web. xml 中写配置代码。

关于使用注解来声明监听器的具体语法请参见 3.5 节的内容。

若要在 web. xml 文件中配置监听器,使用如下的 XML 标签:

<listener>标签:用于声明监听器。其中包含<listener-class>子标签,用于声明监听器类名(包括监听器类所在的包名)。

3.5 Servlet 3.0 的新特性

Servlet 目前的最新版本为 3.0,作为 Java EE 6 体系规范中的一员,于 2009 年 10 月发布。该版本在前一版本 Servlet 2.5 的基础上提供了若干新特性用于简化 Web 应用的开发和部署,并支持 Web 2.0。当中主要的改变包括支持异步处理,新增了若干注解的支持,可插拔性的支持等。

3.5.1 对注解的支持

为了简化开发流程,Servlet 3.0 引入了一些新的注解(Annotation),使得 Web 部署描述符 web. xml 不再是必须的选择。Servlet 3.0 允许开发人员采用声明式的编程方式,意味着可以通过使用像@WebServlet、@WebFilter、@WebListener 这样的注解来对一个 Servlet、Filter 或 Listener 进行快速开发。

1. @WebServlet

@WebServlet 用来定义 Web 应用中的一个 Servlet,这个注解可以应用于继承了 HttpServlet 的 Servlet。该注解有多个属性,可以使用这些属性来定义 Servlet 的行为,如表 3-9 所示。

表 3-9　@WebServlet 的主要属性

属性名	类　型	描　述
name	String	指定 Servlet 的 name 属性,等价于<servlet-name>;如果没有显式指定,则该 Servlet 的取值即为类的全限定名
value	String[]	该属性等价于 urlPatterns 属性。两个属性不能同时使用
urlPatterns	String[]	指定一组 Servlet 的 URL 匹配模式,等价于<url-pattern>标签
loadOnStartup	int	指定 Servlet 的加载顺序,等价于<load-on-startup>标签
initParams	WebInitParam[]	指定一组 Servlet 初始化参数,等价于<init-param>标签
asyncSupported	boolean	声明 Servle 是否支持异步操作模式,等价于<async-supported>标签
description	String	该 Servlet 的描述信息,等价于<description>标签
displayName	String	该 Servlet 的显示名,通常配合工具使用,等价于<display-name>标签

例如，在 3.2.4 节中创建的 MyServlet，使用@WebServlet 定义如下。

```
@WebServlet(name = "MyServlet", value = {"/test/MyServlet"}, displayName = "This is the
display name of my servlet", description = "This is the description of my servlet")
public class MyServlet extends HttpServlet {
    @Override
    public void doGet(HttpServletRequest request, HttpServletResponse response)
            throws ServletException, IOException {
        PrintWriter out = response.getWriter();
        out.println("This is the GET method!");
        out.flush();
    }
}
```

如此配置之后，可以不必在 web.xml 中配置相应的<servlet>和<servlet-mapping>标签了，容器会在部署时根据指定的属性将该类发布为 Servlet。

在上面的例子中，一个 Servlet 只对应了一个 urlPattern。实际上一个 Servlet 可以对应多个 urlPattern，也可以写成如下定义：

```
@WebServlet(name = "MyServlet", urlPatterns = {"/test/MyServlet", "/servlet/MyServlet"},
displayName = "This is the display name of my servlet", description = "This is the description
of my servlet")
public class MyServlet extends HttpServlet {
    @Override
    public void doGet(HttpServletRequest request, HttpServletResponse response)
                throws ServletException, IOException {
        ...
}
```

2. @WebInitParam

该注解通常不单独使用，而是配合@WebServlet 或@WebFilter 使用。它的作用是为 Servlet 或过滤器指定初始化参数，等价于 web.xml 中的<servlet>和<filter>中的<init-param>子标签。@WebInitParam 具有一些常用属性，如表 3-10 所示。

表 3-10 @WebInitParam 的主要属性

属性名	类型	描述
name	String	指定参数的名字，等价于<param-name>
value	String	指定参数的值，等价于<param-value>
description	String	关于参数的描述，等价于<description>

例如，根据指定的初始化参数对请求参数信息进行编码转换：

```
@WebServlet(name = "MyServlet", urlPatterns = {"/test/MyServlet"}, initParams =
{@WebInitParam(name = "encoding", value = "UTF-8")})
public class MyServlet extends HttpServlet {
    @Override
    public void doGet(HttpServletRequest request, HttpServletResponse response)
            throws ServletException, IOException {
        String encoding = getInitParameter("encoding");
        request.setCharacterEncoding(encoding);
    }
```

3. @WebFilter

@WebFilter 用于将一个类声明为过滤器,该注解将会在部署时被容器处理,容器将根据具体的属性配置将相应的类部署为过滤器。该注解具有一些常用属性(以下所有属性均为可选属性,但是 value、urlPatterns、servletNames 三者必须至少包含一个,且 value 和 urlPatterns 不能共存,如果同时指定,通常忽略 value 的取值),如表 3-11 所示。

表 3-11 @WebFilter 的主要属性

属性名	类型	描述
filterName	String	指定过滤器的 name 属性,等价于<filter-name>
value	String[]	该属性等价于 urlPatterns 属性,但是两者不应该同时使用
urlPatterns	String[]	指定一组过滤器的 URL 匹配模式,等价于<url-pattern>标签
servletNames	String[]	指定过滤器将应用于哪些 Servlet。取值是@WebServlet 中的 name 属性的取值,或者是 web.xml 中<servlet-name>的取值
dispatcherTypes	DispatcherType	指定过滤器的转发模式,具体取值包括 ASYNC、ERROR、FORWARD、INCLUDE、REQUEST
initParams	WebInitParam[]	指定一组过滤器初始化参数,等价于<init-param>标签
asyncSupported	boolean	声明过滤器是否支持异步操作模式,等价于<async-supported>标签
description	String	该过滤器的描述信息,等价于<description>标签
displayName	String	该过滤器的显示名,通常配合工具使用,等价于<display-name>标签

4. @WebListener

该注解用于将类声明为监听器,被@WebListener 标注的类必须实现以下至少一个接口:

- ServletContextListener;
- ServletContextAttributeListener;
- ServletRequestListener;
- ServletRequestAttributeListener;
- HttpSessionListener;
- HttpSessionAttributeListener。

该注解使用非常简单,其属性如表 3-12 所示。

表 3-12 @WebListener 的主要属性

属性名	类型	描述
value	String	该监听器的描述信息

5. @MultipartConfig

该注解主要是为了辅助 Servlet 3.0 中 HttpServletRequest 提供的对上传文件的支持。该注解标注在 Servlet 上面,以表示该 Servlet 希望处理的请求的 MIME 类型是 multipart/form-data。另外,它还提供了若干属性用于简化对上传文件的处理,如表 3-13 所示。

表 3-13 @ MultipartConfig 的主要属性

属性名	类　型	描　述
fileSizeThreshold	int	当数据量大于该值时,内容将被写入文件
location	String	存放生成的文件地址
maxFileSize	long	允许上传的文件最大值。默认值为－1,表示没有限制
maxRequestSize	long	针对该 multipart/form-data 请求的最大数量,默认值为－1,表示没有限制

注意:注解的引入使得 web.xml 变成可选。但是,仍然可以使用 web.xml 进行配置。Servlet 3.0 的部署描述文件 web.xml 的顶层标签＜web-app＞有一个 metadata-complete 属性,该属性指定当前的部署描述文件是否是完全的。如果设置为 true,则容器在部署时将只依赖部署描述文件,并忽略所有的注解(同时也会跳过 web-fragment.xml 的扫描,亦即禁用可插拔性支持);如果不配置该属性,或者将其设置为 false,则表示启用注解支持(和可插性支持)。

3.5.2 对可插拔性的支持

当使用任何第三方的框架如 Struts、JSF 或 Spring,都需要在 web.xml 中添加对应的 Servlet 的入口,使得 web.xml 笨重而难以维护。Servlet 3.0 的新的可插入特性使得 Web 应用程序模块化而易于维护。通过 Web fragment 实现的可插入性减轻了开发人员的负担,不需要再在 web.xml 中配置很多的 Servlet 入口。

熟悉 Struts2 的开发者都知道,Struts2 通过插件的形式提供了对包括 Spring 在内的各种开发框架的支持,开发者甚至可以自己为 Struts2 开发插件,而 Servlet 的可插性支持正是基于这样的理念而产生的。使用该特性,可以在不修改已有 Web 应用的前提下,只需将按照一定格式打成的 JAR 包放到 WEB-INF/lib 目录下,即可实现新功能的扩充,而不需要额外的配置。

Servlet 3.0 引入了称为"Web 模块部署描述符片段"的 web-fragment.xml 部署描述文件,该文件必须存放在 JAR 文件的 META-INF 目录下,该部署描述文件可以包含一切可以在 web.xml 中定义的内容。

现在,为一个 Web 应用增加一个 Servlet 配置有如下三种方式(过滤器、监听器与 Servlet 三者的配置都是等价的,故在此以 Servlet 配置为例进行讲述,过滤器和监听器具有与之非常类似的特性):

- 编写一个类继承自 HttpServlet,将该类放在 classes 目录下的对应包结构中,修改 web.xml,在其中增加一个 Servlet 声明。这是最原始的方式。
- 编写一个类继承自 HttpServlet,并且在该类上使用@WebServlet 注解将该类声明为 Servlet,将该类放在 classes 目录下的对应包结构中,此时无须修改 web.xml 文件。
- 编写一个类继承自 HttpServlet,将该类打成 JAR 包,并且在 JAR 包的 META-INF 目录下放置一个 web-fragment.xml 文件,该文件中声明了相应的 Servlet 配置。web-fragment.xml 文件示例如下:

```
<?xml version = "1.0" encoding = "UTF - 8"?>
< web - fragment
        xmlns = http://java.sun.com/xml/ns/javaee
        xmlns:xsi = "http://www.w3.org/2001/XMLSchema - instance" version = "3.0"
        xsi:schemaLocation = "http://java.sun.com/xml/ns/javaee
        http://java.sun.com/xml/ns/javaee/web - fragment_3_0.xsd"
        metadata - complete = "true">
        < servlet >
            < servlet - name > fragment </servlet - name >
            < servlet - class > footmark.servlet.FragmentServlet </servlet - class >
        </servlet >
        < servlet - mapping >
            < servlet - name > fragment </servlet - name >
            < url - pattern >/fragment </url - pattern >
        </servlet - mapping >
</web - fragment >
```

从上面的示例可以看出,web-fragment.xml 与 web.xml 在头部声明的 XSD 引用不同,其主体配置与 web.xml 是完全一致的。

由于一个 Web 应用中可以出现多个 web-fragment.xml 声明文件,再加上一个 web.xml 文件,加载顺序问题便成了必须要考虑的问题。Servlet 规范的专家组在设计时就明确定义了加载顺序的规则。

web-fragment.xml 包含了两个可选的顶层标签——<name>和<ordering>。如果希望为当前的文件指定明确的加载顺序,通常需要使用这两个标签,<name>主要用于标识当前的文件;而<ordering>则用于指定先后顺序。简单的示例如下:

```
< web - fragment...>
        < name > FragmentA </name >
        < ordering >
            < after >
                < name > FragmentB </name >
                < name > FragmentC </name >
            </after >
        < before >
            < others/>
        </before >
        </ordering >
        ⋮
</web - fragment >
```

如上所示,<name>标签的取值通常是被其他 web-fragment.xml 文件在定义先后顺序时引用的,在当前文件中一般用不着,它起着标识当前文件的作用。

在<ordering>标签内部,可以定义当前 web-fragment.xml 文件与其他文件的相对位置关系,这主要通过<ordering>的<after>和<before>子标签来实现的。以上代码示例表示当前文件必须在 FragmentB 和 FragmentC 之后解析。<before>的使用与此相同,它所表示的是当前文件必须在<before>标签里所列出的 web-fragment. xml 文件之前来解析。

除了将所比较的文件通过<name>在<after>和<begin>中列出之外，Servlet 还提供了一个简化的标签<others/>。它表示除了当前文件之外的其他所有的 web-fragment. xml 文件。该标签的优先级要低于使用<name>明确指定的相对位置关系。

另外，Servlet 3.0 还支持使用绝对顺序来指定多个 web 片段之间的顺序。通过 web. xml 文件中的<absolute-ordering>来指定绝对顺序。该元素的<name>子元素的值是各个 web 片段的 name 的值。这样就指定了 web 片段的顺序。如果多个 web 片段有相同的名字，容器会忽略后出现的 web 片段。下面是一个指定绝对顺序的例子：

```
web.xml
<web-app ...>
    <name>DemoApp</name>
    <absolute-ordering>
        <name>FragmentB</name>
        <name>FragmentC</name>
        <name>FragmentA</name>
    </absolute-ordering>
    ⋮
</web-app>
```

3.5.3 对异步处理的支持

通常，Servlet 要和其他资源进行互动。例如，访问数据库，调用 Web Service。在传统的同步方式下，Servlet 在和这些资源互动时，不得不等待数据返回，然后才能够继续执行下面的操作，也就是说 Servlet 在调用这些资源时会发生阻塞。

Servlet 3.0 通过引入异步处理解决了这个问题。异步处理允许线程调用资源的时候不被阻塞，而是直接返回。也就是说，Servlet 在接收到请求之后，首先需要对请求携带的数据进行一些预处理；接着，Servlet 线程将请求转交给一个异步线程来执行业务处理，线程本身返回至容器，此时 Servlet 还没有生成响应数据，异步线程处理完业务以后，可以直接生成响应数据(异步线程拥有 ServletRequest 和 ServletResponse 对象的引用)，或将请求继续转发给其他 Servlet。如此一来，Servlet 线程不再是一直处于阻塞状态以等待业务逻辑的处理，而是启动异步线程之后可以立即返回。

异步处理特性可以应用于 Servlet 和 Filter 两种组件，由于异步处理的工作模式和普通工作模式在实现上有着本质的区别，因此在默认情况下，Servlet 和 Filter 并没有开启异步处理，如果希望使用该特性，则必须按照如下的方式启用：

- 对于使用传统的部署描述文件(web. xml)配置 Servlet 和 Filter 的情况，Servlet 3.0 为<servlet>和<filter>标签增加了<async-supported>子标签，该标签的默认取值为 false，要启用异步处理支持，则将其设为 true 即可。以 Servlet 为例，其配置方式如下：

```
<servlet>
        <servlet-name>MyServlet</servlet-name>
        <servlet-class>myservlet.MyServlet</servlet-class>
        <async-supported>true</async-supported>
</servlet>
```

- 对于使用 Servlet 3.0 提供的@WebServlet 和@WebFilter 进行 Servlet 或 Filter 配置的情况,这两个注解都提供了 asyncSupported 属性,默认该属性的取值为 false,要启用异步处理支持,只需将该属性设置为 true 即可。

AsyncContext 负责管理来自资源的响应。AsyncContext 决定该响应是应该被原来的线程处理还是应该分发给容器中其他的资源。AsyncContex 有 start、dispatch 和 complete 方法来执行异步处理。

下面是一个简单的模拟异步处理的 Servlet 示例。

```
@WebServlet(name = "AsncServlet", urlPatterns = "/asyncServlet", asyncSupported = true)
public class AsyncServlet extends HttpServlet {
    @Override
    public void doGet(HttpServletRequest request, HttpServletResponse response)
    throws IOException, ServletException {
        response.setContentType("text/html;charset=UTF-8");
        PrintWriter out = response.getWriter();
        out.println("Servlet 主线程开始执行: " + new Date() + "<br>");
        out.flush();
        //在子线程中执行业务调用,并由其负责输出响应,主线程退出
        AsyncContext ctx = request.startAsync();
        new Thread(new Executor(ctx)).start(request, response);
        out.println("Servlet 主线程结束: " + new Date() + "<br>");
        out.flush();
    }
}
//模拟业务线程类
public class Executor implements Runnable {
    private AsyncContext ctx = null;
    public Executor(AsyncContext ctx){
        this.ctx = ctx;
    }
    public void run(){
        try {
            //等待十秒钟,模拟业务方法的执行时间
            Thread.sleep(10000);
            PrintWriter out = ctx.getResponse().getWriter();
            out.println("业务线程处理完毕: " + new Date() + "<br>");
            out.flush();
        } catch (Exception e) {
            e.printStackTrace();
        }
        ctx.complete();//完成异步操作
    }
}
```

另外，Servlet 3.0 还为异步处理提供了一个监听器，使用 AsyncListener 接口表示。它可以监控以下 4 种事件：

- 异步线程开始时，调用 AsyncListener 的 onStartAsync(AsyncEvent event)方法；
- 异步线程出错时，调用 AsyncListener 的 onError(AsyncEvent event)方法；
- 异步线程执行超时，则调用 AsyncListener 的 onTimeout(AsyncEvent event)方法；
- 异步执行完毕时，调用 AsyncListener 的 onComplete(AsyncEvent event)方法。

要注册一个 AsyncListener 监听器对象，只需将 AsyncListener 对象传递给 AsyncContext 对象的 addListener 方法即可。

例如：

```
AsyncContext ctx = request.startAsync(request, response);
ctx.addListener(new AsyncListener() {
    public void onComplete(AsyncEvent asyncEvent) throws IOException {
        //做一些清理工作或者其他操作
    }
    ...
});
```

3.5.4 对现有 API 的改进

除了以上的新特性之外，Servlet 3.0 还对以往已经存在的 API 做了一些改进。

1. HttpServletRequest

为了支持 multipart/form-data 这种 MIME 类型，在 HttpServletRequest 接口中添加了下列方法：

- Part getPart(String name)；
- Iterable<Part> getParts()。

前者用于获取请求中指定 name 的文件；后者用于获取所有的文件。每一个文件用一个 javax.servlet.http.Part 对象来表示。该接口提供了处理文件的简易方法，如 write()、delete() 等。因此，结合 HttpServletRequest 和 Part 来保存上传的文件变得非常简单。

例如：

```
Part photo = request.getPart("photo");
photo.write("/tmp/photo.jpg");
```

另外，也可以配合前面提到的@MultipartConfig 注解来对上传操作进行一些自定义的配置，如限制上传文件的大小，以及保存文件的路径等。其用法非常简单，在此不再赘述。

需要注意的是，如果请求的 MIME 类型不是 multipart/form-data，不能使用上面的两个方法；否则将出现异常。

2. Cookies

为了避免一些跨站点攻击，Servlet 3.0 支持 HttpOnly 的 cookie。HttpOnly 的 cookie 不向客户端暴露 script 代码。Servlet 3.0 在 Cookie 类中添加了如下的方法来支持 HttpOnly cookie：

- void setHttpOnly(boolean isHttpOnly);
- boolean isHttpOnly()。

3. ServletContext

通过在 ServletContext 中添加下面的方法,Servlet 3.0 允许 Servlet 或 filter 以可编程的方式加入到上下文(context)中,支持在运行时动态部署 Servlet、过滤器、监听器,以及为 Servlet 和过滤器增加 URL 映射等。

- addServlet(String servletName, String className);
- addServlet(String servletName, Servlet servlet);
- addServlet(String servletName, Class<? extends Servlet> servletClass);
- addFilter(String filterName, String className);
- addFilter(String filterName, Filter filter);
- addFilter(String filterName, Class<? extends Filter>filterClass);
- setInitParameter (String name, String Value)。

3.6 JSP 基础

3.6.1 JSP 运行原理

JSP 是一种实现普通静态 HTML 和动态 HTML 混合编码的技术。JSP 并没有增加任何本质上不能用 Servlet 实现的功能。但是,在 JSP 中编写静态 HTML 更加方便,不必再用 println 语句来输出每一行 HTML 代码。其实从 3.4 节的 Servlet 代码中就可以看出,如果使用 Servlet 完成对用户的响应,所有的响应内容,包括格式信息,都要通过 Java 语句进行输出,整个程序显得冗长烦琐。因此,Sun 公司后来在 Servlet 的基础上推出了 JSP。

在 JSP 文件中,可以直接书写 HTML 标签,并嵌入 JSP 标签以及 Java 脚本,很大程度地简化了动态 Web 页面的开发。所以,如果要完成的功能是与用户进行交互的,应该使用 JSP 完成。Servlet 将从页面表示、用户交互等功能中抽离出来,根据其自身特点来完成其他功能。在本书的后续内容中,主要使用 Servlet 技术完成控制功能。

虽然 JSP 和 Servlet 在语法上有较大区别,但 JSP 实质上最终是作为 Servlet 在服务器上运行的。也就是说,所有的 JSP 文件最终会被 Web 服务器自动转换为 Servlet 并加载运行。

从编写的角度来看,两者也有差别:JSP 是在 HTML 或 XML 文档中嵌入 Java 脚本或者 JSP 标签形成的,是文本文件;而 Servlet 是纯 Java 文件,是一个类。

JSP 在服务器端的工作过程如下:

(1) 当服务器第一次接收到客户端对 JSP 文件的请求后,由 JSP 引擎将对应的 JSP 文件自动转换成 Servlet。

(2) JSP 引擎调用服务器端的 Java 编译器对 Servlet 代码进行编译,生成字节码文件。

(3) 服务器将字节码文件加载到内存运行。

(4) 运行结果一般为 HTML 格式的文件,返回给客户端。

注意：只有第一次访问 JSP 文件的时候需要把 JSP 文件转换成 Servlet 并进行编译，在后续的访问过程中，只要该 JSP 文件没有被改动，JSP 引擎就直接调用已加载的 Servlet。所以，第一次访问 JSP 文件的时候可能会比较慢，后续访问就正常了。JSP 的运行原理图如图 3-14 所示。

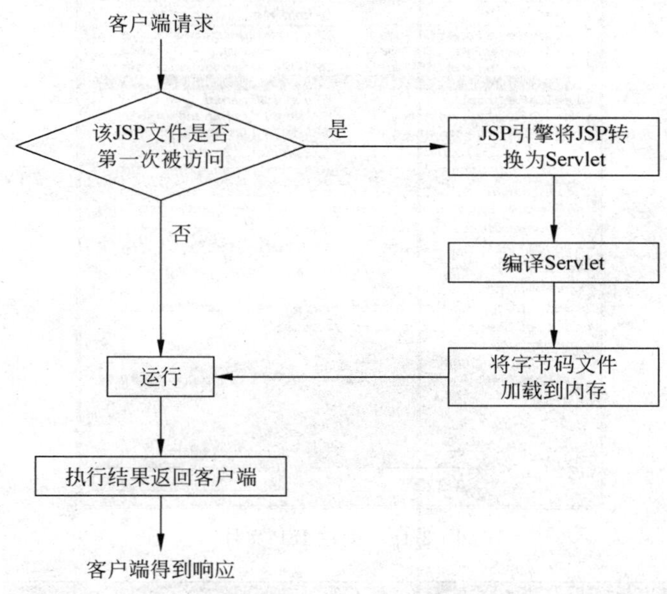

图 3-14　JSP 运行原理

3.6.2　编写简单的 JSP

在 3.1.2 节中建立的 myweb 应用中，创建一个 JSP 文件。

(1) 在 myweb 工程下的 WebContent 目录上右击，选择 New 菜单中的 JSP File 菜单项。

(2) 在 File name 处输入文件名，如 test.jsp，单击 Next 按钮，在窗口中选择默认的 New JSP File(html)(JSP 模板)即可，如图 3-15 所示。

(3) 单击窗口中的 JSP Templates 链接，修改 JSP 模板文件。选择 New JSP File (html)模板，单击 Edit...按钮，将 page 指令的 contentType、pageEncoding 属性以及<meta>标签的 content 属性的字符集均改为 UTF-8，如图 3-16 所示。

(4) 测试 JSP 页面的运行。

在 test.jsp 的<body>标签中加入如下代码：

```
<body> This is my JSP page </body>
```

访问 JSP 时，与 Servlet 相似，需要提供以下几个信息：

- 到每个 Web 应用的根路径，本实例中是 http://localhost:8080/myweb;
- 文件，必须指出要访问的文件名，本实例中的文件名是 test.jsp。

若要访问 test.jsp，需要在浏览器中输入地址为 http://localhost:8080/myweb/test.jsp。启动 Tomcat 服务器，运行效果如图 3-17 所示。

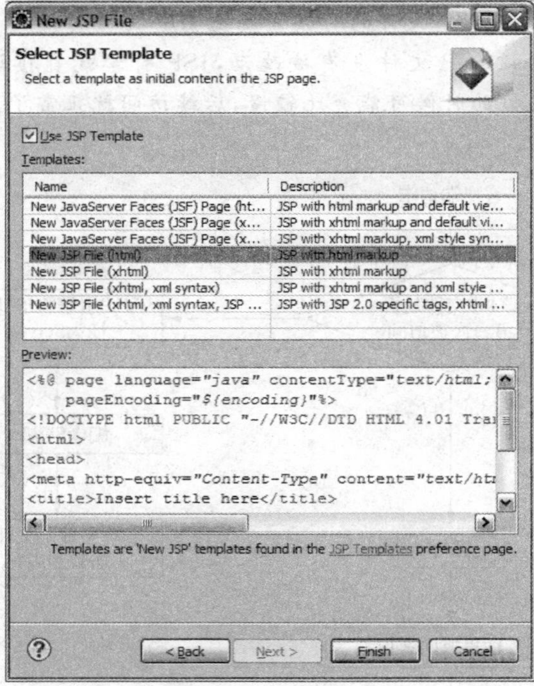

图 3-15　创建 JSP 文件

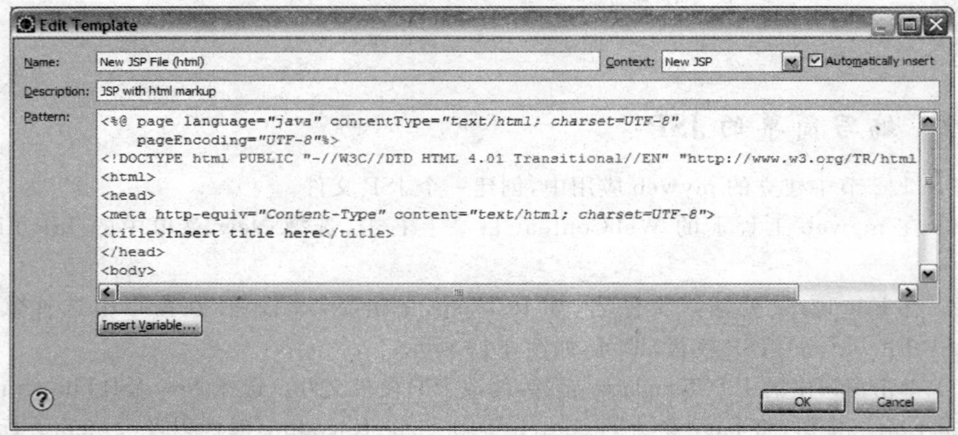

图 3-16　修改 JSP 模板文件

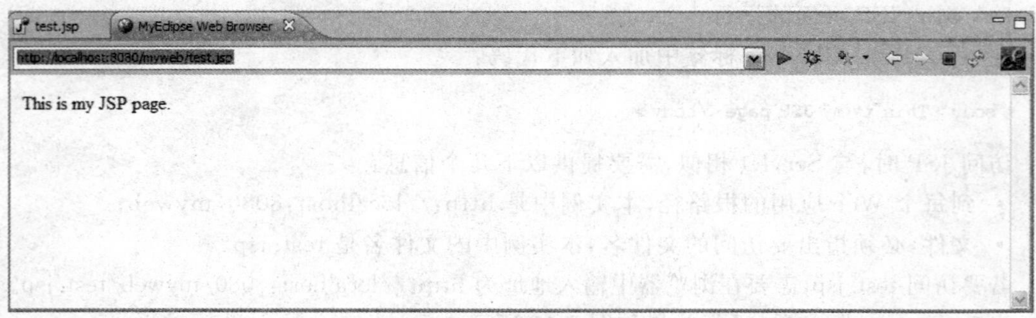

图 3-17　测试 JSP 文件运行

3.7 JSP常用技术

本节主要回顾一下JSP中的实用语法，并着重介绍JSP 2.0中新引入的语法特性。

由于Sun在J2EE 1.4版本中提出了JSP 2.0规范，它在原有的JSP 1.2基础上增加了一些新特性，使得页面开发人员的工作变得更简单，同时也具备了更好的稳定性。具体体现以下方面：

- 使动态网页的设计更加容易；
- 简化JSP页面，使得JSP页面容易维护；
- 使Web应用程序前后台应用更清晰；
- 无须学习Java编程语言就可以编写JSP页面。

在JSP 2.0中，主要的新特性如下：

- 引入一种简单的表达式语言(EL)，能够用来容易地从JSP页面访问数据，这种表达式语言简化了基于JSP的不含脚本的应用程序的编写，不需要使用Java脚本或者Java表达式；
- 直接使用JSP技术定义可重用的自定义行为的新语法，该语法使用tag和tagx文件，这类文件可由网页开发人员编写；
- XML语法得到了实质性的改进，增加了新的标准文件扩展名(tagx用于标签文件，jspx用于JSP文件)。

3.7.1 EL简介

在今后的学习中，将使用EL来向JSP页面输出数据。

EL(Expression Language)原本是JSTL 1.0为方便存取数据所自定义的语言。当时EL只能在JSTL标签中使用，但是不能直接在JSP网页中使用。到了JSP 2.0之后，EL已经正式纳入成为标准规范之一。因此，只要是支持Servlet 2.4/JSP 2.0的容器，就可以在JSP网页中直接使用EL了。

1. EL的起始符和结束符

所有EL都是以“${”为起始、以“}”为结尾的。EL既可以出现在模版文本中，也可以出现在JSP标签的属性中。

例如，${sessionScope.username}，从sessionScope的范围中读取名为username的变量值并输出。

2. 使用EL存取变量数据

使用EL存取变量很简单，可以使用${变量名}来访问并输出变量。

例如，${username}。该EL用于取出某一作用范围中名称为username的变量。因为并没有明确指出是哪一个范围的username变量，所以它的默认值会先从pageScope范围内查找，若找不到，再依次到requestScope、sessionScope、applicationScope范围中查找。第一次找到的名为username的变量，就直接返回，不再继续找下去；但是若全部的范围内都没有找到时，就返回null。

3. EL 的关键字

EL 中的关键字共有 16 个,如表 3-14 所示。在 EL 中不要使用这些关键字表示其他含义。

表 3-14　EL 中的关键字

and	or	eq	ne
gt	lt	ge	le
true	false	instanceof	not
null	empty	div	mod

4. EL 支持的运算法

1) 算术运算符

EL 中支持的算术运算符如表 3-15 所示,它们的优先级由上到下依次降低。可以使用括号改变它们的优先级。

表 3-15　EL 算术运算符

括号	()
负号	—
乘、除、模	* ,/(div), %(mod)
加、减	+, —

2) 关系运算符

EL 中支持的关系运算符如表 3-16 所示,它们的优先级由上到下依次降低。可以使用括号改变它们的优先级。

表 3-16　EL 关系运算符

大小关系	<(lt), >(gt), <=(le), >=(ge)
相等关系	==(eq), !=(ne)

3) 逻辑运算符

EL 中支持的逻辑运算符如表 3-17 所示,它们的优先级由上到下依次降低。可以使用括号改变它们的优先级。

表 3-17　EL 逻辑运算符

非	!(not)
与	&&(and)
或	||(or)

4) empty 运算符

在 EL 中有一个特殊的运算符号 empty,用于验证数据是否为空。这里的"空"包含几种含义,数据值为 null;数据是一个空集合(不包含任何元素的集合对象)、空数组(长度为 0 的数组对象)或长度为 0 的字符串。

当数据为空时,empty 运算符返回值为 true;否则,返回 false。

5. “.”与“[]”操作符

(1) EL 提供“.”和“[]”两种操作符来存取数据。下面两种写法所代表的意思是一样的：${sessionScope.user.age}等价于${sessionScope.user["age"]}。

(2) “.”和“[]”也可以同时混合使用。例如，${sessionScope.array[0].addr}返回结果为 array 中第一个元素(索引为 0)的名为 addr 的属性值。

(3) 不过，以下两种情况，两者会有差异。

- 当要存取的属性名称中包含一些特殊字符，如“.”或“-”等并非字母或数字的符号，就一定要使用[]。例如，${user.E-mail}是不正确的写法，应当改为${user["E-mail"]}。
- 如果要动态取值时，可以使用“[]”操作符，而“.”无法做到动态取值。例如，${sessionScope.user[data]}，此时若 data 是一个变量，假设 data 的值为 name 时，那上述的写法等价于${sessionScope.user.name}；假设 data 的值为 age 时，它就等价于${sessionScope.user.age}。

6. EL 的内置对象

EL 中同样也提供了 11 个内置对象供开发者使用，如表 3-18 所示。

表 3-18　EL 中的内置对象

类　别	标识符	描　述
JSP	pageContext	PageContext 实例对应于当前页面的处理
作用域	pageScope	与页面作用域属性的名称和值相关联的 Map 类
	requestScope	与请求作用域属性的名称和值相关联的 Map 类
	sessionScope	与会话作用域属性的名称和值相关联的 Map 类
	applicationScope	与应用程序作用域属性的名称和值相关联的 Map 类
请求参数	param	按名称存储请求参数的主要值的 Map 类
	paramValues	将请求参数的所有值作为 String 数组存储的 Map 类
请求头	header	按名称存储请求头主要值的 Map 类
	headerValues	将请求头的所有值作为 String 数组存储的 Map 类
Cookie	cookie	按名称存储请求附带的 cookie 的 Map 类
初始化参数	initParam	按名称存储 Web 应用程序上下文初始化参数的 Map 类

3.7.2　JSP 常用指令和动作

1. JSP 常用指令

1) page 指令

page 指令用于定义 JSP 页面相关的属性。其中，最常用的是 pageEncoding 属性，该属性用于指定 JSP 页面的字符编码，默认值是西欧字符编码 ISO-8859-1。本书所编写的 JSP 页面均采用 UTF-8 字符集，因此需要在 JSP 页面头部加入如下 page 指令：

```
<%@ page pageEncoding = "UTF-8" %>
```

2) include 指令

include 指令用于在代码编译阶段包含指定的源文件。当编译时遇到 include 指令时，就会读入被包含文件并在 include 指令处展开，即被包含文件和包含文件形成一个文件统一参与编译。

include 指令通常用于在各页面文件中包含统一内容。例如,一个 Web 应用中的各个子页面均具有统一的页脚,可以将页脚单独实现成一个文件 footer.jsp,然后在各个子页面中使用 include 包含它。

例如,要在文件 a.jsp 中包含根目录下的 common 下的页脚文件 footer.jsp,则使用如下 include 指令:

```
<%@ include file="/common/footer.jsp" %>
```

3) taglib 指令

taglib 指令用于引入 JSP 页面中需要使用的标签库。只有在页面中引入标签库后,才能使用标签库中定义的标签。

例如,要在页面中使用核心标签库,则需要加入如下的 taglib 指令:

```
<%@ taglib prefix="c" uri="http://java.sun.com/jsp/jstl/core" %>
```

2. JSP 常用动作

JSP 2.0 规范中,共定义了 20 种标准动作,包括有用于动态包含的 include 动作、用于转发请求的 forward 动作和用于使用 JavaBean 对象的 useBean 动作。本书主要会使用到其中的 useBean 动作。

1) useBean 动作

若要在 JSP 页面中使用 JavaBean 对象,需要使用 useBean 动作。在 useBean 动作中,若 id 属性所指定的 JavaBean 对象在 scope 属性所指定的作用域中已存在,则使用已存在的对象;若同名对象不存在,则创建一个新对象。

例如,要在页面中创建一个名为 now 的 java.util.Date 对象,作用范围为 session,则使用如下 useBean 动作:

```
<jsp:useBean id="now" class="java.util.Date" scope="session"/>
```

2) getProperty 动作

getProperty 动作用于获取 JavaBean 对象指定属性的值并输出。name 属性用于指定 JavaBean 的对象名,property 属性用于指定 JavaBean 对象的属性名。

例如,要在页面输出名为 person 的对象的 age 属性,则使用如下 getProperty 动作:

```
<jsp:getProperty name="person" property="age"/>
```

3) setProperty 动作

setProperty 动作用于设置 JavaBean 对象指定属性的值。name 属性用于指定 JavaBean 的对象名,porperty 属性用于指定 JavaBean 对象属性名,当其设为“*”时,则使用用户请求中所有与 JavaBean 对象属性同名的请求参数为同名属性赋值。Value 属性用于指定为 JavaBean 属性所赋具体值。

例如,要为名为 person 的对象的 name 属性赋值,值为 Peter,则使用如下 setProperty 动作:

```
<jsp:setProperty name="person" property="name" value="Peter"/>
```

4）include 动作

include 动作用于在运行阶段将被包含文件的内容编译执行并将执行结果插入到当前 JSP 页面的输出中。Page 属性用于指定被包含文件的相对 url 地址或表达式。flush 属性用于指定是否实时刷新输出缓冲区。

例如，要在页面中动态包含 Web 应用根目录下的文件 footer.jsp，则使用如下 include 动作：

```
<jsp:include page="/footer.jsp" />
```

5）forward 动作

forward 动作用于在运行阶段将当前请求转发到其他页面或 Servlet。page 属性用于指定转发请求的目的 url 地址或表达式。

例如，要在页面中转发请求到 Web 应用根目录下的文件 new.jsp，则使用如下 forward 动作：

```
<jsp:forward page="/new.jsp" />
```

关于 JSP 中的其他语法，在此不再赘述。

3.7.3 JSTL 简介

JSP 标准标签库(JSP Standard Tag Library，JSTL)是一个不断完善的开放源代码的 JSP 标签库，是由 apache 的 jakarta 小组来维护的。JSTL 只能运行在支持 JSP 1.2 和 Servlet 2.3 规范的容器上，如 Tomcat 4.x。在 JSP 2.0 规范中把 JSTL 作为标准进行了支持。

在本书中，编写的 JSP 页面均采用 JSP 2.0 规范，页面中需要实现较复杂的逻辑控制功能则使用 JSTL 标签完成。使用 JSTL 的优点主要表现在以下几个方面：

- 在应用程序和服务器之间提供了一致的接口，最大程度地提高了 Web 应用在各应用服务器之间的移植；
- 简化了 JSP 和 Web 应用程序的开发；
- 以一种统一的方式减少了 JSP 中的 Java 脚本代码数量，可以实现没有任何 Java 代码的 JSP 文件，在 JSP 2.0 规范中不推荐有任何的 Java 脚本代码出现在 JSP 中；
- 允许 JSP 设计工具与 Web 应用程序开发的进一步集成。

JSTL 包含 5 类标准标签库：核心标签库、格式标签库、XML 标签库、SQL 标签库和函数标签库。本书主要使用的是 JSTL 核心标签库和格式标签库中的一些常用标签，有以下几种：

1. 通用标签

1）<c:out>标签

<c:out>标签用于在 JSP 中显示数据，其属性如表 3-19 所示。

表 3-19　<c:out>标签的属性

属　性	描　述	是否必须	缺省值
value	输出的信息，可以是 EL 表达式或常量	是	无
default	默认信息，即 value 属性值为空时显示的信息	否	标签体
escapeXml	为 true 时，则忽略特殊的 xml 字符集	否	true

例如:

```
<c:out value = "${username}" default = "Tom"/>
```

输出变量 username 的值,若值为空则输出 Tom。

2) <c:set>

<c:set>标签用于保存数据,其属性如表 3-20 所示。

表 3-20 <c:set>标签的属性

属 性	描 述	是否必须	缺省值
value	要保存的信息,可以是 EL 表达式或常量	否	无
target	需要修改属性的变量名,一般为 javaBean 的实例	否	无
property	需要修改的 javaBean 属性	否	无
var	需要保存信息的变量名	否	无
scope	保存信息的变量的范围	否	page

例如:

```
<c:set value = "hello" var = "test" scope = "session" />
```

将字符串"hello"保存到 sessionScope 中的 test 变量中。

3) <c:remove>

<c:remove>标签用于删除数据,其属性如表 3-21 所示。

表 3-21 <c:remove>标签的属性

属 性	描 述	是否必须	缺省值
var	要删除的变量名	是	无
Scope	被删除变量的范围	否	所有范围

例如:

```
<c:remove var = "test" scope = "session"/>
```

从 sessionScope 中删除名为 test 的变量。

若改为<c:remove var="test"/>,则是从所有有效范围内删除名为 test 的变量。

2. 流程控制标签

1) <c:if>

<c:if>标签属性如表 3-22 所示。

表 3-22 <c:if>标签的属性

属 性	描 述	是否必须	缺省值
test	需要判断的条件,相当于 if (…){}语句中的条件	是	无
var	保存判断条件结果的变量名	否	无
scope	保存条件结果的变量范围	否	page

例如:

```
<c:if test = "${a == 1}"> Variable a is 1.</c:if>
```

如果变量 a 的值等于 1，则显示“Variable a is 1.”。

2）<c:choose>

这个标签不接受任何属性。

3）<c:when>

<c:when>标签的属性如表 3-23 所示。

表 3-23　<c:when>标签的属性

属　性	描　述	是否必须	缺省值
test	需要判断的条件	是	无

4）<c:otherwise>

这个标签同样不接受任何属性。

例如：

```
<c:choose>
    <c:when test="${a == 1}">Variable a is 1.</c:when>
    <c:when test="${a == 2}">Variable a is 2.</c:when>
    <c:otherwise>Variable a is not 1 or 2.</c:otherwise>
</c:choose>
```

只有当条件 a==1 返回值是 true 时，才显示“Variable a is 1.”。

只有当条件 a==2 返回值是 true 时，才显示“Variable a is 2.”。

其他所有情况(即 a==1 和 a==2 的值都不为 true 时)全部显示“Variable a is not 1 or 2.”。

由于 JSTL 没有形如 if (){…} else {…}的条件语句，所以这种形式的语句只能用<c:choose>、<c:when>和<c:otherwise>标签共同来完成了。

3. 循环控制标签

循环控制标签<c:forEach>用于循环控制，其属性如表 3-24 所示。

表 3-24　<c:forEach>标签的属性

属　性	描　述	是否必须	缺省值
items	要进行循环的项目	否	无
begin	循环变量初始值	否	0
end	循环变量终止值	否	集合中的最后一个元素
step	步长	否	1
var	代表当前元素的变量名	否	无
varStatus	保存循环状态信息的变量名	否	无

其中的 varStatus 属性用于保存当前元素的相关状态信息，包括 indext、count、first 和 last 状态属性，分别表示当前元素的索引、当前循环次数、是否是第一个元素和是否是最后一个元素。

例如：

(1) 次数固定的循环。

```
<c:forEach begin = "1" end = "100" var = "i" step = "2" varStatus = "vs">
    ${vs.count} <c:out value = "${i}"/><br>
</c:forEach>
```


输出从 1～100 的所有奇数,并在每个数字前面输出序号(从 1 开始,每行增 1)。

(2) 次数不固定的循环。

```
<c:forEach items = "${list}" var = "i">
    <c:out value = "${i}"/>
</c:forEach>
```

相当于 Java 语句:

```
for (int i = 0;i < list.size();i++) {
    out.println(list.get(i));
}
```

注意:这里 list 是一个 java.util.List 类型的对象,其中存放的是对象型数据,i 代表当前循环所访问的 list 中的元素。实际上这里的 list 可以是任何实现了 java.util.Collection 接口的对象。

4. 日期格式化标签

<fmt:formatDate>标签用于将日期和时间按照客户端的时区和指定的格式来显示,其属性如表 3-25 所示。

表 3-25 <fmt:formatDate>标签的属性

属性	描　述	是否必须	缺省值
value	需要格式化的日期或时间对象	是	无
type	给定数据的处理方式为日期、时间还是日期时间都处理(time|date|both)	否	time
dateStyle	日期显示格式(default|short|medium|long|full)	否	default
timeStyle	时间显示格式(default|short|medium|long|full)	否	default
pattern	自定义格式	否	无
timeZone	指定时区	否	无
var	保存格式化结果的变量	否	无
scope	保存结果的变量的作用域	否	page

其中的 pattern 属性可以使用的常见模式字符如表 3-26 所示。

表 3-26 常用模式字符

字符	描　述	字符	描　述
y	年(yy 为两位,yyyy 为四位)	h	时(按上下午计,1～12)
M	月(MM 为数字格式,MMM 或其他为月名缩写)	H	时(按天计,0～23)
d	日(按月计,dd 为两位数字)	m	分(按小时计)
W	周(按月计)	s	秒(按分钟计)

例如：

```
<jsp:useBean id="now" class="java.util.Date"/>
<fmt:formatDate value="${now}" pattern="yyyy-MM-dd"/>
```

将系统当前时间按“四位年-两位月-两位日”的格式显示。

最后，在 JSP 中使用 JSTL 要注意以下几点：

- 使用<%@ taglib%>指令导入要用的 JSTL 标签库。例如，导入核心库：

```
<%@ taglib prefix="c" uri="http://java.sun.com/jsp/jstl/core" %>
```

- 将 jstl.jar 和 standard.jar 文件放到 Web 应用中 WEB-INF 下的 lib 目录中。

在 MyEclipse 环境中，可以在创建 Web 工程时选择 Add JSTL libraries to WEB-INF/lib folder 选项，这样，MyEclipse 会自动将所需 jar 文件放入 lib 目录。如果创建 Web 应用时没有选择包含 JSTL，则可以按如下方式添加：在工程名上右击，选择 MyEclipse→Add JSTL Libraries 命令，在出现的对话框中选中 JSTL1.1，单击 Finish 按钮。

小　结

本章主要介绍了 Servlet、JSP 的工作原理、运行方式以及基本语法，并介绍了利用 MyEclipse 工具创建 Web 工程、JSP 文件和 Servlet 的步骤。

对于 Servlet，要求能编写简单的 Servlet 程序并知道如何在 JSP 和 Servlet 之间进行互相调用和传递信息等。

对于 JSP，要求重点掌握 JSP 2.0 规范中引入的 EL 语法，并会使用 JSTL 常用标签完成页面中的一些较复杂的控制。

利用 MyEclipse 可以很方便地创建 Web 工程，并在相应位置创建 JSP 或 Servlet 程序。要会使用正确的方式访问 JSP 页面和 Servlet。

思　考

1. JSP 是如何运行的？
2. 什么是请求/响应模式？
3. Servlet 的运行原理和生命周期是什么？
4. Servlet 3.0 中都引入了哪些新特性？

练　习

1. JSP 基础练习

在 myweb 工程中创建 exercise1.jsp 文件，并实现如下功能：

(1) 利用 EL 或<c:out>标记输出自己姓名、学号。

(2) 利用<fmt:formatDate>标记格式化，输出系统当前时间，格式为 yyyy-MM-dd。

(3) 利用<c:forEach>标记循环输出当前时间 100 次。

2. Servlet 基础练习

在 myweb 工程中创建 Exercise2,其 mapping url 的值设为/test/Exercise2,改写其中的 doPost()和 doGet(),实现如下功能:

(1) 输出自己的姓名和学号。

(2) 输出系统当前时间。

测　试

JSP 与 Servlet 的相互访问

(1) 在 JSP(login.jsp)页面中提供一个可以输入姓名(控件名=username)、密码(控件名=password)的表单。

(2) 在 servlet(Deal.java)中获取 JSP 页面中输入的信息。

(3) 在 servlet 中获取当前时间,并将用户输入以及当前时间传递给另一个 JSP 页面(output.jsp)。

(4) 在该 JSP 页面中输出如下格式的信息

```
** 用户,密码为 **,欢迎您于 yyyy-MM-dd 访问本页面!
```

要求:所有的 JSP 页面放在 myweb 工程的根目录(WebRoot)下,servlet 放在 myservlet 包下,servlet 的 mapping url 设置为/Deal。

第4章 框架基础——MVC分层设计与实现

本章内容

- MVC模式简介；
- 第一个MVC设计实例——小计算器；
- 第一个MVC分层实现——小计算器；
- MVC各层的特点；
- 如何实现MVC模式。

本章目标

- 掌握MVC设计模式的特点及优点；
- 能够根据MVC思想进行分层设计；
- 能够根据MVC设计进行分层编码和测试；
- 掌握MVC各层设计和实现的特点。

4.1 MVC模式简介

随着实际Web应用的使用越来越广泛，Web应用的规模也越来越大，开发人员发现动态Web应用的维护成本越来越大，即使只需要修改页面中的一个简单的标签，或一段静态的文本内容，也不得不打开混杂的动态脚本的页面源文件进行修改。在JSP或ASP页面中，将标签与脚本代码混合在一起编写的方式对于后期的维护相当不利。逐渐地开发人员开始在Web开发中使用MVC设计模式。Java阵营发布了一套完整的企业开发规范——J2EE(现已更名为Java EE5)，微软公司也发布了ASP.NET技术，它们都采用了MVC分层思想，力图解决Web应用维护困难的问题。

MVC是Xerox PARC在20世纪80年代为编程语言Smalltalk-80发明的一种软件设计。使用MVC的目的是将M和V的实现代码分离，从而使同一个程序可以使用不同的表现形式。例如，一批统计数据可以分别用柱状图、饼图表示。C存在的目的则是确保M和V的同步，一旦M改变，V应该同步更新。MVC本来是存在于桌面应用程序中的。Web应用中使用MVC所不同的是，当M发生变化的时候，需要对V发出请求，M和V才能保持同步。

4.1.1 MVC分层思想

在MVC模式中，每个功能都被分成三个部分，或称为三层。下面以登录功能为例，对MVC模式关系进行说明，如图4-1所示。

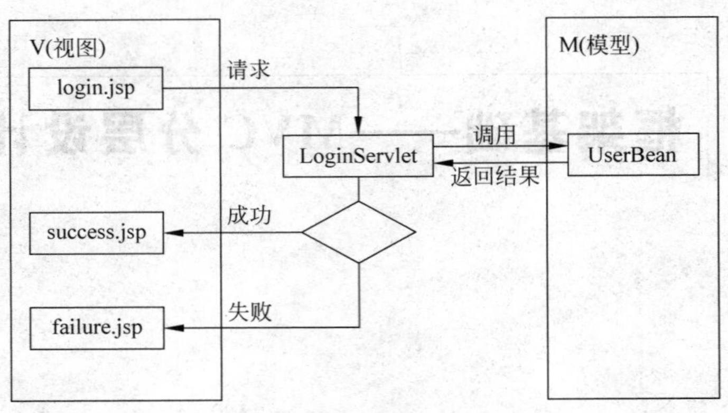

图 4-1 MVC 模式关系图

第一个部分称为用户界面视图，是与人进行交互的部分，包括登录页面和登录处理之后的页面，或者是登录成功页面，或者是登录失败页面。登录页面是供用户输入信息的，如果登录成功会显示登录成功页面，如果登录失败会显示登录失败页面。

因为视图部分主要是与人进行交互的，包括输入和输出，主要是页面。所以在 Java Web 开发技术中，使用 JSP 文件作为视图。在本例中，登录页面是 login. jsp，登录成功的页面是 success. jsp，登录失败的页面是 failure. jsp。

第二部分称为模型，是处理功能的部分，用于登录的处理，判断用户提交的信息是否有效，用户名是否存在，口令是否正确。

在模型层通常使用一个可重用的 JavaBean 来完成业务逻辑，也可以使用 EJB(Enterprise JavaBean)。在本例中使用 UserBean 完成处理。

第三部分称为控制器，接收用户输入的用户名和口令，然后调用处理功能，处理功能会返回处理的结果，根据处理的结果选择页面对用户响应。如果返回的信息表示登录成功，则给用户显示登录成功的页面。如果返回的信息表示登录失败，则给用户显示登录失败的页面。

因为控制器需要能够接收用户的请求并对用户进行响应，并且需要能够调用模型，所以在 Java Web 开发中使用 Servlet 充当控制器。在本例中使用 LoginServlet 完成控制。

4.1.2 MVC 模型特点

MVC 有如下特点：

- 多个视图可以对应一个模型。按 MVC 设计模式，一个模型对应多个视图，可以减少代码的复制及代码的维护量，一旦模型发生改变，也易于维护。
- 模型返回的数据与显示逻辑分离。模型数据可以应用任何的显示技术。例如，使用 JSP 页面、FreeMarker 页面或直接产生 Excel 文档等。
- 应用被分隔为三层，降低了各层之间的耦合，提供了应用的可扩展性。
- 控制层把不同的模型和不同的视图组合在一起，完成不同的请求。
- MVC 更符合软件工程化管理的精神。不同的层各司其职，每一层的组件具有相同的特征，有利于通过工程化和工具化产生管理程序代码。

4.1.3 MVC 模型缺点

MVC 模式是一个有用的设计模式，它有很多优点，但也有一些缺点。

- MVC 没有明确的定义，要完全理解 MVC 并不是很容易。
- 考虑如何将 MVC 运用到应用程序中需要花费一定的时间。同时由于模型和视图要严格的分离，这样也给程序调试带来了一定的困难。每个构件在使用之前都需要经过彻底的测试。
- 使用 MVC 同时也意味着将要管理更多的文件，这一点是显而易见的。这样好像工作量增加了，但是比起它的优点是不值一提的。
- MVC 并不适合小型甚至中等规模的应用程序，花费大量时间将 MVC 应用到规模并不是很大的应用程序通常会得不偿失。

4.2 第一个 MVC 设计实例——小计算器

4.2.1 小计算器功能说明

小计算器能够完成简单的四则运算，用户输入两个运算数，选择运算符，单击＝按钮，得到运算结果，效果如图 4-2 所示。

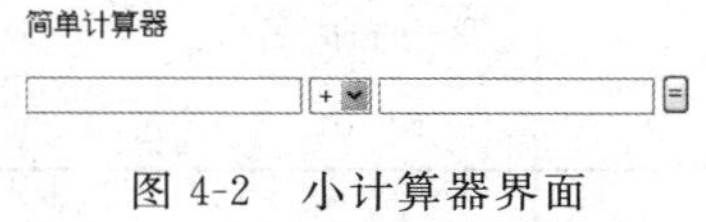

图 4-2 小计算器界面

4.2.2 小计算器功能的 MVC 分层设计

小计算器功能只涉及一个运行页面 c.jsp，由它完成运算数和运算符的输入以及运算结果的输出。控制器由一个名为 Control 的 Servlet 担任。具体实现四则运算的模型是一个 JavaBean：Computer。

小计算器功能的基本流程说明如下：

① 客户端对小计算器的运行页面 c.jsp 页面发出一个请求。

② c.jsp 产生了一个响应页面。

③ Web 容器将页面响应给客户端。

④ 客户端给 Web 容器发送请求数据（运算数和运算符）。

⑤ Web 容器根据请求中的 URL 地址找到控制器（Control），并将请求对象 request 传递给控制器。

⑥ Servlet 调用模型（Computer）。模型返回计算结果（Result）。控制器将计算结果保存到 request 对象中。Servlet 将请求转发给 c.jsp 页面。

⑦ c.jsp 页面从 request 中得到计算结果，并为 Web 容器产生了一个响应页面。

⑧ Web 容器将页面响应给客户端。

小计算器的功能分为三层进行设计，首先设计视图层，然后设计模型层，最后设计控制层。

1. V：视图层设计(JSP 文件)

- 文件名为 c.jsp，放在 Web 应用的根路径下。
- 文件作用：输入运算数和运算符，输出运算结果。
- 显示效果图：见图 4-2。
- 输入控件：如表 4-1 所示。

表 4-1 页面输入控件设计

说 明	类 型	名 称	默认值	备 注
第一个运算数	文本框 text	num1		
第二个运算数	文本框 text	num2		
运算符	下拉列表 select	oper	“+”为默认选中项，即 selected	option 选项的 value 值只能是“+”,“-”,“*”,“/”四者之一
运算提交	提交按钮 submit		=	

- 输出：如表 4-2 所示。

表 4-2 页面输出信息设计

位 置	变量命名	变量作用域
=按钮右边	result	request

- 关联控制器：如表 4-3 所示。

表 4-3 页面动作设计

动作对象	请求类型	关联方式及地址
=按钮	Post	action=“Web 应用根路径/Control”

2. M：模型层设计(JavaBean)

- 类名：fm.service.Computer。
- 方法定义：

```
public String compute(String num1,String num2,String oper){}。
```

其中，oper 的值只能是“+”,“-”,“*”,“/”四者之一。

3. C：控制层设计(Servlet)

- 类名：fm.action.Control。
- Mapping url：“/Control”。
- 获取参数：String 类型的 num1,num2 和 oper。
- 调用模型 fm.service.Computer 类的 compute 方法。
- 将结果保存到 request 中，并且命名为：result。
- 将请求转发到“/c.jsp”(“/”表示 Web 应用的根路径)。

4.3 第一个 MVC 分层实现——小计算器

小计算器的功能是分层设计的，因此小计算器的实现也分层进行。首先实现视图层，然后实现模型层，最后实现控制层。而且，每一层编码后都要进行相应的测试。

下面首先建立 Web 应用——firstmvc，并为其创建相应的配置文件 firstmvc. xml。然后在该 Web 应用中分层实现小计算器。

4.3.1 创建 Web 应用

1. 创建 Web 应用 firstmvc

创建 firstmvc 工程的步骤和 3. 1. 2 节中创建 myweb 工程的步骤完全相同，在此不再赘述。

注意：

- 修改 firstmvc 的字符集为 UTF-8；
- 将 JSTL 库放入 firstmvc 的 WEB-INF 的 lib 目录下。

2. 创建配置文件

在%TOMCAT_HOME%\conf\Catalina\localhost 路径下创建一个 Web 应用的配置文件 firstmvc. xml。文件中的内容如下：

```
<Context path = "/firstmvc" docBase = "D:\eclipse\workspace\firstmvc\WebContent" reloadable
= "true" >
</Context >
```

注意：

- 配置文件的名字必须与 Web 应用的名字相同，即为 firstmvc. xml；
- 配置文件中：path 表示 Web 应用的根路径；docBase 表示 Web 应用的存放位置；reloadable 表示可以在运行时加载 classes 与 lib 文件夹下的类和包。

4.3.2 小计算器视图层实现

1. 在 firstmvc 根路径下创建文件 c. jsp

在工程的 WebContent 上右击鼠标，选择 New 菜单中的 JSP File 菜单项，在弹出窗口的 File name 文本框中输入 c. jsp。注意检查确认 File Path 项应该是/firstmvc/WebContent。单击 Finish 按钮。

2. 编写 c. jsp 的代码

根据图 4-2 和视图层的设计，建立表单和控件，c. jsp 文件的代码如下：

```
<%@ page pageEncoding = "UTF - 8" %>
<html >
  <head ><title >简单计算器</title ></head >
  <body >
    简单计算器<br >
    <form action = " ${pageContext.request.contextPath}/Control" method = "post">
        <input type = "text" name = "num1" value = "">
```

```
            <select name = "oper">
                <option  value = " + " selected > + </option >
                <option  value = " - " > - </option >
                <option  value = " * " > * </option >
                <option  value = "/" >/</option >
            </select >
            <input type = "text" name = "num2" value = "">
            <input type = "submit" value = " = "> ${result}
        </form >
    </body >
</html >
```

注意：

- <%@ page pageEncoding="UTF-8"%>为页面编码方式；
- ${pageContext.request.contextPath}表示 Web 应用的根路径；
- ${result}表示输出运算结果。

3. 视图层测试

(1) 如果 Tomcat 未启动，启动 Tomcat。

(2) 在浏览器的地址栏输入 http://localhost:8080/firstmvc/c.jsp，效果如图 4-3 所示。

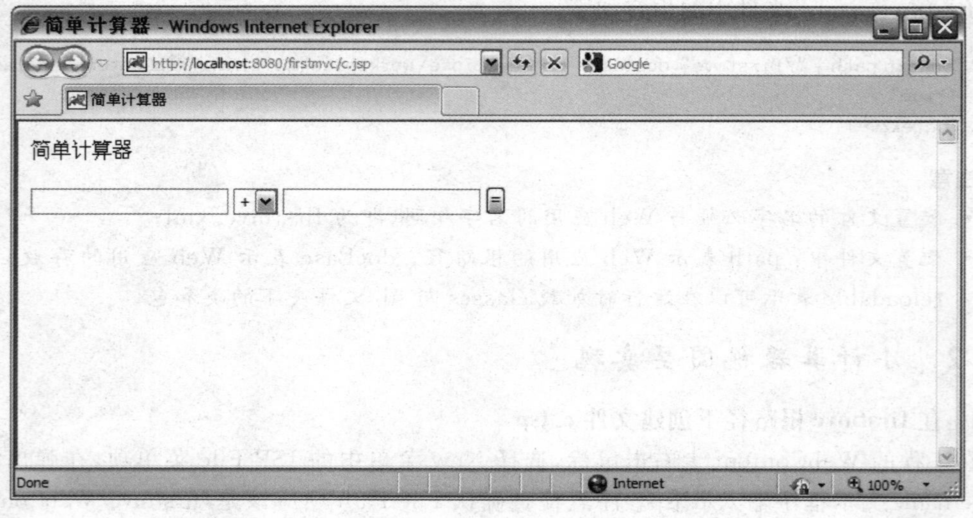

图 4-3 简单计算器页面

(3) 单击=按钮，效果如图 4-4 所示。

(4) 查看地址栏变化，正确的请求地址应该为 http://localhost:8080/firstmvc/Control。如果地址正确，而页面却提示 The requested resource(/firstmvc/Control) is not available，不用理会，因为确实还没有实现控制。

到目前为止，小计算器的视图层已经实现。

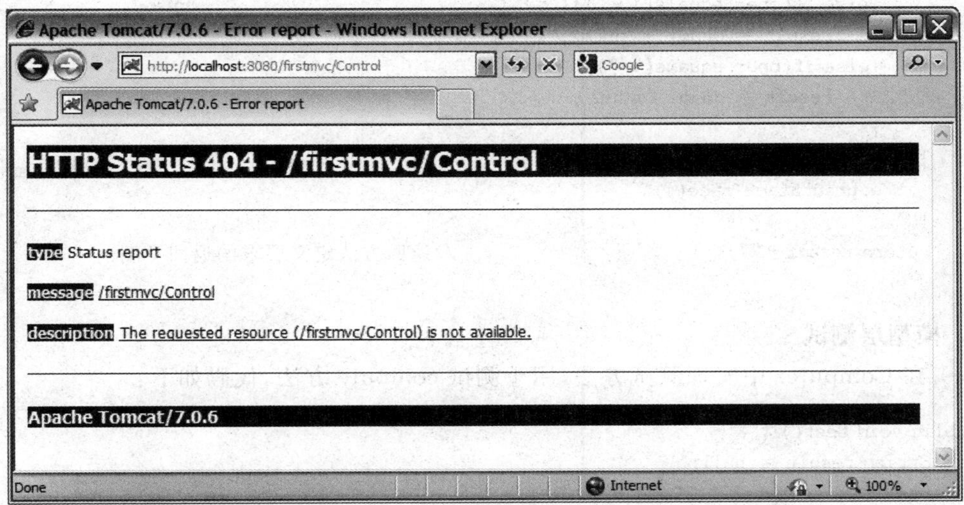

图 4-4　访问出错页面

4.3.3　小计算器模型层实现

1. 在 src 中创建包 fm. service

在工程的 src 上右击，选择 New 菜单中的 Package，出现对话框。在对话框的 Name 文本框中输入 fm. service，单击 Finish 按钮。

2. 在 fm. service 包中创建类 Computer

在工程的 fm. service 包上右击，选择 New 菜单中的 Class，出现对话框。在对话框的 Name 文本框中输入 Computer，选中 public Static void main(String[] args)，单击 Finish 按钮。

3. 在 Computer 中定义方法

代码如下：

```
public String compute(String num1,String num2,String oper){}
```

4. 在 Computer 中实现 compute 方法

代码如下：

```
public String compute(String num1,String num2,String oper){
    double result = 0.0;                          //运算结果
    double dnum1 = 0.0;                           //运算数 1
    double dnum2 = 0.0;                           //运算数 2
    //捕捉异常
    try{
        dnum1 = Double.parseDouble(num1);         //字符串转成 double 数
        dnum2 = Double.parseDouble(num2);
        if(oper.equals("+")){
            result = dnum1 + dnum2;               //double 转成字符串
        }else if(oper.equals("-")){
            result = dnum1 - dnum2 ;
```

```
        }else if(oper.equals(" * ")){
            result = dnum1 * dnum2;
        }else if(oper.equals("/")){
            result = dnum1 /dnum2 ;
        }
    }catch(Exception e){
        e.printStackTrace();
    }
    return result + "";                                    //返回方法定义要求的返回类型
}
```

5. 模型层测试

(1) 在 Computer 中实现测试方法,用于测试 compute 方法,代码如下:

```
public void test() {
    String result = null;
    result = compute("1.2","3.8","+");
    System.out.println("计算结果 = " + result);
}
```

(2) 在 Computer 中实现 main 方法,代码如下:

```
public static void main(String[] args) {
    Computer c = new Computer();
    c.test();                                              //测试 compute 方法
}
```

(3) 运行 Computer,查看运行结果。

在工程的 fm.service.Computer 类上右击,选择 Run as 中的 Java Application 命令,或直接按下 Alt+Shift+X,J 键,运行结果在 Console 窗口中输出,如图 4-5 所示。

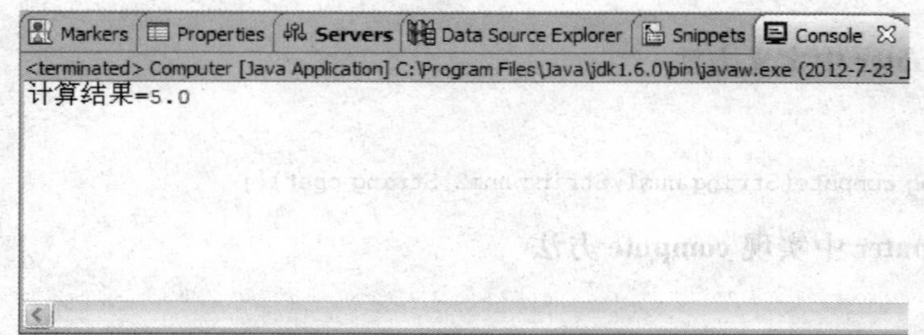

图 4-5 Console 窗口中的运行结果

现在,小计算器的模型层也已经实现,下面完成小计算器的控制层。

4.3.4 小计算器控制层实现

1. 在 src 中创建包 fm.action

在工程的 src 上右击,选择 New 菜单中的 Package 命令,出现对话框。在对话框的 Name 文本框中输入 fm.action,单击 Finish 按钮。

2. 在 fm. action 包中创建 Servlet：Control

在工程的 fm. action 包上右击，选择 New 菜单中的 Servlet 命令，出现对话框。在对话框的 Name 文本框中输入 Control，单击 Next 按钮。确认 Mapping url 的值为/Control，注意最前面的"/"不能丢失。

注意：

若使用 Servlet 2. x 规范，则需在 web. xml 中配置 Control，代码如下：

```
<servlet>
  <servlet-name>Control</servlet-name>
  <servlet-class>fm.action.Control</servlet-class>
</servlet>
<servlet-mapping>
  <servlet-name>Control</servlet-name>
  <url-pattern>/Control</url-pattern>
</servlet-mapping>
```

3. 在 Control 中定义并实现 process 方法

代码如下：

```
public void process(HttpServletRequest request, HttpServletResponse response)
throws ServletException, IOException {
    //获取输入参数
    String num1 = request.getParameter("num1");
    String num2 = request.getParameter("num2");
    String oper = request.getParameter("oper");
    //控制台输出信息
    System.out.print("num1 = " + num1);
    System.out.print("num2 = " + num2);
    System.out.print("oper = " + oper);
    //创建 Model 实例
    fm.service.Computer c = new fm.service.Computer();
    String result = c.compute(num1,num2,oper);                  //调用业务方法
    //控制台输出信息
    System.out.println(result);
    //将计算结果存储到 request 有效范围中
    request.setAttribute("result",result);
    //将请求转发到视图层文件 c.jsp
    RequestDispatcher rd = request.getRequestDispatcher("/c.jsp"); //得到一个转发器
    rd.forward(request,response);                               //转发请求
}
```

注意：

(1) HttpServletRequest 对象 request。

① 用于获取用户输入的信息(参数)：如果参数指定的名字不存在，返回 null。所以通常在处理的时候，需要先判断返回的结果是否为 null。如果是 null，就不能调用它的方法了，否则将产生 java. lang. NullPointerException。

② 用于存储信息：Servlet 完成控制功能，查询的结果需要通过视图(JSP 文件)显示，即需要把查询的结果传递给 JSP 文件。因为这两个文件属于同一次请求，所以共享同一个

request。因为共享同一个 request,所以在 Servlet 中把查询结果存储在 request 中,然后在视图中显示结果。

(2) 转发请求与重新定向。

① 转发请求,是服务器端将请求转发,地址栏没有变化,具体代码如下:

```
String forward = "/c.jsp";
RequestDispatcher rd = request.getRequestDispatcher(forward);
rd.forward(request,response);
```

在 Servlet 中提供了一个 RequestDispatcher 接口,通过这个接口可以完成重定向功能。要使用 RequestDispatcher,需要先创建该类的对象,可以通过 request 的 getRequestDispatcher 方法,该方法需要一个 String 类型的参数,参数可以指定要转向的文件。使用 RequestDispatcher 还需要 import javax.Servlet.RequestDispatcher。

② 重新定向,相当于客户端重发新请求,地址栏发生变化,具体代码如下:

```
String str = request.getContextPath();
response.sendRedirect(str + "c.jsp");
```

但是对于当前的功能来说,不能使用这个方法。因为在使用 RequestDispatcher 时,当前文件和要转向的文件属于同一次请求,可以共享 request 对象。而在使用 response 对象的 sendRedirect 方法时,当前文件和要转向的文件不属于同一次请求,属于两次请求,所以不能共享 request。如果需要通过 request 对象传递信息,就不能使用 response 的 sendRedirect 方法。如果当前文件和要转向的文件不需要共享任何信息,这时两种方式都可以。

(3) 控制台输出信息。

在实际调试过程中,经常采用控制台输出的方式来查看获取的参数和运算结果。例如:

```
System.out.print("num1 = " + num1);
```

4. 在 Control 的 doGet 和 doPost 方法中都调用 process 方法

代码如下:

```
protected void doGet(HttpServletRequest request, HttpServletResponse response)
        throws ServletException, IOException {
    process(request,response);
}
protected void doPost(HttpServletRequest request, HttpServletResponse response)
        throws ServletException, IOException {
    process(request,response);
}
```

思考:为什么 doGet 和 doPost 都需要调用 process 方法?

5. 控制层测试

(1) 如果 Tomcat 没有启动,则启动 Tomcat。

(2) 在浏览器地址栏输入 http://localhost:8080/firstmvc/Control,访问运行结果如图 4-6 所示。

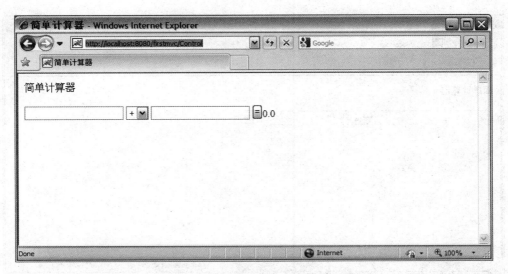

图 4-6　无参数访问 Control 的结果页面

（3）在浏览器地址栏输入 http://localhost:8080/firstmvc/Control?num1=1.2&num2=2.0&oper=*，访问运行结果如图 4-7 所示。

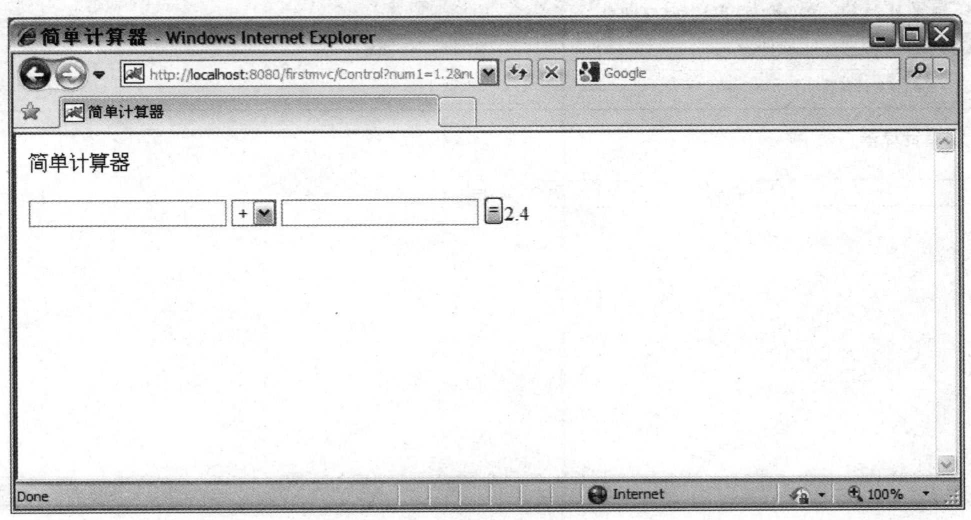

图 4-7　带参数访问 Control 的结果页面

4.3.5　小计算器访问测试

小计算器的 MVC 三层都已经实现并通过测试。下面是最令人激动的时刻，要让各层代码配合工作。

（1）在浏览器地址栏输入 http://localhost:8080/firstmvc/c.jsp，并且输入合法的运算数和选择运算符，如图 4-8 所示。

（2）单击=按钮，结果如图 4-9 所示。

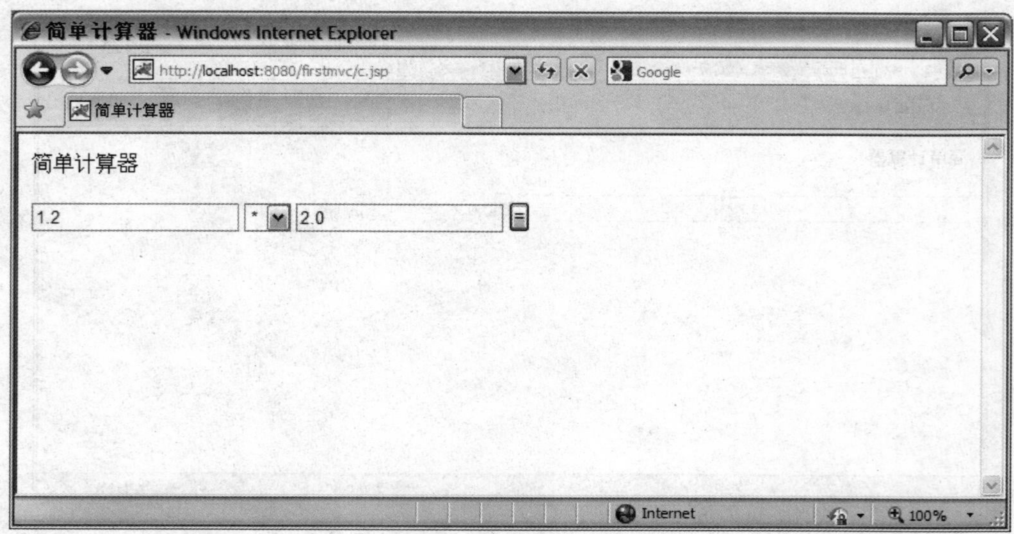

图 4-8　小计算器输入参数的页面

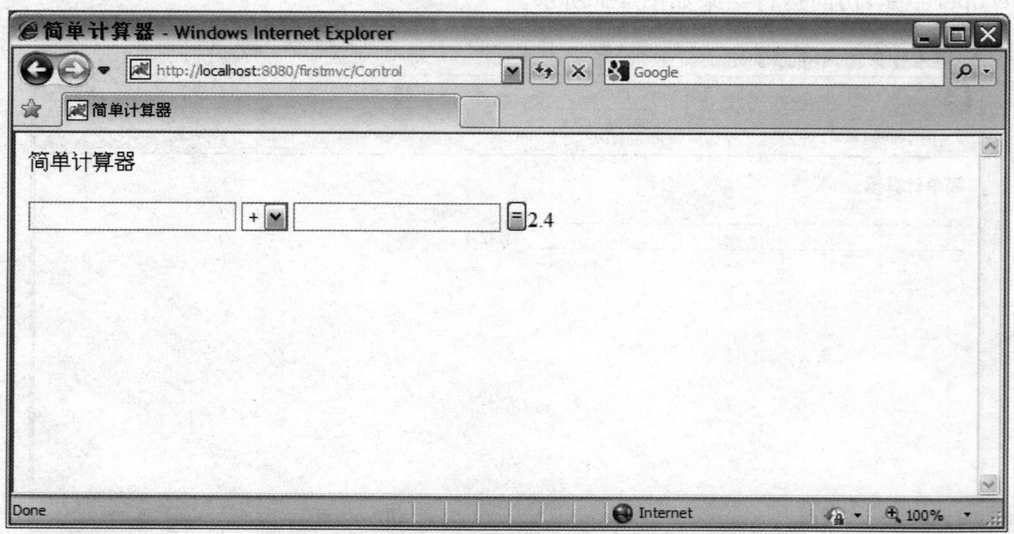

图 4-9　页面不显示计算数

(3) 输入不合法的运算数,如图 4-10 所示。

(4) 单击=按钮,没有数据类型错误提示。

经过以上的实验,可以发现,设计时需要保持头脑清醒,并且需要将三层关联起来以验证设计是否正确;而实现时,几乎不用动脑,只是读设计文档,把它转化为代码即可,并且完全是分层实现。

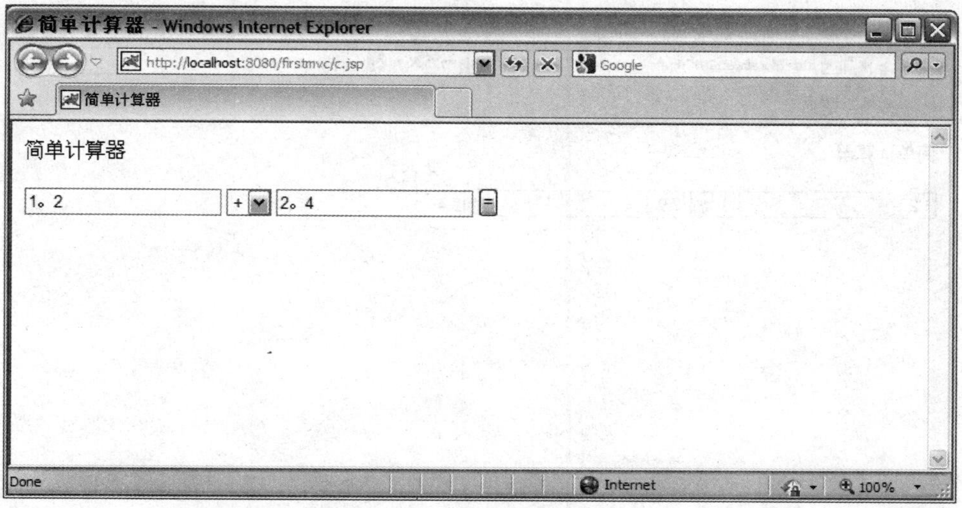

图 4-10　输入非法参数的页面

4.3.6　小计算器改进

现在,小计算器还需要做一点改进,那就是:

(1) 需要对输入进行验证。当输入非法的数字,单击＝按钮,客户端验证效果如图 4-11 所示。

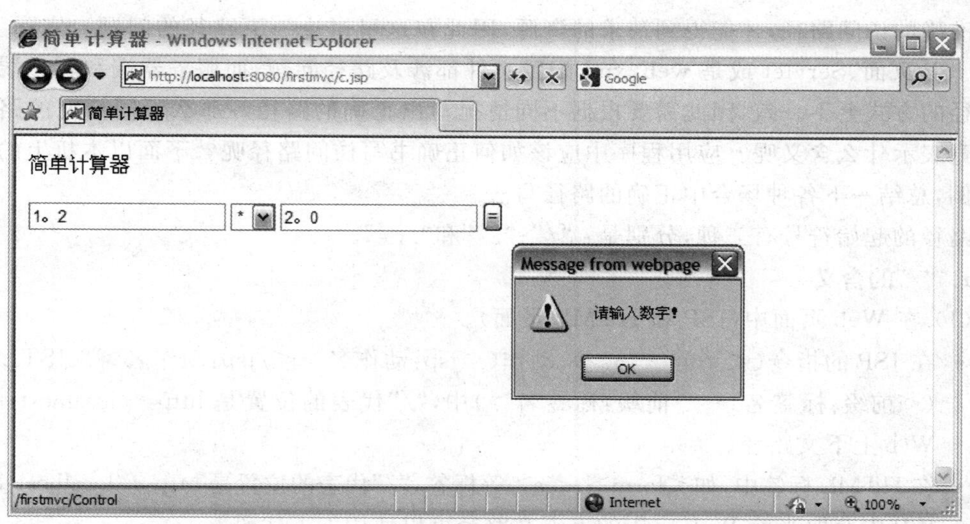

图 4-11　客户端验证的效果图

思考:实际上几乎所有的用户输入都需要进行验证。验证应该包括服务器端的验证和客户端的验证。小计算器中应该如何实现服务器端的验证?

(2) 为了让计算器页面美观,需要保留用户输入的运算数和运算符信息。页面如图 4-12 所示。

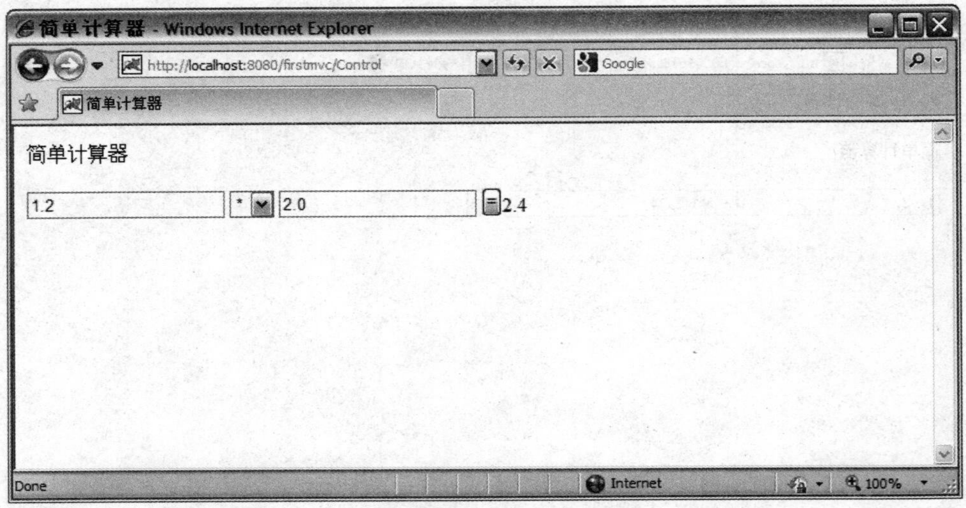

图 4-12 保留运算数的页面

(3) 还需要对小计算器页面加入 CSS 样式使用,当然这只是视图层的事情。

以上几个改进工作请读者自行完成。

4.3.7 路径问题

由于 JSP 中页面跳转、关联控制器以及控制器中转发请求或重新定向等情况,都需要给出准确的访问路径,才能得到请求的资源,因此在这里讨论一下路径的问题。实际上,无论是 JSP 页面、Servlet 或是 web. xml 配置文件都涉及路径问题,而服务器端和客户端在处理路径的方式上不一致,因此需要根据不同情况写出正确的路径。那么不同情况的路径写法究竟表示什么含义呢?应用程序中应该如何正确书写访问路径呢?下面以本机上的服务器为例,总结一下各种场合中正确的路径写法。

路径的起始符号有三种,分别是:"/"、"./"和"../"。

1. "/"的含义

(1) 在 Web 页面中(JSP 和 HTML 页面)。

- 在 JSP 的指令(<%@ %>)、动作(<jsp:动作名></jsp:动作名>)、JSTL 标签(<前缀:标签名></前缀:标签名>)中,"/"代表的位置是 http://localhost:8080/Web 上下文路径。
- 在 HTML 标签中,如<form>、<a>等标签,"/"代表的位置是 http://localhost:8080。

在 JSP 中获取当前 Web 应用的上下文路径可以使用如下代码:

```
${pageContext.request.contextPath}
```

(2) 在 Servlet 中。

- 转发请求时:"/"代表的位置是 http://localhost:8080/Web 上下文路径。
- 重新定向时:"/"代表的位置是 http://localhost:8080。

在 Servlet 中获取当前 Web 应用的上下文路径可以使用如下代码:

```
String contextPath = request.getContextPath();
```

(3) 在配置文件 web.xml 中。

<url-mapping>中,"/"代表的位置是 http://localhost:8080/Web 上下文路径。

2. "./"的含义

"./"始终代表当前目录,此符号可以省略。

3. "../"的含义

"../"始终代表当前目录的上一级目录即父目录。

下面以实际例子说明各种场景情况下路径的写法。

假设 Web 应用 road 中,应用的根路径下有一个 dir1 文件夹和一个 dir2 文件夹。c.jsp 在 dir1 中,a.jsp 和 b.jsp 在 dir2 中。另外,在 src 目录下有一个 TestServlet.java,其 mapping url 为/dir1/TestServlet。Web 应用的结构如图 4-13 所示。

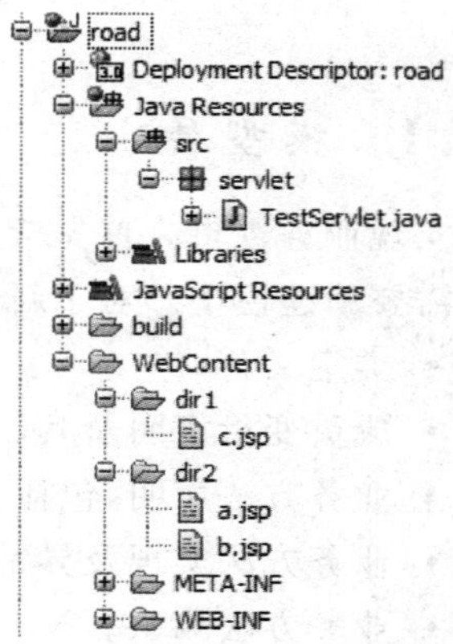

图 4-13 road 应用的结构示例

(1) 在 c.jsp 中的表单提交给 a.jsp 处理

```
<form action="/road/dir2/a.jsp">…</form>
```

或

```
<form action="${pageContext.request.contextPath}/dir2/a.jsp">…</form>
```

或

```
<form action="../dir2/a.jsp">…</form>
```

(2) 单击 a.jsp 中的超链接跳转到 b.jsp

```
<a href="/road/dir2/b.jsp">跳转到 b.jsp</a>
```

或

```
<a href="./b.jsp"></a>
```

或

```
<a href="b.jsp"></a>
```

(3) 在 TestServlet 中利用转发请求方式跳转到 c.jsp

```
request.getRequestDispatcher("/dir1/c.jsp").forward(request,response);
```

或

```
request.getRequestDspatcher("c.jsp").forward(request,response);
```

(4) 在 TestServlet 中重定向到 a.jsp

```
response.sendRedirect("/road/dir2/a.jsp");
```

或

```
response.sendRedirect(request.getContextPath() + "/dir2/a.jsp");
```

或


```
response.sendRedirect("../dir2/a.jsp");
```

4.4 MVC 各层的特点

4.4.1 模型层

实现业务逻辑。首先考虑业务方法是不是已经存在。如果不存在,就需要新建方法,可能还需要新建模型。对于新建模型或者新建方法,设计和实现的要点如下:

- 类定义;
- 成员变量声明及其访问器方法定义;
- 业务方法声明,包括方法的名字、参数、返回值类型、异常声明等;
- 业务方法实现及异常处理;
- 业务方法测试。

4.4.2 视图层

视图层负责输入和输出。可以根据输入输出功能所涉及的元素设计 JSP 页面。设计和实现的要点如下:

- 输入:HTML 中输入所涉及的主要是表单及表单元素。
- 输出:视图层的输出包括动态内容和 HTML 两部分。动态内容的输出通常使用 EL 表达式语言。
- 控制:页面控制一般由 JSTL 来担任,如使用<c:if>控制页面显示流程等。
- 验证:表单提交的数据一般都需要验证,使用 JavaScript 编写验证的脚本代码。
- 客户端处理:如单击按钮、改变选项等都可以通过编写 JavaScript 的事件代码来处理。
- 使用 CSS 样式。实际 Web 应用中,CSS 样式的使用是不可缺少的。

4.4.3 控制层

控制输入页面、业务功能和输出页面之间如何关联。控制层的控制功能由 Servlet 完成。设计和实现的要点如下:

- 接收请求;
- 获取参数;
- 合法性检查;
- 应用值的过程;
- 调用业务逻辑模型;
- 存储结果;
- 转发请求。

注意:控制器中的合法性检查是指对参数的逻辑正确性进行检查,如用户是否存在等。

合法性检查属于服务器端的检查。如果只是对参数格式和数据类型进行检查，可以先通过客户端的 JavaScript 完成，如小计算器实例中的运算数必须是数字的检查就可以在 JSP 页面中通过 JavaScript 编程，进行客户端的验证。当然，考虑到有的访问可能跳过客户端验证，所以在服务端的验证也是必需的。关于服务器端的验证，可以参考 11.1 节中的数据验证部分。

应用值的过程是指把值转换成相应的类型，并封装为相应的对象，把对象作为调用模型参数使用。

关于如何存储结果也是必须仔细考虑的。由于 Web 应用的运行模式是，无状态的请求/应答模式。用户在客户端发送对服务器上某个资源的请求。服务器接收到请求之后，调用相应的文件并执行相应的文件，把执行的结果返回给客户端。在这个过程中服务器不会主动保存任何信息，每次发送的请求信息只能本次使用，下一次访问时前一次的请求信息就不能使用了。因此，需要考虑如何设置结果。如果这些信息只有在当前请求有效，则可以将结果存放在 request 对象中；如果信息对客户的多次访问之间都能使用，则需要将结果存储到 session 对象中；如果是这个应用的所有用户都能够使用的信息，则需要存储到 application 对象中。注意，这里的存储结果是指临时保存结果，而不是永久保存，如使用数据库和文件等。

4.4.4 MVC 各层传值

传值包括两个方面：视图层与控制层之间值的传递；控制层与模型层之间值的传递。视图层与模型层之间不直接交互，所以不需要在这两层之间传递值。

1. 视图层与控制层之间值的传递

视图层与控制层之间值的传递包括两个方向：

1）从视图层到控制层

从视图层到控制层的值的传递，通常有两种方式：一是在视图层通过表单传递参数；二是也可以采用在请求字符串之后使用问号加上“参数名＝参数值”的方式来传递参数，如 http://127.0.0.1:8080/Firstmvc/Control? num1＝1.2&num2＝2.0&oper＝＊。这两种方式都可以把信息传递到服务器，信息都会被服务器封装到 request 对象中。

在控制层要获取这些信息，则可以通过 request 对象的 getParameter 方法和 getParameterValues 方法来获取。

2）从控制层到视图层

从控制层到视图层传递信息，通常可以使用 request 对象或 session 对象。信息通常都会封装成对象，如果是多个对象，则最好封装成一个集合（HashMap 对象或 ArrayList 对象）。在控制层需要做的工作就是，把信息保存到 request 或 session 中。例如，要把处理结果 result 保存到 request 中，可以使用代码“request.setAttribute("result",result);”。其中，第一个参数是保存的信息的名字；第二个参数是要保存的对象本身。要保存的对象可以是任意类型的对象，但是不能保存基本数据类型定义的变量。如果要传递基本数据类型的变量，可以把它们封装成相应的包装类对象。例如，把 int 变量包装成 Integer 对象，把 char 变量包装成 Character 对象等。关于数据类型转换可以参照 11.2 节的数据转换部分。

在视图层要获取控制层保存的信息，可以使用表达式语言 EL。如果是传递的信息本身是对象,可以直接使用表达式语言进行输出。例如,前面传递的 result 对象,可以使用 EL 直接输出 $ {result}。如果是 ArrayList 等集合类对象,则需要使用循环标签进行遍历处理,如可以使用标准标签库中的<c:forEach>标签,该用法在第 6 章还会继续介绍。

2. 控制层与模型层之间值的传递

(1) 从控制层向模型层传递信息,通常可以采用下面的 3 种方式之一:

- 调用模型类的构造方法的时候利用构造方法的参数传递;
- 调用专门的初始化方法给模型对象的属性赋值或通过调用 setter 方法给模型的属性赋值;
- 调用业务方法时通过该方法的参数传递。

(2) 从模型层向控制层传递信息,通常都是通过方法的返回值。当然运行过程中的异常信息通过异常处理传递。

注意:

如果仅仅只在某次请求中使用的信息可以保存在 request 对象中。不要随便使用 session 对象来传递值,更不要轻易使用 application。

另外,不要在 JSP 中直接调用 Java 类,不要在 JSP 页面中使用 Java 代码,不要在 Servlet 中直接向客户端输出响应信息。

4.5 如何实现 MVC 模式

采用 MVC 模式,所有问题的考虑方式基本完全相同,步骤如下:

(1) 任何一个功能的实现都是先从用户的角度考虑,即先考虑这个功能实现之后,用户如何使用它。通常需要考虑两个方面,用户如何提交请求和系统如何向用户展示结果。可以理解为通常意义上的输入和输出。输入和输出主要使用 JSP 页面完成,可以根据输入输出功能所涉及的元素设计 JSP 页面,也就是 MVC 模式中 V 部分的设计。

(2) 然后考虑功能如何实现,所有的功能最后都是通过方法实现。首先考虑这个方法应该属于已经存在的某个模型的方法,还是不属于任何已经存在的模型,对于前者只需要在原有模型中增加方法即可,对于后者需要创建新的模型;然后考虑这个方法的定义,包括方法的名字、参数、返回值、异常和执行过程。这个过程属于 MVC 模式中 M 部分的设计。

(3) 最后考虑输入页面、功能和输出页面之间如何关联。需要编写控制器,也就是 MVC 模式中 C 部分的设计。控制器的设计需要考虑如下几个方面的信息:

需要从输入页面获取哪些信息,也就是视图层向控制层传递的信息;需要调用 Java 类的哪个方法,需要传递什么信息,属于从控制层向模型层传递的信息;是否需要把模型执行的结果传递给显示页面,包含模型层向控制层传递信息和从控制层向视图层传递信息两个方面;根据模型的执行结果选择页面对用户进行响应。

小　结

MVC 的架构模式中,M(Model)表示数据模型,主要完成系统的逻辑处理。V(View)表示用户界面视图,主要完成与用户的交互。C(Controller)表示控制器,主要建立模型与视图之间的关联。MVC 模式使得页面与逻辑分离，便于分层设计、实现和维护。

MVC 设计过程中要注意各层之间的关联，从总体把握 MVC 设计的正确性。MVC 设计中的难点即 MVC 各层之间的信息传递。代码实现时要严格根据设计文档，进行分层实现。MVC 各层的设计与实现的要点不同，视图层负责输入和输出，主要涉及表单提交和验证、EL 表达式输出、JSTL 处理、JavaScript 客户端脚本和 HTML 标签、CSS 样式使用等。模型层主要是 Java 类的设计与实现，包括包、类、接口、属性、方法等的定义以及业务实现和异常处理等。控制层是 MVC 中的核心，需要完成接收请求、获取参数、合法性验证、应用值的过程、调用模型、处理结果和请求转发等。实现 MVC 模式的思路是，首先考虑视图层的用户交互页面，然后是模型层如何完成业务，最后考虑控制层的工作，其实控制层的工作流程相对其他层来说是比较固定的。

JSP 和 Servlet 在进行页面跳转和转发请求时经常会涉及路径问题。在 JSP 页面中一般使用“../”表示相对路径；使用 ${pageContext.request.contextPath}表示 Web 应用的根路径。在 Servlet 中分两种情况：response 的 sendRedirect 方法中如果需要 Web 应用的根路径，可以通过 request 的 getContextPath 方法得到。RequestDispatcher 对象转发请求中使用“/”表示 Web 应用的根路径。

思　考

1. 什么是 MVC 模式？使用 MVC 模式有什么好处？
2. MVC 各层之间参数是如何传递的？
3. 如何实现 MVC 模式？

练　习

1. 改进小计算器的设计文档，要求运算提交后，可以在页面中保留刚刚输入的运算数和选择的运算符。

视图层提示：将 request 中的 num1 和 num2 在文本控件中显示出来，根据 request 中的 oper 值，确定“+”、“-”、“*”、“/”哪一项应该被选中。

控制层提示：将 num1、num2 和 oper 存储在 request 中。

2. 根据以上的改进文档，修改小计算器的实现代码。

视图层提示：

```
<%@ taglib prefix="c" uri="http://java.sun.com/JSP/jstl/core" %>
<input type="text" name="num1" value="${num1}">
<select name="oper">
        <option  value="+" <c:if test="${oper=='+'}">selected</c:if>>+</option>
        …
</select>
```

控制层提示：加入以下语句。

```
request.setAttribute("num1",num1);
```

```
request.setAttribute("num2",num2);
request.setAttribute("oper",oper);
```


3. 在小计算器中加入客户端验证,要求:运算数输入框必须输入并且只能输入数字。提示:使用 JavaScript 编写脚本代码。

4. 在小计算器中加入服务器端验证,要求:运算数输入框必须输入并且只能输入数字。如果输入错误,应该给出相应的错误信息。提示:参照本书 11.1 节的数据验证部分。

5. 在小计算器页面中加入 CSS 样式的使用,使得小计算器更加美观。

6. 表 4-4 中列出了小计算器实例所包含的知识点,请填写表中的空白部分,对每一个知识点进行说明,给出一个应用实例并说明其在 MVC 中属于哪一层。

表 4-4 知识点列表

知识点	说明	应用实例	MVC 中的层次
EL 表达式			
JSTL			
表单提交			
CSS			
JavaScript			
包定义			
类定义			
引入包			
方法定义			
异常处理			
doGet 和 doPost 方法			
request 获取参数			
request 获取和存储信息			
response 重新定向			
转发请求			
session 获取和存储信息			

测　　试

1. 撰写猜数字功能的 MVC 设计文档,猜数字页面如图 4-14 所示。

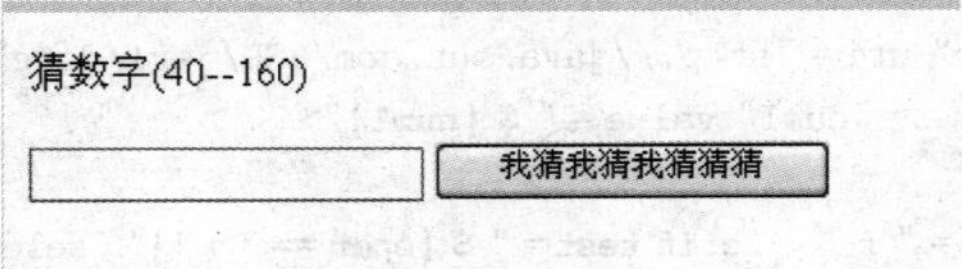

图 4-14 猜数字页面

基本要求:如果猜中了要有“恭喜你! 猜中了!”的提示,然后更换随机数答案继续下一次游戏;如果没有猜对,可以继续猜,此时随机数答案应该保持不变。

改进部分：对于用户输入的数字要有客户端验证，要求数字必须输入，输入的必须为整数，并且范围在 40～160 之间。

2. 根据以上设计文档实现猜数字功能。

提示：

(1) 控制器中使用 session 对象保存上次用户输入的数字。

(2) 使用 Math 类的 random 方法或 Random 类的方法来生成随机数。

第5章 框架基础——数据库技术

本章内容

- MySQL 数据库及常用 SQL 语句；
- 数据库驱动；
- JDBC API；
- 数据源和连接池。

本章目标

- 掌握 MySQL 数据库的常用命令和常用的 SQL 语句；
- 建立测试数据库；
- 了解 JDBC 驱动程序；
- 能够通过 JDBC API 访问数据库；
- 掌握连接池的配置与使用。

5.1 MySQL 数据库及常用 SQL 语法

数据库作为 Web 应用的主要数据源之一，已经变得越来越重要。数据库管理系统(DBMS)是一个软件系统，具有存储、检索和修改数据的功能。DBMS 有层次型、网状型、关系型和关系对象型 4 个发展阶段。目前，应用较多的数据库有 Oracle、Sybase、DB2、Microsoft SQL Server 和 MySQL 等。本书中所使用的数据库是 MySQL。

MySQL 数据库是开放源代码的数据库，可以从 http://dev.mysql.com/downloads/上下载到 MySQL 数据库的安装程序、图形客户端工具和 JDBC 驱动程序。在 2.5 节中已经安装了 MySQL 5.0。下面对本书中所使用的 MySQL 命令和常用的 SQL 语句进行介绍。

5.1.1 MySQL 数据库的常用操作

1. 登录和退出 MySQL

要登录到 MySQL 数据库服务器，首先要进入命令行窗口并输入如下的命令：

```
mysql -h hostname -uusername -p
```

图 5-1 所示是一个连接数据库的例子。

如果连接成功，应该出现了 mysql>提示符，这时就可以输入 mysql 命令和 SQL 语句了。

如果要退出 mysql，只需要输入 quit 命令就可以了。

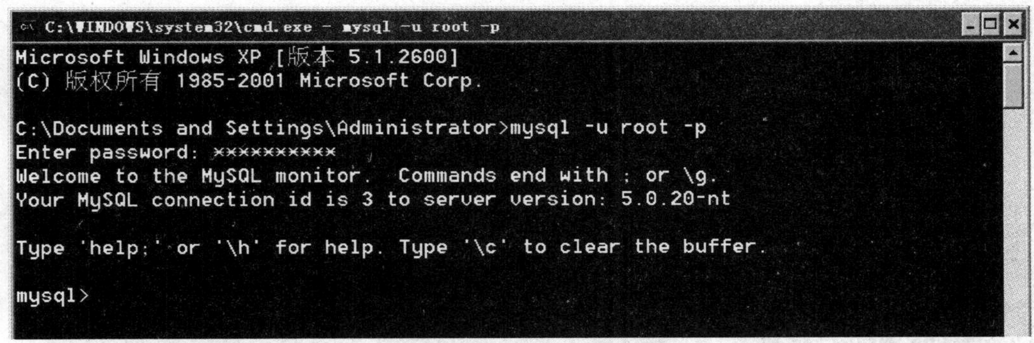

图 5-1　连接数据库

2. 显示现有的数据库和表信息

连接到数据库服务器以后，通常需要对数据库中的表进行操作。首先需要查看数据库服务器上有哪些可用的数据库和表。

(1) 查看数据库的命令为：

```
show databases;
```

要想查看某个数据库中有哪些表，首先需要选择数据库。

(2) 选择数据库的命令为：

```
use dbname;
```

选择了数据库以后，就可以对该数据库进行操作。

(3) 查看当前数据库中的表的命令为：

```
show tables;
```

如果想查看的数据库不是当前使用的数据库，可以使用下面的命令：

```
show tables from dbname;
```

该命令仅仅显示当前数据库中的表的名称。

(4) 查看某个表的结构，可以使用下面的命令：

```
desc tablename;
```

(5) 要查看表中的列信息，也可以使用下面的命令：

```
show columns from dbname.tablename;
```

图 5-2 所示是这些命令的运行结果。

3. 创建用户和授权

在安装完 MySQL 以后，默认的用户只有 root 用户。为了安全起见，root 用户通常只用作管理目的。对于每个需要使用该数据库的用户(或应用)，都应该为他们创建一个账号和密码。

通常情况下，使用 MySQL 数据库的用户并不需要 root 用户所拥有的所有权限。一个

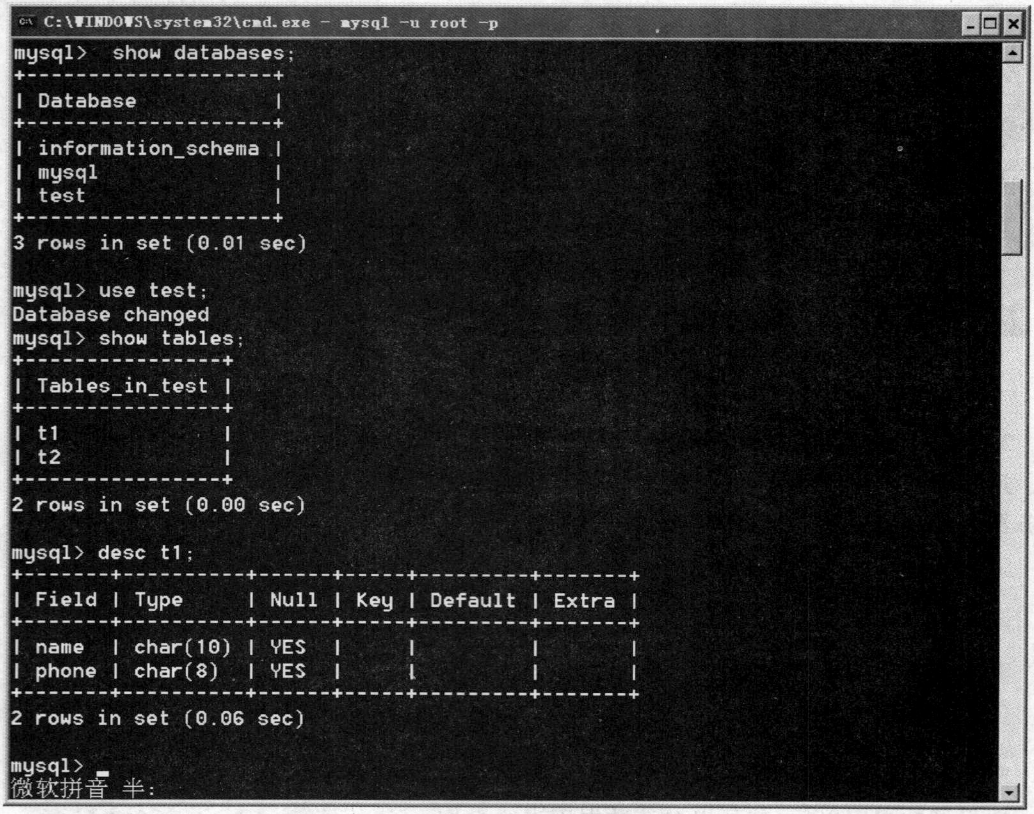

```
C:\WINDOWS\system32\cmd.exe - mysql -u root -p
mysql>  show databases;
+--------------------+
| Database           |
+--------------------+
| information_schema |
| mysql              |
| test               |
+--------------------+
3 rows in set (0.01 sec)

mysql> use test;
Database changed
mysql> show tables;
+----------------+
| Tables_in_test |
+----------------+
| t1             |
| t2             |
+----------------+
2 rows in set (0.00 sec)

mysql> desc t1;
+-------+----------+------+-----+---------+-------+
| Field | Type     | Null | Key | Default | Extra |
+-------+----------+------+-----+---------+-------+
| name  | char(10) | YES  |     |         |       |
| phone | char(8)  | YES  |     |         |       |
+-------+----------+------+-----+---------+-------+
2 rows in set (0.06 sec)

mysql> _
微软拼音 半:
```

图 5-2　显示所有数据库和表

用户只需要拥有能够执行需要执行的任务的最低级别的权限就可以了。

创建用户的一种简单的方法是直接使用授权命令(Grant)来授予权限。

授权命令的语法形式为：

```
grant privileges [columns] on dbname.tablename
to user_name [identified by 'password']
[with [grant option | limit_options] ];
```

说明：

- 占位符 privileges 应该是由逗号分开的一组权限。
- 占位符 columns 是可选的，可以用它对每一个列指定权限。
- 占位符 dbname. tablename 用于指定权限所用于的数据库和表。 * 或 *. * 表示将权限用于所有数据库(全局权限)，要想指定权限用于某个数据库中的所有表可以写 dbname。
- user_name 是登录 MySQL 使用的用户名，也可以加上@hostname 指定域的用户。
- password 是用户登录时使用的密码。
- with grant option 选项，如果指定，表示允许指定的用户向别人授予自己所拥有的权限。

执行 grant 命令时,如果要授权的用户不存在,则系统会自动创建该用户。因此,授权命令也可以用来创建用户。

例如,如果要创建一个用户,允许访问当前的所有数据库和所有表,则可以使用下面的命令:

```
grant all on * . * to zhang identified by 'zhang123';
```

在该语句中,创建的用户名为 zhang,密码为 zhang123,可以对所有数据库和表执行任何操作。

如果要创建一个用户,允许访问 test 数据库,则可以使用下面的命令:

```
grant all on test. * to wang identified by 'wang123';
```

创建好用户以后,可以使用下面的命令来查看数据库中现有的用户:

```
select user from mysql. user;
```

可以在退出 mysql 以后,再次使用新创建的用户登录到 mysql。

命令的运行结果如图 5-3 所示。

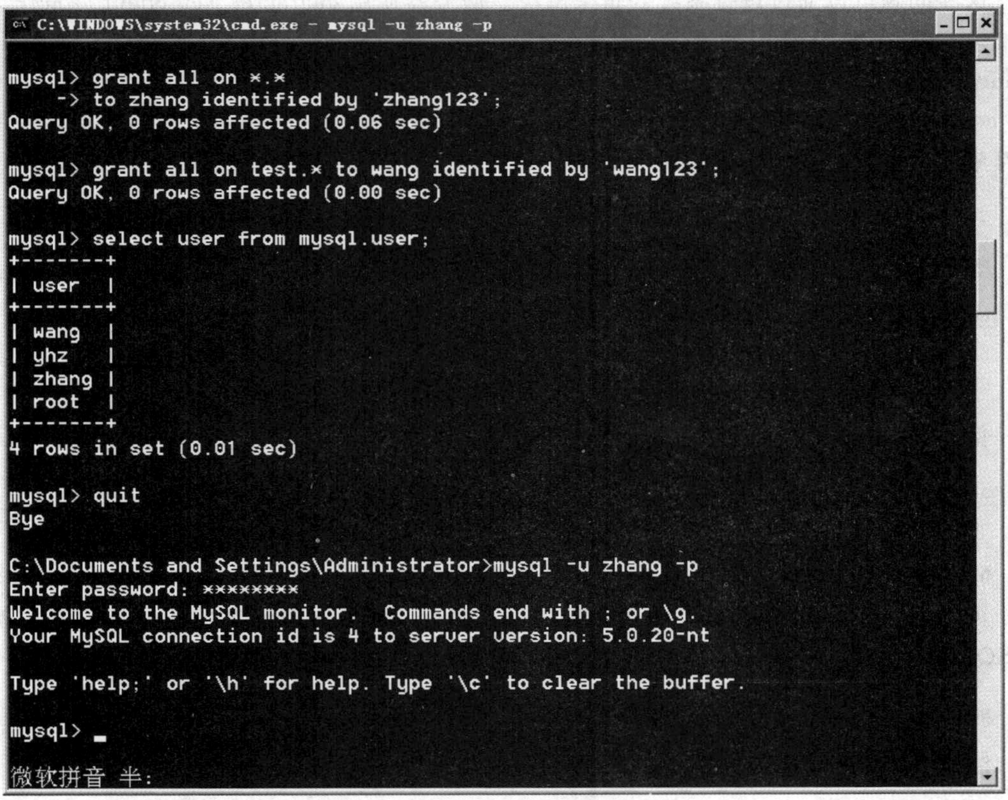

```
C:\WINDOWS\system32\cmd.exe - mysql -u zhang -p

mysql> grant all on *.*
    -> to zhang identified by 'zhang123';
Query OK, 0 rows affected (0.06 sec)

mysql> grant all on test.* to wang identified by 'wang123';
Query OK, 0 rows affected (0.00 sec)

mysql> select user from mysql.user;
+-------+
| user  |
+-------+
| wang  |
| yhz   |
| zhang |
| root  |
+-------+
4 rows in set (0.01 sec)

mysql> quit
Bye

C:\Documents and Settings\Administrator>mysql -u zhang -p
Enter password: ********
Welcome to the MySQL monitor.  Commands end with ; or \g.
Your MySQL connection id is 4 to server version: 5.0.20-nt

Type 'help;' or '\h' for help. Type '\c' to clear the buffer.

mysql> _
微软拼音 半:
```

图 5-3　连接到 MySQL

如果想要收回某个用户的权限,可以使用 revoke 命令。语法如下:

```
revoke privileges [(columns)] on dbname.table
from user_name;
```

例如,如果希望删除用户 wang,可以使用下面的命令:

```
revoke all privileges from wang;
```

4. 修改用户密码

可以通过 SQL 语句修改 mysql 库的 user 表来修改密码。注意,修改用户密码是需要有 MySQL 里的 root 权限的。

例如,要修改用户名为 zhang 的用户的密码:

```
use mysql
update user set password = password("new password") WHERE user = 'zhang';
flush privileges;
```

注意:修改密码之后要执行 flush privileges。

5. 设置连接的编码方式

客户端发送 SQL 语句,如查询通过连接发送到服务器。服务器通过连接发送响应给客户端,如结果集。如果连接的编码方式设置不当,容易出现无法查询或查询结果为乱码等问题。这些问题可以通过设置系统变量来解决。服务器使用 character_set_client 变量作为客户端发送的查询中使用的字符集。服务器使用 character_set_connection 和 collation_connection 系统变量将客户端发送的查询从 character_set_client 系统变量转换到 character_set_connection。服务器使用 character_set_results 变量指示返回查询结果到客户端使用的字符集。设置以上系统变量的命令如下:

```
SET NAMES 'x'
```

等价于:

```
SET character_set_client  x;
SET character_set_results  x;
SET character_set_connection  x;
```

例如,使用下面的命令进行编码方式的设置:

```
set names gbk;
set names utf8;
```

6. 执行 SQL 脚本文件

可以把一些 SQL 语句放在一个文件中一起执行。通常这种包含 SQL 语句的文件被称为 SQL 脚本文件,其扩展名是 sql。MySQL 中执行 SQL 脚本文件的命令如下:

```
source file_name.sql;
```

注意:使用此命令时,file_name.sql 文件应该在当前路径下。

5.1.2 常用的 SQL 语法

1. 创建数据库和删除数据库

创建数据库的语法如下:

```
create database [dbname]
```

删除数据库的语法如下：

```
drop database [dbname]
```

2. 创建表和删除表

创建表的语法如下：

```
create table tablename(columns);
```

说明：

- *tablename* 是要创建的表的名称。
- *columns* 是表中包含的字段。每个字段都需要指定字段名，后面加上该字段的数据类型，还可以加上约束条件。如果有多个字段，需要使用逗号分隔。
- 也可以设置表级的约束条件。

3. 向表中插入数据

创建表之后，要想对表进行操作，必须先保存一些数据，方法是使用 SQL 语句 INSERT。通常，INSERT 语句的语法格式如下：

```
INSERT [INTO] tablename [(col1,col2,…)] VALUES (value1,value2,…);
```

4. 从表中获取数据

从表中获取数据使用的是 SELECT 语句。它的语法格式如下：

```
SELECT [options] items
[INTO file_name]
FROM tables
[WHERE condition]
[GROUP BY group_type ] [HAVING conditon]
[ORDER BY order_type]
[LIMIT limit_criteria]
```

说明：SELECT 语句的各个子句必须按照上面的顺序给出。

补充：

SELECT 语句中使用 JOIN…ON。语法格式如下：

```
SELECT [options] items
FROM table1
JOIN table2 ON condition2
JOIN table3 ON condition3
[WHERE condition]
```

SELECT 语句中使用的聚合函数有 AVG(求平均值)、COUNT(求个数)、MAX(求最大值)、MIN(求最小值)和 SUM(求和)。

5. 删除表中数据

要想删除表中的数据，可以使用 DELETE 语句。语法格式如下：

```
DELETE FROM tablename
[WHERE condition]
[ORDER BY order_cols]
```

```
[LIMIT number]
```

6. 更新表中的数据

要想修改表中的数据，可以使用 UPDATE 语句。语法格式如下：

```
UPDATE tablename
SET col1 = expression1, …, colN = expressionN
[WHERE condition]
[ORDER BY order_criteria]
[LIMIT number]
```

7. 条件子句

WHERE 语句：使用 WHERE 语句可以选择满足条件的特定记录。在使用 WHERE 语句时，应注意，若字段的数据类型为数值型，则不需要使用引号；若字段的数据类型为字符型，则需要使用单引号把字符串括起来。

1) IN 和 NOT IN

IN 用于选择字段值和值列表中某一个值相等的相关记录信息。NOT IN 则选择那些不在列表中的记录。

2) BETWEEN…AND 和 NOT BETWEEN…AND

BETWEEN…AND 用于选择字段值在某个范围的记录。NOT BETWEEN…AND 则选择字段值不在该范围内的记录。

3) LIKE 和 NOT LIKE

它们用于查找字符串的匹配。通配符“%”匹配任意长度的字符串，而“_”只匹配一个字符。

4) IS NULL 和 IS NOT NULL

它们用于查询字段值为空值或非空值的记录。注意，NULL 不等同于零值，NULL 表示未知的、不存在的或不可用的数据。

5) 逻辑运算 AND 和 OR

AND：选择字段值同时满足多个条件的记录。

OR：选择字段值满足其中任意一个条件的记录。

6) ORDER BY 语句

ORDER BY 语句用于确定记录显示的先后顺序。使用 ASC 表示显示顺序为升序；使用 DESC 表示显示的顺序为降序；默认使用 ASC。

5.1.3 创建测试数据库

在 5.3.3 节和 5.4.3 节中将会用到 mytest 数据库作为测试数据库，以下操作是在 MySQL 中创建 mytest 数据库，创建数据表 myuser，并向 myuser 表中添加测试用记录。

1. 登录 MySQL

在命令行提示符状态下敲入命令：

```
mysql -uroot -proot;
```

登录成功出现 mysql>提示符

2. 创建数据库

在 MySQL 提示符状态下敲入命令：

```
mysql > create database mytest;
```

3. 选择数据库

在 MySQL 提示符状态下敲入命令：

```
mysql > use mytest;
```

4. 创建数据表

在 MySQL 提示符状态下敲入命令：

```
mysql >
create table myuser
(
   user_no      int      auto_increment not null,
   user_id        varchar(15),
   user_name        varchar(20),
   user_pass        varchar(20),
   user_email        varchar(50),
   primary key (user_no)
);
```

注意：auto_increment 表示该字段的值为自动增长。

5. 执行插入语句

在 MySQL 提示符状态下敲入命令：

```
mysql >
insert into myuser values(1, 'zhangsan','张三','123','zhangsan@sina.com');
insert into myuser values(2, 'lisi','李四','123','lisi@sina.com');
insert into myuser values(null, 'wangwu','王五','123','wangwu@sina.com');
```

注意：MySQL 中自动增长的字段值可以不插入，也可以插入数字或 null。

6. 执行查询语句

在 MySQL 提示符状态下敲入命令：

```
mysql > select * from myuser;
```

7. 退出 MySQL

在 MySQL 提示符状态下敲入命令：

```
mysql > quit
```

5.2 数据库驱动

驱动程序用于连接应用程序和数据库。用户对数据库的访问请求通过驱动程序转换成数据库可以理解的方式，然后把数据库的执行结果也通过驱动程序返回给用户。因为每个数据库的执行过程不同，所以每个数据库都应该有自己的驱动程序。以下是主要数据库的

JDBC 驱动类名：

- SQL Server 2000 的驱动类是 com. microsoft. jdbc. sqlserver. SQLServerDriver；
- Oracle 的驱动类是 oracle. jdbc. driver. OracleDriver；
- MySQL 的驱动类是 com. mysql. jdbc. Driver，以前的 MySQL 驱动类是 org. gjt. mm. mysql. Driver，新的 MySQL JDBC 驱动程序版本为了向后兼容，保留了这个类。

在 Java 程序中访问数据库需要具备 3 个条件。首先，要建立数据库并知道数据库的位置；其次，要清楚访问数据库的用户名和密码；最后，要有正确的数据库驱动程序。具备以上条件之后，就可以在 Java 程序中通过统一的编程接口 JDBC API，执行 SQL 语句，访问和处理数据了。

现在数据库已经建立，用户名和密码也已经掌握，Java 程序访问数据库还需要相应的驱动程序。

首先根据所安装的 MySQL 数据库的版本，从网上下载相应的驱动程序包，MySQL 的驱动程序可以从官方网站上下载(http://dev. mysql. com/downloads/connector/j)。本书中所使用的 MySQL 的驱动程序所在的 jar 包为 mysql-connector-java-5. 1. 11-bin. jar。

接下来，要将该驱动程序包复制到%Tomcat%\common\lib 目录下。

5.3 JDBC API

Java 程序访问数据库需要通过 JDBC API 实现。JDBC API 是 Java 应用与数据库管理系统进行交互的标准 API，包括 Driver、DriverManager、Connection、Statement、ResultSet 和 ResultSetMetaData 等多个接口。这些接口位于 java. sql 包中。

5.3.1 JDBC 接口介绍

Driver：所有 JDBC 驱动程序需要实现的接口，如前面提到的 MySQL 的驱动程序 com. mysql. jdbc. Driver 就实现了 Driver 接口。

DriverManager：驱动程序管理器，用于管理驱动程序，对程序中用到的驱动程序进行管理，包括加载驱动程序，创建对象，调用方法。

Connection：连接，不管对数据库进行什么样的操作，都需要先创建一个连接，然后通过这个连接来完成操作。

Statement：语句对象，用于执行 SQL 语句，Statement、PreparedStatement 和 CallableStatement 等 3 种 Statement 对象。PreparedStatement 继承于 Statement，提供了可以与查询信息一起预编译的一种语句类型。它的对象表示一条预编译过的 SQL 语句。如果要用不同的参数来多次执行同一个 SQL 语句，使用 PreparedStatement 是比较高效的。CallableStatement 类封装了数据库中存储过程的执行。

ResultSet：结果集对象，以逻辑表格的形式封装了执行查询得到的结果集。

ResultSetMetaData：用于获取描述数据库表结构的元数据。在 SQL 中，用于描述数据库或者它的各个组成部分之一的数据称为元数据，以便和存放在数据库中的实际数据相区分。例如，结果集中列的数量，列的名字和列的 SQL 类型等。

5.3.2 JDBC 访问过程

编写 Java 数据库应用的基本过程如下：

1. 建立数据源

使用的数据库是 5.1.3 节中已经创建的 mytest 数据库。

2. 引入 java. sql 包

在连接数据库的过程中需要的接口和类在 java. sql 包中。在 Java 中访问这些接口和类要引入包，使用“import java. sql. *；”。

3. 加载驱动程序

根据要访问的数据库，首先要加载相应的驱动程序。

如果驱动程序的名字是 MyDriver，加载驱动程序的语句是“Class. forName(“MyDriver”)；”。

本书中使用的是 MySQL 数据库，连接 MySQL 数据库的驱动程序是 com. mysql. jdbc. Driver。

加载该驱动程序的语句是“Class. forName("com. mysql. jdbc. Driver")；”。

提示：在确定使用某个驱动程序之后，可以根据它的文档找到驱动程序的名字，然后替换上面的 com. mysql. jdbc. Driver 就可以了。

4. 创建与数据库的连接

不管对数据库进行什么样的操作，都需要先创建连接，然后操作。

要连接数据库，首先需要知道数据库的相关信息。通常连接数据库需要的信息包括以下几个方面：

- 数据库的位置：数据库所在的主机，所使用的端口。每个应用程序都会有自己的端口。例如，Oracle 使用的端口默认情况下是 1521，MS SQL Server 使用的端口默认情况下是 1433，而 MySQL 的端口默认情况下是 3306。
- 数据库的信息：数据库的名字，因为在同一个数据库管理系统中可能会有多个数据库，需要指出要访问哪个数据库，现在要访问数据库是 mytest。
- 用户信息：包括用户名和口令。因为数据库中的信息通常都非常重要，所以一般需要提供身份验证。

有了数据库相关信息，接下来就可以创建与数据库的连接了。连接数据库的语句格式如下：

```
Connection con = DriverManager.getConnection(url,user,password);
```

其中，url 是连接字符串；user 是用户名；password 是口令。

使用 MySQL 数据库，连接字符串的格式为 jdbc:mysql://localhost:3306/mytest，其中 mytest 是数据库的名字，假设用户名和口令都是 root。

连接 mytest 数据库的代码如下：

```
Connection con =
DriverManager.getConnection("jdbc:mysql://localhost:3306/mytest","root","root");
```

提示：如果使用其他的数据库，需要根据这个数据库的 JDBC 驱动程序的要求来写连接字符串信息，以及对应的用户名和口令。例如，MS SQLServer 数据库的连接字符串为

“jdbc:microsoft:sqlserver://localhost:1433;databaseName=dbname”; Oracle 数据库的连接字符串为“jdbc:oracle:thin:@localhost:1521:ORCL”。

5. 创建语句对象

语句对象的作用：用于执行 SQL 语句，不管对数据库进行什么样的操作，都是执行 SQL 语句；不同的是，不同的功能需要执行不同的 SQL 语句。

通常使用的语句对象是 PreparedStatement 的对象，PreparedStatement 语句对象的创建是通过连接对象创建的，并且需要以 SQL 语句作为参数，所以在创建语句对象之前应该确保连接对象已经创建，并且已经完成 SQL 语句的编写。

创建语句对象的代码如下：

```
String sql = "select * from myuser where user_id = ? and user_pass = ?";
PrepareStatement pstmt = conn.prepareStatement (sql);
pstmt.setString(1,user_id);
pstmt.setString(2,user_pass);
```

说明：PreparedStatement 对象所代表的 SQL 语句中的参数用(?)来表示，用 setXXX 方法来设置这些参数。setXXX 方法有两个参数，第一个参数表示要设置的参数的索引(从 1 开始)；第二个参数表示要设置的参数的值。针对不同类型的参数使用相应的 setXXX 方法，本例中使用的是 setString 方法，对 SQL 语句中的第一个“?”设置为 user_id 变量的值；对第二个“?”设置为 user_pass 变量的值，它们都是 String 类型。

6. 执行 SQL 语句

使用语句对象来执行 SQL 语句，语句对象提供了多个用于执行 SQL 语句的方法，常用的有两个：

(1) executeQuery()：主要用于执行有结果集返回的 SQL 语句。

(2) executeUpdate()：主要用于执行没有结果集返回的 SQL 语句，如向数据表中添加信息、修改数据表中的信息和删除数据表中的信息等。该方法的返回值是整数，表示数据表中受影响的记录个数。

假设要执行上面的查询语句，可以使用下面的代码：

```
ResultSet rs = pstmt.executeQuery();
```

因为有结果集返回，所以创建 ResultSet 的对象来接收这个结果集。pstmt 是前面创建的语句对象。

7. 处理结果集

如果进行删除、插入或更新操作，执行完就可以了。

如果要查询数据，需要处理查询结果。因为查询的结果在结果集中保存，结果集的数据就像数据库中的表格一样，由若干行、若干列组成。查询的结果中有多少条记录，结果集中就有多少行，查询的结果中有多少字段，结果集中就有多少列。Java 是面向对象的语言，操作的是一个个的对象，所以需要把结果集的数据进行处理，转化成对象。

处理结果集的过程，就是对结果集的遍历过程。遍历每一行，然后取出当前行的每一列，然后根据这一行的各列的信息构造对象。

对行的遍历，使用结果集的 next 方法。ResultSet 对象维护了一个指向当前数据行的游标,初始的时候,游标在第一行之前。

获取某一列,使用 get 方法,有很多 get 方法用于获取不同类型的值。例如,getInt 获取整数字段的值,getString 获取字符串字段的值,getObject 获取字段的值为对象类型。这些方法的区别在于方法的返回值不同。如果不知道要获取的列数据的类型,只需要记住 getString 方法就可以了。然后,如果需要其他类型的值,进行转换就可以了。

getString 方法需要一个参数,参数表示要获取哪一列的值。参数可以使用序号,如获取第 1 列,可以使用 getString(1)。可以使用列的名字,如获取用户名,可以使用 getString("user_no")。

8. 关闭相关对象

在上面的介绍中,创建了多个对象,其中连接对象、语句对象、结果集对象需要关闭,如果不关闭,这些连接会占用资源。对于网络应用来说,用户量非常大,如果每个用户都浪费资源的话,系统资源的浪费就会很大。

关闭连接的代码如下:

```
con.close();
```

关闭语句对象的代码如下:

```
pstmt.close();
```

关闭结果集的代码如下:

```
rs.close();
```

注意:关闭对象的顺序和创建对象的顺序刚好相反,创建对象的顺序是连接对象、语句对象、结果集对象。关闭对象的顺序为结果集对象、语句对象、连接对象。如果操作过程中没有结果集,则不需要关闭结果集。

9. 异常处理

在对数据库进行操作的过程中可能会发生各种各样的异常。例如,数据库服务器没有启动,网络没有连接,SQL 语句写错等。如果不对这些异常进行处理,程序在运行过程中就会出错,对用户来说是不友好的,所以应该对异常进行处理。

使用下面的框架对异常进行处理:

```
try{
… //要执行的可能出错的代码
}catch(Exception e){
… //出错后的处理代码
}finally{
… //不管是否出错都要执行的代码
}
```

所有可能出错的代码放在 try 语句中,把出错后的处理代码放在 catch 语句中,不管是否出错需要处理的代码放在 finally 中。

无论是处理结果集时的 get 操作,还是使用 PreparedStatement 对象为 SQL 语句设置参数的操作,都需要了解 SQL 数据类型与 Java 数据类型的对应关系,具体如表 5-1 所示。

表 5-1　SQL 数据类型与 Java 数据类型对照表

SQL 数据类型	Java 数据类型	SQL 数据类型	Java 数据类型
CHAR、VARCHAR	String	FLOAT、REAL	float
LONGVARCHAR	String	DOUBLE	double
DECIMAL、NUMERIC	java. math. BigDecimal	BLOB	java. sql. Blob
BOOLEAN、BIT	boolean	ARRAY	Java. sql. Array
TINYINT	byte	DATE	java. sql. Date
SMALLINT	short	TIME	java. sql. Time
INTEGER	int	TIMESTAMP	java. sql. Timestamp
BIGINT	long		

有时候需要得到数据库表本身的结构信息。例如，6.6 节 BaseService 类的代码就是利用了 ResultSetMetaData 对象来得到一些数据表的元数据，对数据表常用的增、删、改、查操作进行了封装，以简化数据库访问代码的编写。ResultSetMetaData 对象可以通过调用 ResultSet 对象的 getMetaData 方法来得到。ResultSetMetaData 接口的常用方法如表 5-2 所示。

表 5-2　ResultSetMetaData 的常用方法

方法头声明	方 法 描 述
int getColumnCount() throws SQLException	返回结果集中的列的数量
String getColumnName(int column) throws SQLException	返回列的名字
int getColumnType(int column) throws SQLException	返回列的 SQL 类型，该类型在 java. sql. Types 类中定义
String getColumnTypeName(int column) throws SQLException	返回数据库特定的类型名

5.3.3　JDBC 访问实例

本节将按以下步骤创建一个 JDBC 访问实例。

(1) 确保数据库 mytest 已经建立，参见 5.1.3 节的创建测试数据库。

(2) 确保驱动程序已经放置到合适的路径，即%TOMCAT_HOME%\common\lib。

(3) 在 3.1.2 节已经创建的 myweb 应用的 src 中创建包 jdbc，在 jdbc 包下创建 Servlet，命名为 JDBCTest，Mapping url 为/JDBCTest。

(4) 在 JDBCTest 中创建 process 方法。

JDBCTest 的 process 方法中的代码如下：

```
public void process(HttpServletRequest request, HttpServletResponse response)
    throws ServletException, IOException {
        Connection conn = null;                                  //连接对象
        PreparedStatement pstmt = null;                          //预编译的语句对象
        ResultSet rs = null;                                     //查询结果集
        String sql = null;
        try {
            Class.forName("com.mysql.jdbc.Driver");              //加载驱动
```

```
            //建立连接
            conn = DriverManager.getConnection(
                    "jdbc:mysql://localhost:3306/mytest", "root", "root");
            //创建语句对象
            sql = "select * from myuser where user_id = ? and user_pass = ?";
            pstmt = conn.prepareStatement(sql);
            pstmt.setString(1, "zhangsan");
            pstmt.setString(2,"123");
            rs = pstmt.executeQuery();                              //执行 sql 语句
            //处理结果
            while(rs! = null&&rs.next()){
                System.out.println("user_no = " + rs.getString(1));
                System.out.println("user_id = " + rs.getString(2));
                System.out.println("user_email = " + rs.getString(5));
            }
        } catch (Exception e) {
            System.out.println("数据库异常");
            e.printStackTrace();
        } finally {//按打开对象的逆序关闭对象
            try {
                if (rs ! = null)
                    rs.close();
                if (pstmt ! = null)
                    pstmt.close();
                if (conn ! = null)
                    conn.close();
            } catch (Exception e) {
            }
        }
    }
```

注意：需要 import java.sql.*；

(5) 在 doGet 和 doPost 方法中调用 process 方法。

(6) 测试。

① 启动 Tomcat。

② 地址栏输入 http://localhost:8080/myweb/JDBCTest。

③ 控制台显示结果如图 5-4 所示。

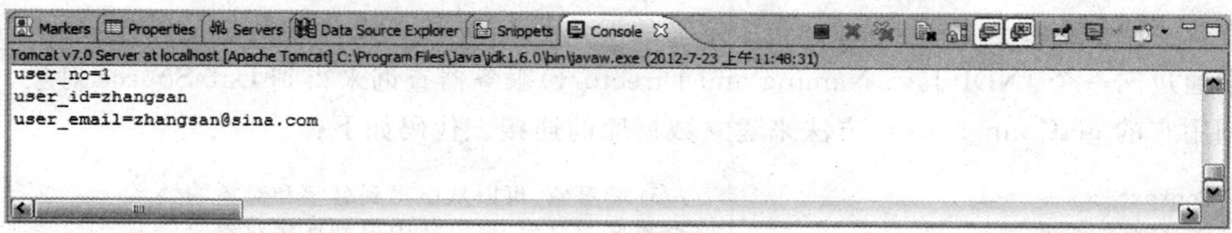

图 5-4　JDBC 访问数据库测试结果

5.4 数据源和连接池

对于大型网站来说,信息查询的次数会非常多,每次查询都需要加载驱动程序、创建连接、创建语句对象、执行SQL语句、关闭这些对象的过程。建立与数据库之间的连接和释放连接会占用很多系统的时间。如果能够让所有用户共享连接,仅仅创建一次连接,谁需要连接谁就使用,这样可以大大减少创建连接所占用的时间。让所有用户共享连接,并且在需要的时候就能够使用,就需要有专门的机制来创建和管理连接。数据库连接池(Database Connection Pool,DBCP)技术就是用于解决这个问题的。DBCP可以使用很多技术实现,本书介绍的是比较流行的Jakarta-Commons的DBCP。

DBCP能够集中管理Web应用中的所有连接,提前创建好若干到数据库的连接,用户需要的时候从连接池中获取一个连接,用完之后重新把连接放回连接池。

5.4.1 配置数据源

要使用DBCP,首先需要配置数据源。在Tomcat中,可以在<Context>元素的内容中使用<Resource>元素来配置数据源。<Resource>元素各属性的含义如下:

- name 指定资源相对于 java:comp/env 上下文的 JNDI 名字。
- auth 资源的管理者,它有 Application 和 Container 两个可选的值。
- type 资源所属的 Java 类的完整限定名。
- maxActive:池中连接的最大数目。要确保数据库所配置的最大连接数大于这个值。如果为0,则没有最大数量限制。
- maxIdle:池中最大空闲数据库连接数。如果为-1,则没有限制。
- maxWait:等待一个连接变成可用的最长时间,单位是ms,如果超时将抛出异常。如果设置为-1,将无限等待。
- username 和 password:连接数据库的用户名和口令。
- driverClassName:数据库的JDBC驱动程序的名字。
- url:JDBC连接数据库的url。参数 autoReconnect=true 确保连接池能够重新连接,如果8个小时没有操作,连接将被关闭。

5.4.2 使用连接池访问数据库

使用连接池访问数据库与使用JDBC直接访问数据库的过程基本相同,只是得到连接的方式不同。需要通过javax.sql包中定义的DataSource接口来建立数据库的连接。在程序中通过向一个JNDI(Java Naming and Directory)服务器查询来得到DataSource对象,然后调用它的getConnection()方法来建立数据库的连接。代码如下:

```
Context ctx = null;                    //环境对象,可以从中得到名字和对象的关系
DataSource ds = null;                  //数据源对象,可以从中得到连接对象
Connection conn = null;                //连接对象
try {
      ctx = new InitialContext();      //建立 Context 对象
      //建立 DataSource 对象
```

```
        ds = (DataSource)ctx.lookup("java:/comp/env/dataSourceName");
        //其中: "java:/comp/env/"是固定写法
        //"dataSourceName"是数据源配置文件中的 resource-name 的值
        conn = ds.getConnection();      //通过数据源对象建立连接
        …
    }catch(Exception e){}
```

其中,javax.naming.Context 接口表示一个命名上下文。在这个接口中定义了将对象和名字绑定以及通过名字查询对象的方法。查询一个命名的对象,是通过调用 Context 接口的 lookup()方法。javax.naming.InitialContext 是 Context 接口的实现类。

5.4.3 连接池方式访问数据库实例

本节将按以下步骤创建一个基于连接池方式访问数据库的实例。

(1) 确保数据库 mytest 已经建立,参见 5.1.3 节的创建测试数据库。

(2) 确保驱动程序已经放置到合适的路径,即 %TOMCAT_HOME%\common\lib。

(3) 在透视图左侧的 Project Explorer 窗口中,展开 Servers 项目下的 Tomcat v7.0 Server at localhost-config 项,找到 context.xml 文件并打开,如图 5-5 所示。

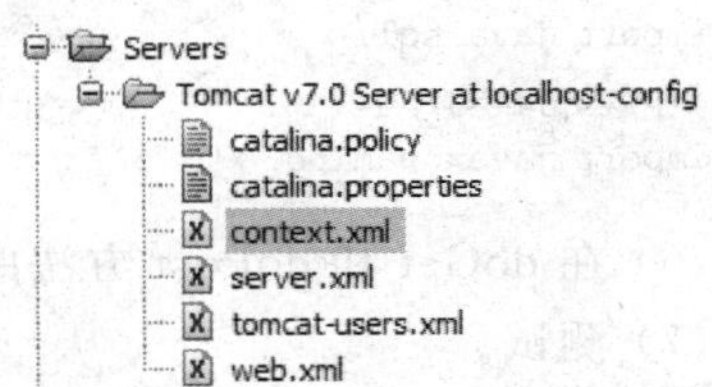

图 5-5 本地 Server 的 context.xml 文件

在 context.xml 文件中加入如下代码:

```
<Resource name = "jdbc/mytest" auth = "Container" type = "javax.sql.DataSource"
maxActive = "100" maxIdle = "30" maxWait = "10000"
username = "root" password = "root"
driverClassName = "com.mysql.jdbc.Driver"
url = " jdbc:mysql://localhost:3306/mytest?useUnicode = true &amp; characterEncoding = gbk &amp;autoReconnect = true"/>
```

注意:

- 数据源配置的名字是 jdbc/mytest,在程序中访问需要写成 java:/comp/env/jdbc/mytest。
- url 为连接数据库的 url,注意理解含义"jdbc:mysql://<数据库服务器 ip>:端口号/<数据库名>?useUnicode=true&characterEncoding=编码方式"。
- 在 Tomcat 中配置数据源,也可以在%Tomcat%\conf\conf\server.xml 文件中进行配置。

(4) 在 5.3.3 节中已经创建的 jdbc 包中,创建 Servlet,类名为 JDBCPoolTest,其 Mapping url 设为/JDBCPoolTest。

(5) JDBCPoolTest 中创建 Process 方法(建议复制 5.3.3 节中 process 方法的全部代码并进行修改)。

下面的代码是使用连接池访问数据库的代码。为了节省篇幅,省略了该方法中与 5.3.3 节中非连接池方式访问数据库相同的部分代码,所有新添加的代码以黑体显示。

```
Context ctx = null;                    //环境对象,可以从中得到名字和对象的关系
DataSource ds = null;                  //数据源对象,可以从中得到连接对象
```

```
Connection conn = null;                  //连接对象
PreparedStatement pstmt = null;          //预编译的语句对象
ResultSet rs = null;                     //查询结果集
String sql = null;
try {
    ctx = new InitialContext();          //建立 Context 对象
    //建立 DataSource 对象
    ds = (DataSource)ctx.lookup("java:/comp/env/jdbc/mytest");
    //其中:"java:/comp/env/"是固定写法;
    //"jdbc/mytest"是配置文件中 name 属性的值,即数据源的名字
    conn = ds.getConnection();           //通过数据源对象建立连接
```

得到连接以后的代码与非连接池方式访问数据库的代码一致。

注意:需要在这个文件中导入相关的包,语句如下:

```
import java.sql.*;
import javax.sql.*;
import javax.naming.*;
```

(6) 在 doGet 和 doPost 方法中调用 process 方法。

(7) 测试。

① 启动 Tomcat。

② 地址栏输入 http://localhost:8080/myweb/JDBCPoolTest。

③ 结果与非连接池方式访问数据库代码的运行结果一致。

小　结

MySQL 数据库是开放源代码的数据库。MySQL 数据库的常用命令有建立连接、对数据库和数据表的创建和删除、执行 SQL 脚本以及设置编码等。常用的 SQL 语法包括查询、插入、删除和修改操作。其中,查询中经常使用聚合函数和连接操作。

在 Java 程序中访问数据库需要具备三个条件。首先,要建立数据库并知道数据库的位置;其次,要清楚访问数据库的用户名和密码;最后,要有正确的数据库驱动程序。具备以上条件之后,就可以在 Java 程序中通过统一的编程接口 JDBC API,执行 SQL 语句,访问和处理数据了。

驱动程序用于连接应用程序和数据库。每个数据库都应该有自己的驱动程序。以 Tomcat 作为服务器的 Web 应用中,数据库驱动程序一般放在%TOMCAT_HOME%\common\lib 目录下。

JDBC API 是 Java 应用与数据库管理系统进行交互的标准 API,包括 Driver、DriverManager、Connection、Statement、ResultSet 和 ResultSetMetaData 等多个接口。JDBC 访问数据库的过程是建立连接、创建语句对象、执行 SQL 语句、处理结果集、关闭对象和异常处理。

对于大型网站来说,建立与数据库之间的连接和释放连接会占用很多系统的时间。DBCP 能够集中管理 Web 应用中的所有连接,提前创建若干到数据库的连接,当用户需要时从连接池中获取一个连接,用完之后重新把连接放回连接池。

使用连接池方式访问数据库需要在 Web 应用相应的配置文件或 server. xml 中进行数据源的配置。使用连接池访问数据库与使用 JDBC 直接访问数据库的过程基本相同，只是得到连接的方式不同。需要通过 javax. sql 包中定义的 DataSource 接口来建立数据库的连接。

思　考

1. 连接数据库的 URL 应该包含哪些信息？
2. 如何理解数据库驱动？
3. JDBC 访问数据库的过程是什么？
4. 什么是数据库连接池？使用连接池有何好处？
5. 连接池方式与非连接池方式访问数据库有何不同？
6. 如果程序访问数据库时提示 SQL 语句有错误，该如何解决？
7. 如果程序中使用的 SQL 语句已经验证为正确的，但是程序执行结果不对，可能是哪些原因？如何查找原因并改正？

练　习

1. 在 mytest 数据库中新建一个 testUser 表，包含字段如下：
   - user_id：int 编号自动增长的主键。
   - user_name：varchar(12) 用户名。
   - real_name：varchar(12) 姓名。
   - password：varchar(8) 密码。
   - sex：int 性别 只能是 0 或 1。
   - degree：int 学历 只能是 1,2,3 或 4。
   - birthday：datetime 生日。
2. 向 testUser 表中插入多于 5 条模拟的个人信息。
3. 写出相应的 SQL 语句，并在 MySQL 中执行查看结果。
   - 查询 testUser 表中所有姓张的用户的所有信息。
   - 查询 testUser 表中性别 sex 值为 0 的用户的姓名和生日。
   - 查询 testUser 表中的记录个数。
   - 将 testUser 表中所有 degree 值为 1 的用户的 degree 值改为 2。
   - 删除所有 degree 值为 3 并且生日是“1990-02-03”的记录。
4. 表 5-3 中列出了本章所包含的知识点，请填写表中的空白部分，对每一个知识点进行说明，给出一个应用实例。

表 5-3　知识点列表

知识点	说　明	应　用
MySQL 常用命令		
常用 SQL 语法		
JDBC API		
JDBC 访问数据库的过程		
连接池配置		
数据源及使用		

测　试

以下功能要求使用 MVC 模式进行设计与实现,数据库连接采用连接池方式。

1. 完成一个查询功能,查询 testUser 表中所有姓××的用户的所有信息。页面包括可以输入查询信息的输入页面和查询结果的输出页面。提示：使用模糊查询。

2. 完成一个插入功能,向 testUser 表中插入一条信息。页面包括用户输入插入信息的页面和插入成功与否的提示页面。插入信息包括用户名、姓名、密码、性别、学历和生日。

要求：进行用户名和姓名不能为空的客户端验证和服务器端的验证。进行合法性检查,即数据库中的用户名不能重复。

第6章 WebFrame 框架

本章内容

- WebFrame 框架简介；
- 登录功能；
- 数据库访问功能；
- 客户端验证和层叠样式表；
- 前端控制器；
- session 验证过滤器；
- 统一信息提示功能；
- 文件上传、下载工具类 UploadUtil；
- 分页处理功能；
- 流行的 Web 应用开发框架。

本章目标

- 了解 WebFrame 开发框架的功能特点与文档结构；
- 掌握登录功能的设计与实现；
- 理解 BaseService 的封装和数据库访问代码的简化实现；
- 掌握 BaseService 的使用；
- 理解客户端验证函数的编写和层叠样式表的使用；
- 理解前端控制器的作用；
- 理解并掌握统一信息提示的使用；
- 理解并掌握文件上传、下载工具类 UploadUtil 的使用；
- 理解分页处理的实现；
- 了解流行的 Web 应用开发框架。

6.1 WebFrame 框架简介

一个真实的应用系统具有相当的复杂性。如何能够缩短开发周期并且把足够的精力聚焦在复杂的业务逻辑的分析及实现上呢？最理想的解决方式就是框架。框架不是架构。架构确定了系统整体结构、层次划分、不同部分之间的协作等设计考虑。框架比架构更具体，更偏重于技术实现。确定框架后，架构也随之确定。实质上，框架是基于架构思想的，例如：目前流行的 Web 开发框架都是基于 MVC 架构模式而实现的。

在设计模式中，Gamma 等人为框架给出了一个定义："框架就是一组协同工作的类，它们为特定类型的软件构筑了一个可重用的设计。框架强调对已完成的设计、代码的重复使用,并且一个框架主要适用于实现某一特定类型的软件系统。例如,Struts 是一个针对 Web 开发的框架。框架不是现成可用的应用系统,开发应用系统需要在框架之上进行"二次开发"。框架构成了系统中通用的、具有一般性的主体部分。"二次开发者"只是像做填空题一样,根据具体业务,完成特定应用系统中特殊的部分。

实际的 Web 开发中,开发者会根据自身的情况,或选用技术成熟、性能稳定的框架,如 Struts;或对流行框架进行组合,如 Struts+Spring+Hibernate;或自行搭建框架。另外,开发者还会根据开发中积累的经验,在框架中封装一些针对某些特定的领域中使用的基础的类或组件,以方便复用。当然也有的开发者考虑到价格和特殊需求等因素而选择了不使用任何框架技术,从零开始自行搭建框架。无论采用何种形式,使用框架的主要目的是为了提高开发效率。从应用的角度看,根据应用的特点选用合适的框架或框架的组合是较好的选择。从学习的角度看,当然是从零开始自建框架更具有意义。

WebFrame 框架是本书中为读者提供的一个可自行搭建的简单的 Web 开发框架。其实质是一个可复用和可扩展的 Web 应用,用以解决目前 Web 开发,尤其是动态 Web 页面开发中出现的开发工作量大,重复劳动多,开发效率低下、页面和逻辑相混杂、维护困难等问题。

6.1.1 WebFrame 框架的特点

WebFrame 框架简单、实用,具有以下特点:

- 基于 MVC 架构模式,页面和逻辑完全分离,后期的维护成本比较低;
- Java、JSP、JSTL、Servlet、HTML、JavaScript、CSS 和 XML 等基于标准技术,有较好的稳定性和可扩展性;
- 前、后端框架完全实现纯手工打造,不依赖于任何框架;
- 统一的数据库访问接口,数据库访问更方便;
- 开放式的基于组件的框架,可以按照规范来开发组件,然后加入到框架中使用;
- 对通用功能进行了封装,集成了辅助工具类,可以简化开发和实现较大限度的复用,提升 Web 应用开发的效率。

6.1.2 WebFrame 的文档结构

1. WebFrame 的 Web 应用目录结构

WebFrame 中的文档是按照实际 Web 应用常用的结构进行设计的,主要特点是层次清晰、功能分类明确。一般,Web 应用中都有一些公用的 JSP 文件,这些公用的文件通常存放在一起。在 WebFrame 中,这个存放公共 JSP 文件的目录是 common。同样,WebFrame 中还有其他的专用目录用于分别存放组件、CSS 样式文件、JavaScript 脚本文件和上传文件等。另外,实际的 Web 应用中有很多 JSP 页面,为了便于页面管理,根据用户的不同类别,将 Web 应用的页面分为前台用户使用页面和后台用户管理页面。WebFrame 中也将页面做了前、后台的区分。WebFrame 的文档结构(WebRoot 下文件的组织)如图 6-1 所示,具体含义如下:

- common:存放 WebFrame 中公共的 JSP 文件,如统一信息提示页面 message.jsp、

分页信息页面 pageList.jsp。还可以存放导航、版权信息等 JSP 片段。

- components：存放 WebFrame 中使用的组件，如日历组件 calandar。
- css：存放 WebFrame 中使用的样式文件，如 default.css。
- home：前台 JSP 文件存放的目录。
- images：存放图片文件。
- js：存放 WebFrame 中使用的 JavaScript 文件。
- manage：存放后台 JSP 文件。
- test：存放测试用的文件。
- upload：存放上传的文件。
- login.jsp：登录页面，是前台唯一不在 home 目录下的 JSP 文件。一般，Web 应用中都有类似的页面作为访问的第一个页面。也有的 Web 应用在此处创建一个 index.jsp 或 index.html。

```
WebContent
  common
    message.jsp
    pageList.jsp
  components
    calendar
  css
    default.css
  home
    index.jsp
  images
  js
    common.js
  manage
    manage.jsp
  META-INF
  test
  upload
  WEB-INF
    lib
    web.xml
```

图 6-1　WebFrame 文档结构

- WEB-INF：是所有 Web 应用都必须具有的目录。WEB-INF 目录对外不可见。其中必须包含一个 web.xml 配置文件。该目录下主要包括一个 classes 目录和一个 lib 目录。classes 目录下存放 Web 应用中所使用的类，如 Servlet。而 lib 目录下存放的是 jar 包形式的 Java 类，如 jstl.jar。WEB-INF 下还可以包括标签库文件以及 Web 应用中需要的配置文件或其他文件。

2. WebFrame 的源码包结构

WebFrame 不仅提供了 Web 应用的架构，而且提供了工程源代码，以便使用者理解与扩展。与上图 classes 对应的 src 目录说明如下：

- com.facet.jspsmart.upload：jspSmartUpload 上传、下载组件所在的源码包。
- tea.action：WebFrame 中所使用的控制类(Servlet)所在的源码包。针对不同的功能，tea.action 下面可以设计子包，如将用户功能相关的控制类存放在 tea.action.user 中；将作业管理功能相关的控制类存放在 tea.action.hw 中；将 XX 功能相关的控制类存放在 tea.action.xx 中。
- tea.common：WebFrame 中所使用的公共类所在的源码包。公共类包括常量类 Const 和通用信息提示处理类 MessageAction。
- tea.control：WebFrame 的前端控制器所在的源码包。
- tea.filter：WebFrame 中所使用的过滤器类所在的源码包，如登录验证过滤器类 LoginFilter。
- tea.service：WebFrame 中所使用的数据库访问类(Service)所在的源码包。里面包括：所有 Service 的父类 BaseService。其他 Service 可以根据需要在此处创建，如针对用户数据操作，创建 UserService；针对作业管理子系统，创建 HomeworkServcie；针对 XX 子系统或模块，创建 XXService。
- tea.test：WebFrame 中所使用的测试类所在的源码包，如 TestServlet。
- tea.util：WebFrame 中所使用的辅助工具类所在的源码包，如上传下载文件的工具类 UploadUtil。

- tea. xxxx：如果需要在 WebFrame 中增加新的包，可以使用 tea. xxxx 的形式。

src 目录中的包结构如图 6-2 所示。

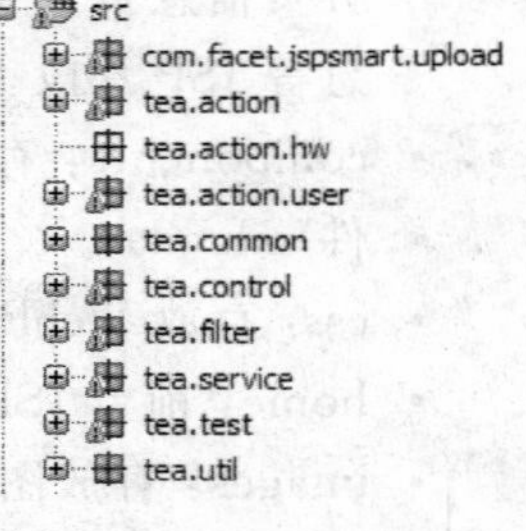

图 6-2　src 目录中的包结构

3. WebFrame 的文件路径设计

WebFrame 框架是基于 MVC 模式进行设计的，以下分别对视图层、控制层和模型层的文件路径设计进行说明：

(1) 视图层。

WebFrame 的视图层分为前台(普通用户页面)和后台(管理员用户页面)，除了 login. jsp 在根路径下，前台其他的 JSP 文件都在 home 路径下创建，后台的 JSP 文件都在 manage 路径下创建。

(2) 控制层。

控制层的 Servlet 位于 tea. action 包下。针对不同的功能，tea. action 下面可以设计子包。

(3) 模型层。

模型层的 Service 位于 tea. service 包下。针对不同的功能，tea. service 包下面可以根据需要创建相应的 Service。注意，自己创建的 Service，可以继承于 WebFrame 框架提供的 BaseService，从而简化对数据库的访问操作。

根据以上的文件分层设计的规则，应用中的每一个功能都会涉及视图层、控制层和模型层的文件路径设计。以登录功能为例，登录功能的视图层包括前台文件，/login. jsp 和 /home/index. jsp；后台文件，manage/manage. jsp；控制层的 Servlet 文件是 tea. action. user. LoginAction；模型层的 Java 类是 tea. service. UserService。因此使用 WebFrame 进行系统开发，只需要在 MVC 各层进行相应的"程序填空"即可。

6.1.3　搭建 WebFrame 应用

下面搭建 WebFrame 的基本文档架构，以后向 WebFrame 添加登录、session 验证、统一信息提示、文件上传下载、数据库访问和分页处理等通用功能时还会添加新的文件。建议读者在搭建文档结构的时候，参照图 6-1 和图 6-2 的文件结构。

1. 创建 Web 工程 webframe

按 3.1.2 节中介绍的步骤创建一个 Web 工程，工程命名为 webframe。

2. 创建配置文件 webframe. xml

在%TOMCAT_HOME%\conf\Catalina\localhost\目录下建立一个与工程同名的 XML 文件。这里工程叫 webframe，所以建立 webframe. xml 文件。打开文件添加如下代码：

```
< Context path = "/webframe" docBase = " D:\eclipse\workspace\webframe\WebContent" reloadable =
"true" >
</Context >
```

其中，docBase 属性请根据工程的 WebContent 目录的真实本地路径来设置。

在 6.2.3 节中配置数据源和连接池的时候将对 webframe. xml 文件进行修改。

3. 创建前台目录

创建存放前台页面的文件夹 home。在 webframe 工程的 WebContent 上右击，选择 New 菜单中的 Folder 项，出现对话框。在对话框的 Folder Name 项输入 home，单击 Finish 按钮。

4. 创建后台目录

创建存放后台页面的文件夹 manage。同步骤 3，Folder Name 项输入 manage。

5. 创建样式文件目录

创建存放样式文件的文件夹 css。同步骤 3，Folder Name 项输入 css。

6. 复制 default. css 样式文件

default. css 样式文件可以在本书配套软件 ch06 目录下找到。无须打开文件直接复制。然后，在工程的 css 目录上右击，选择 Paste 即可。

default. css 样式文件是 WebFrame 提供的默认样式文件，仅供使用者参考，在 6. 4. 2 节中会对它的使用做简单介绍。

7. 创建 images 目录

创建存放图片的文件夹 images。同步骤 3，Folder Name 项输入 images。

8. 创建 JavaScript 脚本目录

创建存放 JavaScript 脚本文件的文件夹 js。同步骤 3，Folder Name 项输入 js。

9. 复制 common. js 脚本文件。

common. js 文件在本书的配套软件 ch06 目录下可以找到，直接将其复制到工程的 js 文件夹中即可。

common. js 是 WebFrame 提供的 JavaScript 脚本文件，仅供使用者参考，在 6. 4. 1 节中会对它的使用做简单介绍。

10. 创建组件目录

创建组件文件夹 components。同步骤 3，Folder Name 项输入 components。

11. 复制 calendar 日历控件

calendar 文件夹可以在本书的配套软件 ch06 目录下找到，直接将其复制到工程的 components 文件夹中即可。

12. 创建上传目录

创建存放上传文件的文件夹 upload。同步骤 3，Folder Name 项输入 upload。

13. 创建公用类的包 tea. common 和类 Const

在 src 下创建包 tea. common。在 tea. common 包中创建类 Const。

Const 是 WebFrame 应用中的常量类。Const 类的具体代码如下：

```
package tea.common;
public class Const {
    public static final String PAGE_REC_NUM = "2";
    public static final String ERROR = "操作失败";
    public static final String SUCCESS = "操作成功";
    public static final String EXCEPTION_INFO = "操作异常";
    public static final String LOGIN_PROMPT = "请先登录";
    public static final String LOGIN_ERROR = "用户名或密码错误";
    public static final String ACTION_ERROR = "请求的资源无效";
```

```
    public static final String URL_ERROR = "跳转地址无效";
    public static final String UPLOAD_ERROR = "上传文件失败";
    public static final String DATA_SOURCE = "java:/comp/env/jdbc/mytest";//数据源名字
}
```

注意：使用常量类的目的是通过简单的设计以增加程序的灵活性。例如，当应用中的错误提示信息需要改为其他信息的时候，不用修改所有相关的代码，而是只修改这个常量类即可。目前，实际的 Web 应用中使用比较多的是通过建立配置文件或属性文件以增强程序适应变化的能力。这里没有采用配置文件的方式是为了让框架尽量简单以便理解和掌握。

14. 创建测试类相关的包

在 src 中创建测试类相关的包 tea. test。在 tea. test 中创建 Servlet——TestServlet。其 Servlet Mapping URL 是/test/TestServet。

15. 封装通用功能和辅助工具类

完成以上步骤后，只是完成了基本文档结构的搭建。下面还需要向 WebFrame 中添加一些通用功能和辅助工具类，包括登录功能、数据库访问功能、session 验证过滤器、统一提示信息处理功能、文件上传/下载工具类 UploadUtil 和分页处理功能等，下面将分别进行介绍和实现。

6.2 登录功能

6.2.1 登录功能说明

登录功能是一般 Web 应用都具有的功能。为了方便在网络教学平台的应用中使用 WebFrame 框架，WebFrame 中的登录用户包括普通用户(学生)和管理员用户(教师)。

注意：如果具体应用中的用户类型不是学生和教师或页面有所不同，只需要对以下实现的登录功能进行简单的修改，登录功能即可重用。

在如图 6-3 所示的登录页面中，用户输入用户名和密码。基本验证要求：用户名和密码都不能为空。如果用户名或密码为空，有相应的用户名或密码不能为空的提示。如果输入的用户名或密码错误，有相应的用户名或密码错误的提示；如果用户名和密码输入正确，可以登录系统。普通用户将进入如图 6-4 所示的页面；管理员用户将进入如图 6-5 所示的页面。

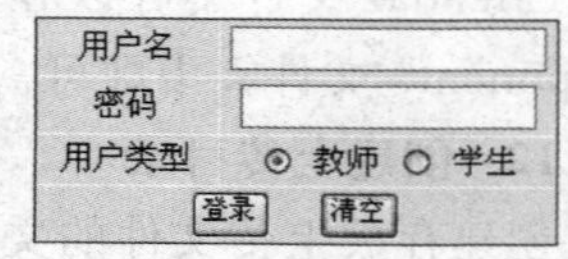

图 6-3 WebFrame 登录页面

作业
其他

图 6-4 WebFrame 普通用户登录进入页面

作业管理
其他管理

图 6-5 WebFrame 管理员用户登录进入页面

6.2.2 登录功能 MVC 设计

登录功能的视图层有三个页面，分别是登录页面 login. jsp、普通用户(学生)的首页面 home/index. jsp 和管理员用户(教师)首页面 manage/manage. jsp。模型层只有一个类，是

UserService，具有验证用户名和密码是否为空的方法。控制层的控制器是 LoginAction，用于获取参数，调用模型，处理结果和转发请求。登录功能的基本流程如下：

(1) 客户端对登录页面 login.jsp 发出一个请求。

(2) login.jsp 页面从 request 对象中得到用户名、密码或者用户类型以及出错提示信息。

注意：第一次访问 login.jsp 时这些信息是得不到的。login.jsp 产生一个响应页面。

(3) Web 容器将响应页面发送给客户端。

(4) 客户端验证用户名和密码是否为空。如果为空，则不提交请求，并提示"请输入用户名"或"请输入口令"。如果不为空，则发出对控制器 LoginAction 的请求，请求参数包括用户名、密码和用户类型。

(5) LoginAction 获取请求参数，并调用模型 UserService 中验证用户名和密码是否存在的方法。

(6) 模型返回结果，即登录用户的用户编号。控制器判断登录用户的用户编号是否合法(大于 0)。如果不合法，则将"用户名或密码错误" 的提示信息和用户名，密码，用户类型保存在 request 对象中，并将请求转发到 login.jsp。流程转到(2)。

(7) 如果合法，将用户编号和用户名保存到 session 对象中。

(8) LoginAction 根据用户类型将请求转发给 home/index.jsp 或 manage/manage.jsp。

(9) home/index.jsp 或 manage/manage.jsp 产生了一个响应页面。

(10) Web 容器将页面响应给客户端。

登录功能分为 3 层进行设计，首先设计视图层，然后设计模型层，最后设计控制层。

1. 视图层设计

登录功能的视图层包括 3 个页面：登录页面、普通用户登录进入页面和管理员用户登录进入页面。

1) 登录页面

(1) 文件名：login.jsp(放在 Web 应用的根路径下)。

(2) 文件作用：登录页面。

(3) 显示效果图：见图 6-3。

(4) 输入控件：如表 6-1 所示。

表 6-1 页面输入控件设计

说明	类型	名称	默认值	备注
用户名	文本框 text	user_id	request 中 user.user_id	用户名不能为空
密码	密码框 password	user_pass	request 中 user.user_pass	密码不能为空
用户类型	单选按钮 radio	type	根据 request 中 user.type 的值决定。如果 user.type 为 null 或 tea，则 tea 选中；否则 stu 选中	第一个选项为 tea；第二个选项为 stu
登录	提交按钮 submit		"登录"	
清空	重置按钮 reset		"清空"	

注意：表中默认值列中，user 是一个 HashMap 对象，包含 user_id，user_pass 和 type 等 3 个键值。采用一个 HashMap 对象封装多个参数，便于多个参数作为一个整体进行传递。

(5) 输出：如表 6-2 所示。

表 6-2　页面输出信息设计

位置	变量命名	变量作用域
登录表格下边	loginErr	request

(6) 关联控制器：如表 6-3 所示。

表 6-3　页面动作设计

关联对象	请求类型	关联方式及地址
【登录】按钮	post	action="根路径/user/LoginAction"

(7) 使用一个外部 CSS 样式表"根路径/css/default.css",对表格等使用样式。

(8) 使用一个外部 JavaScript 文件"根路径/js/common.js",验证用户名和密码不能为空。

2) 普通用户登录进入页面

(1) 文件名：index.jsp(放在 home 路径下)。

(2) 文件作用：普通用户进入的首页。

(3) 显示效果图：如图 6-4 所示。

(4) 输入控件：(无)。

(5) 输出：(无)。

(6) 关联控制器：如表 6-4 所示。

表 6-4　页面动作设计

关联对象	请求类型	关联方式及地址
作业链接	get	href="#"
其他链接	get	href="#"

3) 管理员用户登录进入页面

(1) 文件名：manage.jsp(放在 manage 路径下)。

(2) 文件作用：普通用户进入的首页。

(3) 显示效果图：如图 6-5 所示。

(4) 输入控件：(无)。

(5) 输出：(无)。

(6) 关联控制器：如表 6-5 所示。

表 6-5　页面动作设计

关联对象	请求类型	关联方式及地址
作业管理链接	get	href="#"
其他管理链接	get	href="#"

2. 模型层设计

登录功能的模型层只涉及一个类 tea.service.UserService。

(1) 类名：tea. service. UserService。

(2) 方法定义：

```
public int checkTeacher(String user_id,String user_pass){ … }
public int checkStudent(String user_id,String user_pass){ … }
```

注意：方法返回用户名为 user_id，密码为 user_pass，用户类型为 type 的用户的编号。访问的数据库是 5.1.3 节已经创建的 mytest 数据库，访问的数据表是 myuser 表。

3. 控制层设计

登录功能的控制层只涉及一个 Servlet：tea. action. user. LoginAction。

(1) 类名：tea. action. user. LoginAction。

(2) Mapping url：/user/LoginAction。

(3) 获取参数。从 request 中获取 user_id，user_pass 和 type。

(4) 数据验证。验证用户名和密码是否为空。如果为空，将 user_id，user_pass，type 存储到 HashMap 类的 user 对象中，名字不变；再将 user 对象存储到 request 对象中，名字不变；并将"请先登录"的错误信息(tea. common. Const 中的常量 LOGIN_PROMPT)也放到 request 中，命名为 loginErr；将请求转发到"根路径/login. jsp"。

(5) 调用模型。判断 type 值是否为空。如果 type 值不为空，调用模型 tea. service. UserService 类的方法 1：checkTeacher(String，String)；否则，调用模型 tea. service. UserService 类的方法 2：checkStudent(String，String)。调用结果存放到 no 变量中。

(6) 转发请求。如果变量 no 小于等于 0(不合法记录编号)，则将 user_id，user_pass 和 type 存储到 HashMap 类的 user 对象中，名字不变；再将 user 对象存储到 request 对象中，名字不变；并将"用户名或密码错误"的提示信息(tea. common. Const 中的常量 LOGIN_ERROR)也放到 request 中，命名为 loginErr；将请求转发到"根路径/login. jsp"。

(7) 处理结果。如果变量 no 大于 0(合法记录编号)，将 no 放到 session 中，并命名为 user_no；将 user_id 存到 session 中，并命名为 user_id。

(8) 重新定向。如果 type 为空或是 type 为 tea，重定向到"根路径/manage/manage. jsp"；如果 type 是 stu，则重新定向到"根路径/home/index. jsp"。

注意：以上使用 HashMap 类型的对象 user 来封装需要传递的属性信息，可以通过一个对象来传递多个参数。

6.2.3 登录功能 MVC 分层实现

1. 视图层实现

登录功能的视图层包括 login. jsp、home/index. jsp 和 manage/manage. jsp，具体实现如下：

1) login. jsp 实现

(1) 在 WebRoot 下创建登录页面 login. jsp。

(2) 页面代码如下：

```
<%@ page language="java" pageEncoding="UTF-8"%>
<%@ taglib prefix="c" uri="http://java.sun.com/jsp/jstl/core"%>
<html>
    <head><title>用户登录</title></head>
```

```
    <body><div align="center">
            <h2>用户登录</h2>
    <form method="post" action="${pageContext.request.contextPath}/user/login.action">
            <table border>
                <tr align="center">
                    <td>用户名</td>
                    <td>
                        <input type="text" name="user_id" value="${user.user_id}">
                    </td>
                </tr>
                <tr align="center">
                    <td>密码</td>
                    <td>
                        <input type="password" name="user_pass"
                                    value="${user.user_pass}">
                    </td>
                </tr>
                <tr align="center">
                    <td>用户类型</td>
                    <td>
                        <input type="radio" name="type" value="tea"
            <c:if test="${user.type=='tea'||user.type==null}">checked</c:if>>教师
                        <input type="radio" name="type" value="stu"
            <c:if test="${user.type=='stu'}">checked</c:if>>学生
                    </td>
                </tr>
                <tr>
                    <td colspan="2" align="center">
                        <input type="submit" value="登录">
                            
                        <input type="reset" value="清空">
                    </td>
                </tr>
            </table>
        </form>
        ${loginErr}
      </div></body>
</html>
```

注意：

- 黑体部分的代码请读者自行思考它们的作用。在第 4 章小计算器的实现中使用过类似代码。
- 黑体部分的 EL 代码用于输出用户名密码错误信息。

(3) login.jsp 测试。

如果 Tomcat 没有启动，则启动 Tomcat。

在浏览器的地址栏输入 http://localhost:8080/webframe/login.jsp，效果如图 6-6 所示。

输入用户名和口令后再次单击【登录】按钮，效果如图 6-7 所示。

图 6-6　访问 login.jsp 响应页面

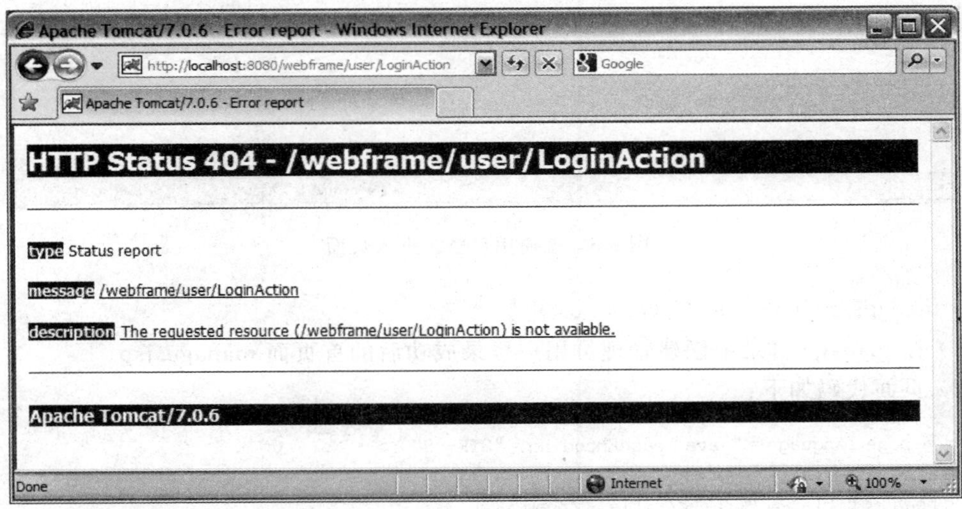

图 6-7　访问出错页面

查看地址栏变化，正确的请求地址应该为 http://localhost:8080/webframe/user/LoginAction。如果地址正确，而页面却提示 The requested resource is not available，不用理会，因为我们确实还没有实现 LoginAction。

2）home/index.jsp 实现

（1）在 home 目录中创建普通用户登录成功后的首页面 index.jsp。

（2）页面代码如下：

```
<%@ page language="java" pageEncoding="UTF-8"%>
<html>
  <head><title>首页</title></head>
    <body>
```

```
    <a href="#">作业</a><br>
    <a href="#">其他</a><br>
  </body>
</html>
```


(3) home/index.jsp 测试。

如果 Tomcat 没有启动,则启动 Tomcat。

在浏览器的地址栏输入 http://localhost:8080/webframe/home/index.jsp,效果如图 6-8 所示。

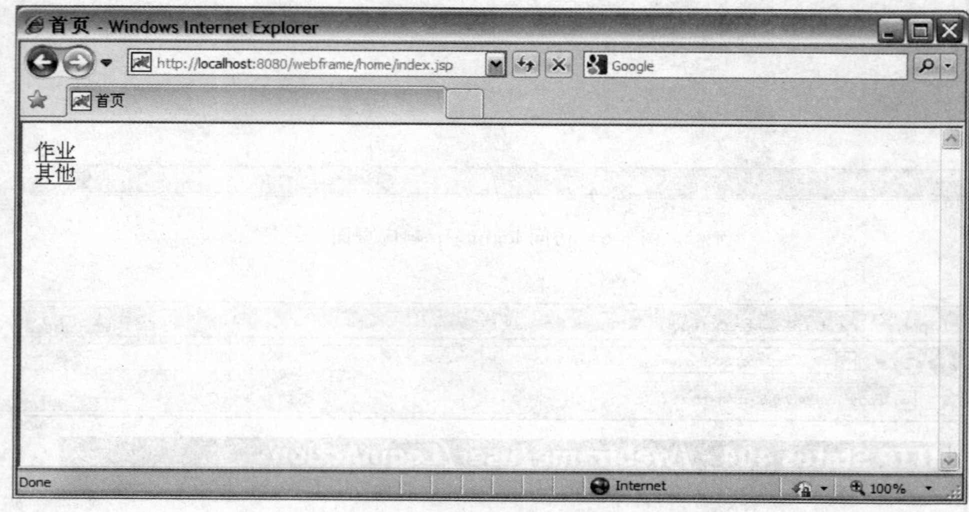

图 6-8 普通用户登录进入页面

3) manage/manage.jsp 实现

(1) 在 manage 目录中创建管理员用户登录成功后的首页面 manage.jsp。

(2) 页面代码如下:

```
<%@ page language="java" pageEncoding="UTF-8"%>
<html>
  <head><title>管理首页</title></head>
    <body>
    <a href="#">作业管理</a><br>
    <a href="#">其他管理</a><br>
  </body>
</html>
```

(3) manage/manage.jsp 测试。

如果 Tomcat 没有启动,则启动 Tomcat。

在浏览器的地址栏输入 http://localhost:8080/webframe/manage/manage.jsp,效果如图 6-9 所示。

到目前为止,登录功能的视图层已经实现。

2. 模型层实现

登录功能的模型层的 tea.service.UserService 的具体实现如下:

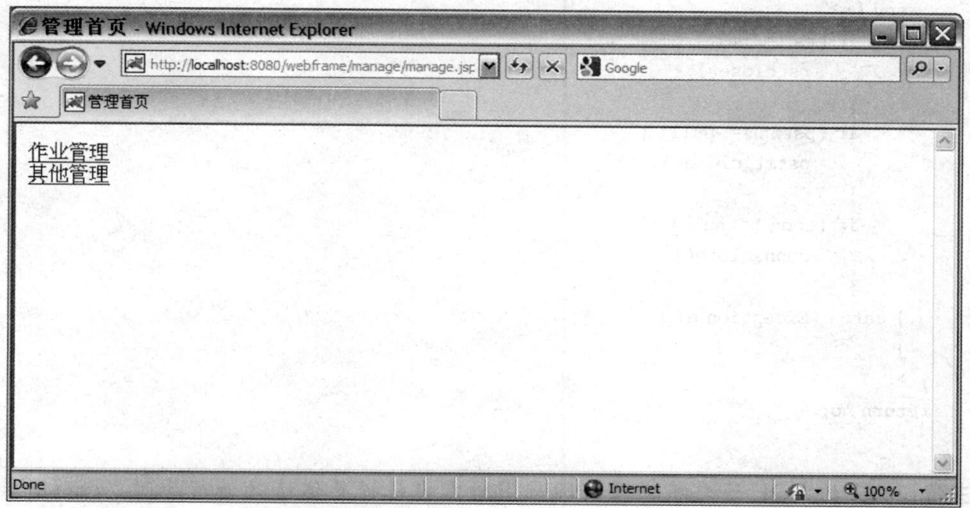

图 6-9　管理员用户登录进入页面

(1) 在 src 中创建包 tea. service。

(2) 在 tea. service 包中创建类 UserService。

(3) 在 UserService 中定义常量:

```
public static final String LOGIN_SQL = "select user_no from myuser where user_id = ? and user_
pass = ?";
```

(4) 在 UserService 中的 checkTeacher()方法,具体代码如下:

```
public int checkTeacher (String user_id,String user_pass){
    int no = -1;
    Context ctx = null;
    DataSource ds = null;
    PreparedStatement pstmt = null;
    Connection conn = null;
    ResultSet rs = null;
    //DATA_SOURCE 即 java:/comp/env/jdbc/mytest
    String DataSourceName = tea.common.Const.DATA_SOURCE;
    try {
        ctx = new InitialContext();
        ds = (DataSource) ctx.lookup(DataSourceName);
        conn = ds.getConnection();
        pstmt = conn.prepareStatement(LOGIN_SQL);
        pstmt.setString(1,user_id);
        pstmt.setString(2,user_pass);
        rs = pstmt.executeQuery();
        if(rs.next())
          no = rs.getInt(1);
    } catch (Exception e) {
      e.printStackTrace();
    } finally {
```

```
        try {
            if (rs != null) {
                rs.close();
            }
            if (pstmt != null) {
                pstmt.close();
            }
            if (conn != null) {
                conn.close();
            }
        } catch (Exception e) {
        }
    }
    return no;
}
```

注意:以上的 SQL 语句将来在实际应用时需要根据具体情况进行修改。checkStudent 方法与 checkTeacher 方法完全一样,在此不再赘述。

(5) 完成测试方法。

在 UserService 中实现测试方法,代码如下:

```
public void test() {
    int result = -1;
    result = checkTeacher("zhangsan","123");//类型是 tea
    System.out.println("调用 checkTeacher,输入正确的用户名和密码:result = " + result);
    result = checkTeacher ("zhangsan1","123");
    System.out.println("调用 checkTeacher,输入错误的用户名:result = " + result);
    result = checkTeacher ("zhangsan","222");
    System.out.println("调用 checkTeacher,输入错误的密码:result = " + result);
}
```

(6) 在 src 的 test 包中找到 TestServlet。

如果 TestServlet 不存在,参照 6.1.3 节中的步骤创建 TestServlet。

(7) 重写 TestServlet 中的 doGet 方法,代码如下:

```
public void doGet(HttpServletRequest request,HttpServletResponse response)
throws IOException,ServletException{
    UserService userService = new UserService();
    userService.test();//测试 checkTeacher 方法
}
```

(8) 配置数据源连接池。

本节仍使用在 5.4.3 节已经配置的数据源,如果之前没有配置过,则需要在 Project Explorer 窗口中,展开 Servers 项目下的 Tomcat v7.0 Server at localhost-config 项,打开 context.xml 文件,加入如下代码:

```
<Resource name = "jdbc/mytest" auth = "Container" type = "javax.sql.DataSource"
    maxActive = "100" maxIdle = "30" maxWait = "10000"
    username = "root" password = "root"
    driverClassName = "com.mysql.jdbc.Driver"
```

```
    url = " jdbc: mysql://localhost: 3306/mytest? useUnicode = true&amp; characterEncoding =
gbk&amp; autoReconnect = true"/>
```

配置文件说明：

Resource 标签中，name 为程序中使用的数据源名称，user_id 为数据库用户名，user_pass 为数据库密码，driverClassName 为驱动程序名称，url 为连接数据库的 url，注意理解含义："jdbc:mysql://<数据库服务器 ip>:端口号/<数据库名>?useUnicode=true&characterEncoding=编码方式"。

数据源配置的名字是 jdbc/mytest，在程序中访问时需要写成 java:/comp/env/jdbc/mytest。

(9) 确保已经建立 mytest 数据库和 myuser 数据表，如果没有创建，参照 5.1.3 节进行建库和建表操作。

(10) 确保 MySQL 的驱动程序已经在%TOMCAT_HOME%\common\lib 目录下。

(11) 模型层测试。

如果 Tomcat 没有启动，则启动 Tomcat。

地址栏输入 http://localhost:8080/webframe/test/TestServlet，在 Tomcat 控制台查看运行结果如图 6-10 所示。

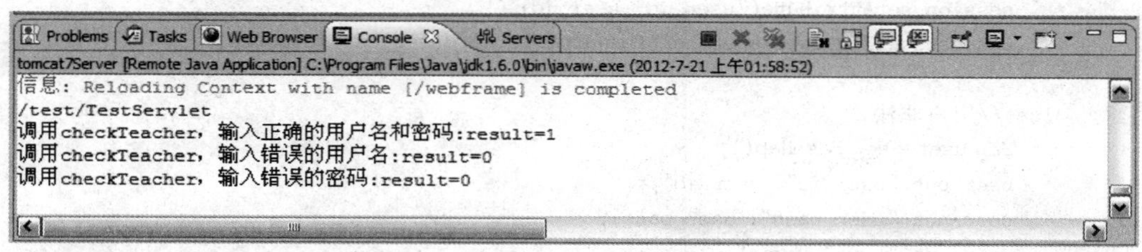

图 6-10　模型层登录方法测试结果

至此，登录功能的模型层也已经实现，下面完成登录功能的控制层。

3. 控制层实现

登录功能的控制层 tea.action.user 类的实现如下：

(1) 在 src 中创建包 tea.action.user。

(2) 在 tea.action.user 包中创建 Servlet——LoginAction，其 Mapping URL 映射为/user/LoginAction，注意最前面的"/"不能丢失。

(3) 在 LoginAction 中定义并实现 process 方法，代码如下：

```
public void process(HttpServletRequest request, HttpServletResponse response)
        throws IOException, ServletException {
    //设置请求参数的编码方式
    request.setCharacterEncoding("UTF-8");

    //获取用户输入的参数
    String user_id = request.getParameter("user_id");
    String user_pass = request.getParameter("user_pass");
    String type = request.getParameter("type");
```

```
    //调用模型层方法,判断用户是否合法
    UserService us = new UserService();
    int no = -1;
    String forward = "";
    if(type.equals("tea")){
        no = us.checkTeacher(user_id,user_pass);
        forward = "/manage/manage.jsp";
    }
    else{
        no = us.checkStudent(user_id,user_pass);
        forward = "/home/index.jsp";
    }
    //根据模型层的判断结果,跳转到不同的目的地
    //合法用户：教师——> manage.jsp; 学生——> index.jsp
    //非法用户：login.jsp
    HttpSession session = request.getSession();
    if(no > 0){//用户合法
        //合法登录用户的编号存入 session
        session.setAttribute("user_no",no + "");
        session.setAttribute("user_id",user_id);
        request.getRequestDispatcher(forward).forward(request,response);
    }
    else{//用户非法
        Map user = new HashMap();
        user.put("user_id", user_id);
        user.put("user_pass", user_pass);
        user.put("type", type);
        session.setAttribute("user",user);
        session.setAttribute("loginErr",Const.LOGIN_ERROR);
        response.sendRedirect(request.getContextPath() + "/login.jsp");
    }
}
```

注意：

```
import java.util.HashMap;
import java.util.Map;
import javax.servlet.RequestDispatcher;
import javax.servlet.http.HttpSession;
import tea.common.Const;
```

(4) 在 LoginAction 的 doGet 和 doPost 方法中调用 process 方法。

```
process(request,response);
```

(5) 控制层测试。

如果 Tomcat 没有启动,则启动 Tomcat

在浏览器地址栏输入 http://localhost:8080/webframe/user/LoginAction?user_id=zhangsan&user_pass=123&type=tea,访问运行结果如图 6-11 所示。

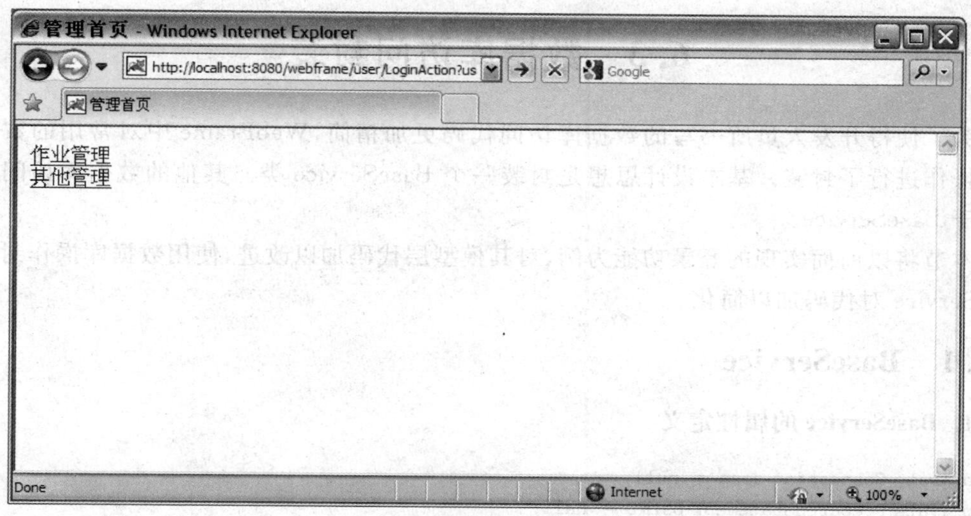

图 6-11　访问控制器测试结果页面

4. 登录功能访问测试

登录功能的三层都已经实现并通过测试。下面让各层代码配合工作。在浏览器地址栏输入 http://localhost:8080/webframe/login.jsp，并且分别输入 teacher 和 student 用户的用户名和密码，能正常登录。

当输入错误的用户名或密码，单击【登录】按钮，结果如图 6-12 所示。

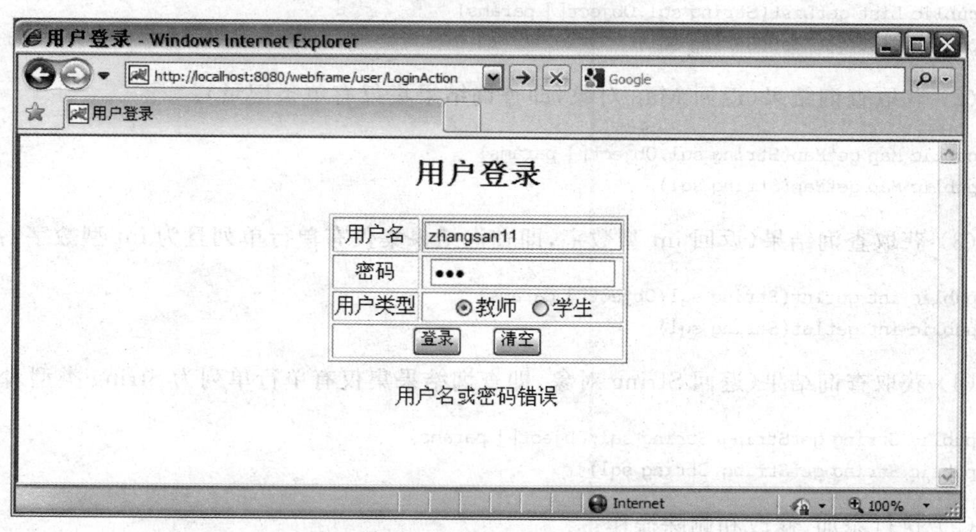

图 6-12　登录功能测试页面

至此，登录功能的最基本代码已经实现完毕。下面将对视图层的客户端验证、样式表使用、模型层的数据库访问操作以及控制层代码进行相应的改进工作。

6.3 数据库访问封装

为了使得开发人员所书写的数据库访问代码更加精简,WebFrame 中对常用的数据库访问操作进行了封装。基本设计思想是封装一个 BaseService 类。其他的数据库访问类都继承于 BaseService。

本节将以前面实现的登录功能为例,对其模型层代码加以改进,使用数据库操作封装类 BaseService 对代码加以简化。

6.3.1 BaseService

1. BaseService 的属性定义

```
private Connection conn = null;
private PreparedStatement pstmt = null;
private ResultSet rs = null;
private String datasourceName = tea.common.Const.DATA_SOURCE;
```

注意:tea. common. Const. DATA_SOURCE 即 java:/comp/env/jdbc/mytest,其中 jdbc/mytest 是 5.4.3 节已经配置的数据源的名字。

2. BaseService 主要的接口方法

(1) 获取查询结果(返回 List 对象,即查询结果集有多条记录):

```
public List getList(String sql,Object[] params)
public List getList(String sql)
```

(2) 获取查询结果(返回 Map 对象,即查询结果集仅有单条记录):

```
public Map getMap(String sql,Object[] params)
public Map getMap(String sql)
```

(3) 获取查询结果(返回 int 型数字,即查询结果集仅有单行单列且为 int 型数字):

```
public int getInt(String sql,Object[] params)
public int getInt(String sql)
```

(4) 获取查询结果(返回 String 对象,即查询结果集仅有单行单列为 String 类型对象):

```
public String getString(String sql,Object[] params)
public String getString(String sql)
```

(5) 执行添加、修改和删除操作:

```
public int update(String sql,Object[] params)
public int update(String sql)
```

(6) 将 Map 对象转换为 Object 数组,参数是 Map 对象和一个以“,”分割的 key 字符串:

```
public Object[] getObjectArrayFromMap(Map map,String key)
```

（7）获取分页显示时有关当前页的信息，包括当前页的记录（存放于 List 类型变量中）以及总页数等信息，方法参数是 SQL 语句、一个对象数组和当前页号：

```
public Map getPage(String sql, Object[] params, String curPage)
```

3. BaseService 中主要代码

BaseService 中主要的方法的代码如下：

```
//获取连接对象
  private Connection getConnection() throws NamingException, SQLException {
      Context ctx = null;
      DataSource ds = null;
      ctx = new InitialContext();
      ds = (DataSource) ctx.lookup(datasourceName);
      conn = ds.getConnection();
      return conn;
}
//获取语句对象
private PreparedStatement getPrepareStatement(String sql)
          throws NamingException, SQLException {
      pstmt = getConnection().prepareStatement(sql);
      return pstmt;
}
//关闭对象
private void close() {
     try {
          if (rs != null)
              rs.close();
          if (pstmt != null)
              pstmt.close();
          if (conn != null)
              conn.close();
     } catch (SQLException e) {
            e.printStackTrace();
     }
}
//遍历参数数组，将数组中的值按位置一一对应地对 pstmt 所代表的 SQL 语句中的参数进行设置
private void setParams(String sql, Object[] params) throws NamingException,
          SQLException {
     pstmt = this.getPrepareStatement(sql);
     for (int i = 0; i < params.length; i++)
          pstmt. setObject (i + 1, params[i]);
}
//从结果集中得到一个对象
private Object getObjectFromRS(String sql, Object[] params)
          throws NamingException, SQLException {
     Object o = null;
     setParams(sql, params);                    //根据 sql 语句和 params，设置 pstmt 对象
     rs = pstmt.executeQuery();
     if (rs.next())
          o = rs.getObject(1);
```

```
        return o;
    }
    //将结果集封装成一个 List
    private List getListFromRS() throws NamingException, SQLException {
        List list = new ArrayList();
        //获取元数据
        ResultSetMetaData rsmd = rs.getMetaData();
        while (rs.next()) {
            Map m = new HashMap();
            for (int i = 1; i <= rsmd.getColumnCount(); i++) {
                //获取当前行第 i 列的数据类型
                String colType = rsmd.getColumnTypeName(i);
                //获取当前行第 i 列的列名
                String colName = rsmd.getColumnName(i);
                String s = rs.getString(colName);
                if (s != null) {
                    if (colType.equals("INTEGER"))
                        m.put(colName, new Integer(rs.getInt(colName)));
                    else if (colType.equals("FLOAT"))
                        m.put(colName, new Float(rs.getFloat(colName)));
                    else
                        //其余类型均作为 String 对象取出
                        m.put(colName, rs.getString(colName));
                }
            }
            list.add(m);
        }
        return list;
    }
    //查询获取 List 对象
    public List getList(String sql, Object[] params) {
        List list = null;//定义保存查询结果的集合对象
        try {
            setParams(sql, params);            //根据 sql 语句和 params,设置 pstmt 对象
            rs = pstmt.executeQuery();         //执行 SQL 语句,得到结果集
            list = getListFromRS();            //根据 RS 得到 list
        } catch (Exception e) {
            e.printStackTrace();
        } finally {
            close();
        }
        return list;
    }
    //查询获取 Map 对象
    public Map getMap(String sql, Object[] params) {
        Map m = null;
        try {
            setParams(sql, params);//根据 sql 语句和 params,设置 pstmt 对象
            rs = pstmt.executeQuery();
            List l = getListFromRS();
            if (l != null)
```

```
            m = (Map) (l.get(0));          //根据 RS 得到 Map
        } catch (Exception e) {
            e.printStackTrace();
        } finally {
            close();
        }
        return m;
    }
    //查询获得 long 型数(获得 int 数,float 数以及 String 类型对象的实现与此方法相似)
    public long getLong(String sql, Object[] params) {
        long l = 0;
        try {
            Object temp = getObjectFromRS(sql, params);
            if(temp! = null)
                l = ((Long)temp).longValue();
        } catch (Exception e) {
            e.printStackTrace();
        } finally {
            close();
        }
        return l;
    }
    //增加、修改和删除均可以调用 update 方法
    public int update(String sql, Object[] params) {
        int recNo = 0;//表示受影响的记录行数
        try {
            setParams(sql, params);            //根据 sql 语句和 params,设置 pstmt 对象
            recNo = pstmt.executeUpdate();   //执行更新操作
        } catch (Exception e) {
            e.printStackTrace();
        } finally {
            close();
        }
        return recNo;
    }
    //将 Map 对象转换为 Object 数组
    public Object[] getObjectArrayFromMap(Map map, String key) {
        String[] keys = key.split(",");
        Object[] tmp = new Object[keys.length];
        for (int i = 0; i < keys.length; i++) {
            tmp[i] = map.get(keys[i].trim());
        }
        return tmp;
    }
```

6.3.2 BaseService 创建和使用

1. 建立 BaseService

BaseService 的创建非常简单,只需要将 BaseService 粘贴到 tea. service 包中即可。BaseService 的代码在本书的配套软件 ch06 目录中可以找到。

注意:封装 BaseService 的主要目的是通过其提供的数据库访问方法,简化数据库访问编码。因此,只要能够根据具体的数据访问需求,调用 BaseService 的公共接口方法即可。当然,开发者也可以根据自己的需要在 BaseService 中封装实用的数据库访问方法,如 getFloat,getObject 等,此处不再一一介绍。

2. 使用 BaseService 的实例

为了体会使用 BaseService 所带来的数据库访问的简化,下面来改写 6.2.3 中 UserService 中的代码。需要改动两处代码:

(1) UserService 需要继承于 BaseService。

```
public class UserService extends BaseService
```

(2) 将 UserService 中访问数据库的 checkTeacher 方法改为:

```
public int checkTeacher (String user_id, String user_pass) {
    int no = this.getInt(LOGIN_SQL, new Object[]{user_id,user_pass});
    return no;
}
```

(3) 访问测试登录功能,代码运行正常。

对 checkStudent 方法的修改与 checkTeacher 方法完全相同,在此不再赘述。

通过以上修改,可以明显对比出,引入了 BaseService 之后的 UserService 中的代码,变得非常简单清晰明确,冗余代码消失,程序员只需关注针对于本功能的 SQL 语句的实现和执行即可,其他的公共的数据库操作均封装在 BaseService 中统一完成,大大简化了业务方法的实现。

6.4 客户端验证和样式表的使用

通常,对页面的用户输入信息都要进行客户端验证,以保证用户输入数据的合法性和有效性。另外,出于页面风格统一美观的考虑,会在网站各页面中引用相同的外部样式表文件,对网站页面进行外观和显示效果的定义。

本节以前面实现的登录功能中的登录页面为例,简要介绍客户端验证的实现和样式表的使用。

6.4.1 客户端验证文件 common.js

在 WebFrame 框架中,提供了一个实现所有常用客户端验证函数的文件 common.js。只需在自己的页面中引入 common.js,就可以直接使用里面现成的函数进行常见的客户端验证,而无须编写复杂的 JavaScript 脚本,简化了客户端验证的实现。

下面介绍一下在页面中使用 common.js 的步骤。

(1) 引入验证文件 common.js,需在页面的<head></head>标签中加入如下代码:

```
< script language = "javascript" src = " ${pageContext.request.contextPath}/js/common.js">
</script >
```

<script>标签中,src 属性表示要执行的 JavaScript 的脚本代码所在路径,即 Web 应

用根路径下的 js 目录中的 common.js。

(2) 在表单<form>标签中使用 onsubmit 属性调用 common.js 中的 validateForm 函数,当用户提交表单时就会调用该函数来验证表单输入信息是否符合要求,代码如下:

```
<form method = "post" onsubmit = "return validateForm(this)"> </form>
```

在 common.js 中提供了一个对表单输入信息格式检查的函数 validateForm(),其中包括常见的表单输入验证如非空验证、数字验证、长度验证、日期验证等。

(3) 为需要进行验证的表单输入控件添加相关代码,也就是说,只需要在相关控件的代码中增加一个或几个验证属性即可(黑体部分),常见验证代码如下:

① 非空验证:

```
<input type = "text" name = "username" emptyInfo = "用户名不能为空!">
```

② 长度验证:

```
<input type = "password" minLen = "3" maxLen = "8" lengthMinInfo = "密码长度要大于等于 3 位!"
lengthInfo = "密码长度要小于等于 8 位!" >
```

③ 数字验证:

```
<input type = "text" name = "score" numberInfo = "分数必须为数字!">
```

④ 日期验证:

```
<input type = "text" name = "tea_hw_expire" validatorType = "date" fieldName = "tea_hw_expire"
format = "yyyy - MM - dd" errorInfo = "日期格式不正确!正确格式应为 yyyy - mm - dd!">
```

⑤ 单选钮选中验证:

```
<input type = "radio" name = "type" value = "tea" validatorType = "radio" fieldName = "type"
errorInfo = "请选择用户类型!">
```

⑥ 复选框选中验证:

```
<input type = "checkbox" name = "favorite" value = "swim" validatorType = "checkbox" fieldName =
"favorite" errorInfo = "请选择用户爱好!">
```

⑦ 邮箱格式验证:

```
<input type = "text" name = "email" validatorType = "email" fieldname = "email" errorInfo = "请
输入正确的邮箱!">
```

请读者自行完成对 6.2 节中的登录页面 login.jsp 的客户端验证代码,添加的用户名、密码不能为空,密码长度要大于等于 3 位小于等于 10 位的客户端验证功能。

其他的验证函数,可参见 common.js 文件代码。读者还可以根据实际验证需求,修改 common.js 中的代码。

当不输入用户名直接单击【登录】按钮时,如图 6-13 所示。

当输入的密码长度小于 3 位并单击【登录】按钮时,如图 6-14 所示。

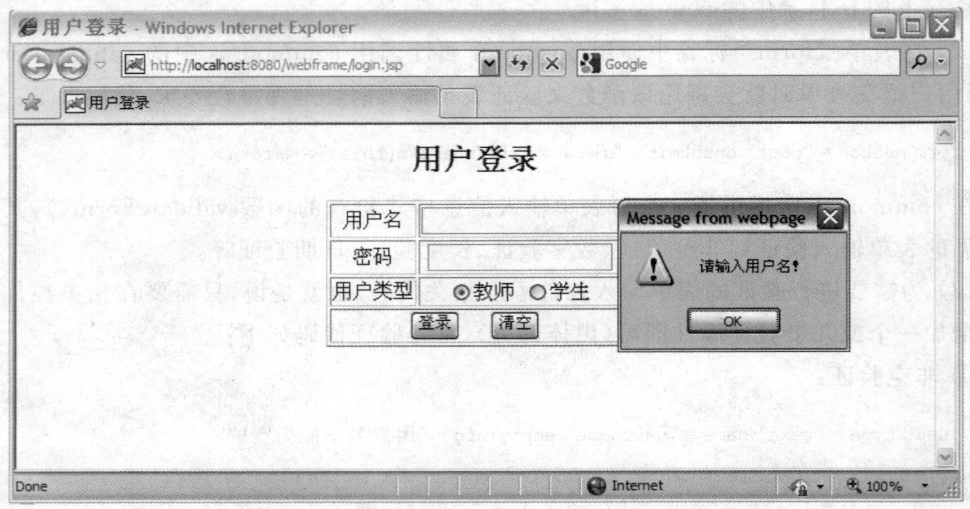

图 6-13 用户名非空验证

图 6-14 密码最小长度验证

6.4.2 层叠样式表文件 default.css

在 WebFrame 框架中,提供了一个定义了网页基本样式的样式表文件 default.css。可以使用该样式表文件来统一网站所有页面的显示风格。

下面简要总结一下外部样式表文件的使用步骤。

(1) 引入样式表文件 default.css,需在页面的<head></head>标签中加入如下代码:

```
<link rel = "stylesheet" type = "text/css"
        href = " ${pageContext.request.contextPath}/css/default.css">
```

(2) 使用样式,如将表格设为 default.css 中用类选择符定义的"default"样式,需在

<table>标签中加入如下代码(黑体部分):

```
<table border class="default"></table>
```

也可以对表格中的<td>标签使用"item"样式:

```
<td class="item"></td>
```

关于层叠样式表的具体语法规则,这里不再赘述,读者可自行查阅相关资料。

引入样式表文件之后的登录页面 login.jsp 效果如图 6-15 所示。

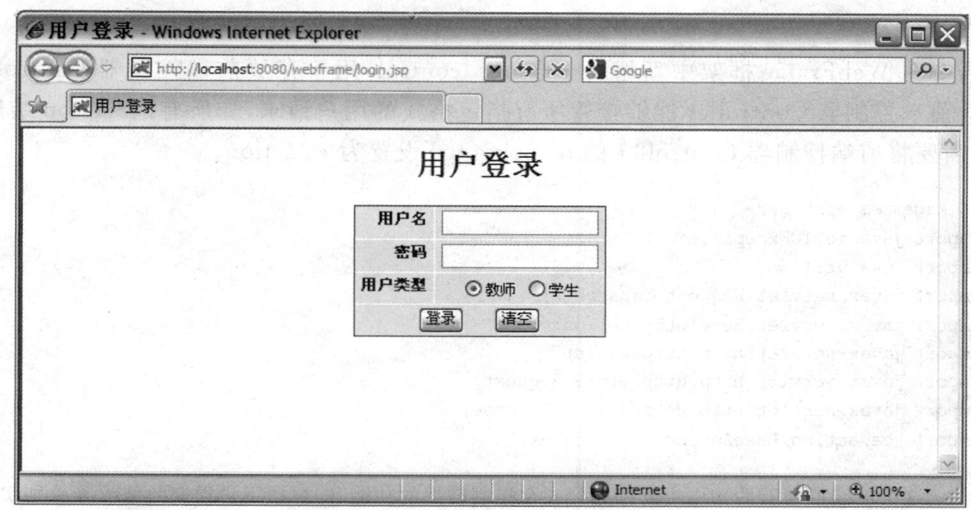

图 6-15 使用样式的登录页面

6.5 前端控制器

对于目前的 WebFrame 框架的控制层实现,存在一个问题,即控制器中仍然存在过多的与具体业务相关的代码。业务代码和控制代码混合于同一个类中,不利于代码的维护和调试,也不完全符合 MVC 的思想。

本节将对之前的 WebFrame 框架的控制层实现加以改进,引入一个前端控制器 Controller,将控制代码和业务代码彻底分离。基本思想就是,由前端控制器来接受所有用户请求,并根据请求的不同实例化不同的应用控制器(Action)对象进行处理,Action 处理完毕后再由前端控制器进行统一的请求转发。

这样,与控制相关的代码写在前端控制器 Controller 中,它与具体业务完全无关,仅涉及控制操作,可以由框架来提供。而将与功能相关的具体业务代码转移到各自的应用控制器 Action 中,Action 的实现由程序员来完成。

6.5.1 WebFrame 框架的前端控制器 Controller

首先,为了方便程序员在开发阶段对 Action 和跳转 url 的配置,本节将引入两个属性文件 actions.properties 和 urls.properties(存放于 src 目录下),程序员如果新增了应用控制器 Action,只需在这两个属性文件中对相应的 Action 和转发地址进行配置即可,而无须修改前端控制器的任何代码。

例如,要配置登录控制器 LoginAction,则属性文件 actions. properties 的代码如下:

```
login = tea.action.user.LoginAction
```

要配置登录功能最后跳转的 url 地址,则属性文件 urls. properties 的代码如下:

```
login = /login.jsp
manage = /manage/manage.jsp
home = /home/index.jsp
```

需要在 WebFrame 框架中新增一个包 tea. control,用于存放前端控制器 Controller。为了让前端控制器 Controller 能够接管所有指定格式的用户请求,如所有以. action 结尾的请求,需要将前端控制器 Controller 的 mapping url 设置为 *. action。

```
package tea.control;
import java.io.IOException;
import java.util.*;
import javax.servlet.RequestDispatcher;
import javax.servlet.ServletException;
import javax.servlet.http.HttpServlet;
import javax.servlet.http.HttpServletRequest;
import javax.servlet.http.HttpServletResponse;
import tea.action.BaseAction;
/**
  * 这个前端控制器的作用主要是起到一个控制转发的功能.即根据用户提交的请求来分别实例化
不同的 action 对象进行不同的处理,处理完毕后再统一将请求转发到目的地
  */
@WebServlet("*.action")
public class Controller extends HttpServlet {
    private Map actions = new HashMap();
    private Map urls = new HashMap();
    private ServletConfig config;
    //解析属性文件,将 Action 对象和跳转 url 地址信息存入 Map 对象
    public void init(ServletConfig config) throws ServletException {
        super.init();
        this.config = config;
        ResourceBundle rb = ResourceBundle.getBundle("actions");
        Enumeration keys = rb.getKeys();
        while(keys.hasMoreElements()){
            String key = (String)keys.nextElement();
            String value = rb.getString(key);
            try {
                Object o = Class.forName(value).newInstance();
                actions.put(key, o);
            } catch (Exception e) {
                    e.printStackTrace();
            }
        }
        ResourceBundle url = ResourceBundle.getBundle("urls");
        keys = url.getKeys();
        while(keys.hasMoreElements()){
```

```
            String key = (String)keys.nextElement();
            String value = url.getString(key);
            urls.put(key, value);
        }
    }
    //用户无论是通过 get 或 post 提交的请求都会转到 doPost 来处理
    protected void doGet(HttpServletRequest request, HttpServletResponse response)
            throws ServletException, IOException {
        this.doPost(request, response);
    }
    //doPost 方法,用户提交的请求都由这个方法来处理
    protected void doPost(HttpServletRequest request, HttpServletResponse response)
            throws ServletException, IOException {
        String path =  request.getServletPath();
        System.out.println(path);
        path = path.substring(path.lastIndexOf('/') + 1,path.indexOf(".action"));
        System.out.print(path);
        BaseAction handler = (BaseAction)actions.get(path);
        if(handler == null)
            handler = (BaseAction)actions.get("default");
        handler.setConfig(this.config);
        String url = handler.execute(request, response);
        String forward = getURL(url);
        if(forward.equals("0")){//若未查找到相匹配的跳转地址
            forward = getURL("messageAction");
            request.setAttribute(Const.MESSAGE_INFO, Const.URL_ERROR);
        }
        RequestDispatcher rd = request.getRequestDispatcher(forward);
        rd.forward(request, response);
    }
    //根据 Action 返回的字符串查找匹配的跳转地址
    public final String getURL(String url){
        if(urls.get(url)! = null)
            return (String) urls.get(url);
        else
            return "0";
    }
}
```

这里面用到的 BaseAction,是所有 Action 的父类,其中有一个抽象方法 execute(),WebFrame 框架中的所有应用控制器都要继承 BaseAction。BaseAction 的定义如下:

```
package tea.action;
import java.io.IOException;
import javax.servlet.ServletConfig;
import javax.servlet.ServletException;
import javax.servlet.http.HttpServletRequest;
import javax.servlet.http.HttpServletResponse;
abstract public class BaseAction {
    private ServletConfig config;
    public void setConfig(ServletConfig config){
        this.config = config;
    }
```

```
    public ServletConfig getConfig(){
        return config;
    }
    public abstract String execute(HttpServletRequest request,HttpServletResponse response)
throws ServletException, IOException;
}
```


6.5.2 修改后的登录应用控制器 LoginAction

现在,需要修改登录控制器 LoginAction 了。其主要修改的代码如下(黑体部分):

```
public class LoginAction extends BaseAction {
    public String execute(HttpServletRequest request, HttpServletResponse response)
            throws IOException, ServletException {
        //设置请求参数的编码方式
        request.setCharacterEncoding("UTF-8");

        //获取用户输入的参数
        String user_id = request.getParameter("user_id");
        String user_pass = request.getParameter("user_pass");
        String type = request.getParameter("type");

        //调用模型层方法,判断用户是否合法
        UserService us = new UserService();
        int no = -1;
        String forward = "";
        if(type.equals("tea")) {
            no = us.checkTeacher(user_id,user_pass);
            forward = "manage";
        }
        else{
            no = us.checkStudent(user_id,user_pass);
            forward = "home";
        }
        /**
         * 根据模型层的判断结果,跳转到不同的目的地
         * 合法用户: 教师→manage.jsp; 学生→index.jsp
         * 非法用户: login.jsp */
        HttpSession session = request.getSession();
        if(no>0){//用户合法
            //合法登录用户的编号存入 session
            session.setAttribute("user_no",no+"");
            session.setAttribute("user_id",user_id);
            return forward;
        }
        else{//用户非法
            Map user = new HashMap();
            user.put("user_id", user_id);
            user.put("user_pass", user_pass);
            user.put("type", type);
            session.setAttribute("user",user);
            session.setAttribute("loginErr",Const.LOGIN_ERROR);
            return "login";
        }
    }
}
```

对登录页面的表单提交地址写法也需要做修改，代码如下：

```
<form method="post" action="${pageContext.request.contextPath}/user/login.action">
```

6.6 session验证过滤器

完成了登录功能，还需要保证对Web应用中有验证需求的资源所发出的请求都应该先经过session验证，即只有合法的登录用户才能够进行访问。最直接的设计是，在所有需要验证的代码前面都加上一段相同的session验证代码。这样显然会造成代码重复。那么，是否可以将这段session验证代码放在一个Servlet中，而这个Servlet可以在访问所有的请求之前被访问。Servlet过滤器就是这样的Servlet。

6.6.1 Servlet过滤器简介

Servlet过滤器是特殊的Servlet，Servlet过滤器可以对用户的请求信息和响应信息进行过滤，当访问Servlet过滤器所对应的Servlet的时候，会先执行Servlet过滤器，对请求和响应的信息进行过滤。

可以指定Servlet过滤器和特定的URL关联，只有当客户请求访问此URL的时候，才会触发过滤器工作。

独立的Servlet过滤器可以被串联在一起，形成管道效应，协同修改请求和响应对象。每个Servlet完成不同的过滤功能。

Servlet过滤器可以用在许多地方。例如，统一的字符转换处理，用户登录的session验证和请求日志处理等。

6.6.2 创建Servlet过滤器

下面将创建一个Servlet过滤器，完成对用户是否登录的session验证的功能。

(1) 在src下创建包tea.filter。

(2) 在tea.filter包中新建类LoginFilter，实现接口javax.servlet.Filter。具体代码如下：

```
package tea.filter;
import java.io.IOException;
import tea.common.Const;
import javax.servlet.Filter;
import javax.servlet.FilterChain;
import javax.servlet.FilterConfig;
import javax.servlet.RequestDispatcher;
import javax.servlet.ServletContext;
import javax.servlet.ServletException;
import javax.servlet.ServletRequest;
import javax.servlet.ServletResponse;
import javax.servlet.http.HttpServletRequest;
import javax.servlet.http.HttpServletResponse;
import javax.servlet.http.HttpSession;
@WebFilter(dispatcherTypes = {DispatcherType.REQUEST }, urlPatterns = { "/*" })
public class LoginFilter implements Filter{
```

```
    protected FilterConfig config;
    private ServletContext context;
    private String filterName;
    public void doFilter(ServletRequest request, ServletResponse response,
            FilterChain chain) throws ServletException, IOException {
        //request 和 response 对象进行类型转换
        HttpServletRequest req = (HttpServletRequest) request;
        HttpServletResponse rep = (HttpServletResponse) response;
        //得到 session 对象
        HttpSession session = req.getSession();
        String actionUrl = req.getServletPath();
        String forward = "/login.jsp";
        System.out.println(actionUrl);
        RequestDispatcher rd = request.getRequestDispatcher(forward);
        //特殊文件不过滤
        if (actionUrl.endsWith("jpg") || actionUrl.endsWith("gif")
                || actionUrl.indexOf("css") > 0 || actionUrl.endsWith("js")
                || actionUrl.startsWith("/test")) {
        } else if (actionUrl.equals("/common/message.action")
                || actionUrl.equals("/common/message.jsp")
                || actionUrl.equals("/user/login.action")
                || actionUrl.equals("/login.jsp")
                || actionUrl.equals("/user/reg.action")
                || actionUrl.equals("/reg.jsp")) {
        } else if (session.getAttribute("user_id") == null) {//其余文件进行 session 验证
            req.setAttribute("loginErr", Const.LOGIN_PROMPT);
            rd.forward(request, response);
            //注意此处使用 return,否则 forward 之后再执行 doFilter 将抛出异常
            return;
        }
        //继续调用其他的过滤器
        chain.doFilter(request, response);

    }
    public void init(FilterConfig fConfig) throws ServletException {
        this.config = fConfig; //In case it is needed by subclass.
        context = config.getServletContext();
        filterName = config.getFilterName();
    }
    public void destroy() {}
}
```

注意:

所有 Servlet 过滤器类必须实现 javax.servlet.Filter 接口。

接口中的主要方法如下:

- doFilter(ServletRequest,ServletResponse,FilterChain):完成实际的过滤操作,前两个参数是包含请求信息和响应信息的 request 和 response 对象,但是类型不是 HttpServletRequest 和 HttpServletResponse,使用时需要进行类型转换。第三个参数 FilterChain 用于访问后续的过滤器。
- init(FilterConfig):初始化方法,Servlet 容器创建 Servlet 过滤器实例后调用这个方法,可以读取 web.xml 文件中 Servlet 过滤器的初始化参数。

• destroy()：在销毁过滤器实例前调用该方法。

6.6.3 配置过滤器

如果基于支持 Servlet 3.0 的 Servlet 容器的编程，不再需要在 web.xml 中对 Filter 进行配置，使用注解进行声明即可。

在 Servlet 2.x 规范中，需要在 web.xml 文件中对上面的 LoginFilter 进行配置如下：

```
<!-- 第一：Servlet 过滤器声明 -->
<filter>
    <filter-name>Login</filter-name>
    <filter-class>tea.filter.LoginFilter</filter-class>
</filter>
<!-- 第二：上面的 LoginFilter 是对所有请求的过滤，应该配置如下映射：-->
<filter-mapping>
    <filter-name>Login</filter-name>
    <url-pattern>/*</url-pattern>
</filter-mapping>
```

注意：filter 标签的位置应该在 servlet 标签之前。

过滤器的配置也包括两个方面：一是 Servlet 过滤器的声明；二是配置 Servlet 过滤器对应的 URL。

Servlet 过滤器的声明，通过<filter>元素声明。

```
<filter>
    <filter-name>过滤器名字</filter-name>
    <filter-class>过滤器类名</filter-class>
    <init-param>
        <param-name>参数名</param-name>
        <param-value>参数值<param-value>
    </init-param>
</filter>
```

其中，filter-name 确定过滤器的名字；filter-class 确定过滤器对应的类名，如果使用参数，通过 init-param 元素来声明。

Servlet 过滤器的映射，与 url 进行关联，通过<filter-mapping>元素声明。

```
<filter-mapping>
    <filter-name>过滤器名字</filter-name>
    <url-pattern>访问路径</url-pattern>
</filter-mapping>
```

其中，filter-name 是过滤器的名字；url-pattern 是关联的 url，当访问这个 url 时，会触发该过滤器，需要保证这里的 filter-name 和 filter 元素中的 filter-name 一致。

6.6.4 过滤器验证

下面分两种情况对过滤器是否起作用进行验证。

1. 不使用过滤器

(1) 将源文件中的@WebFilter 注解注释掉，或将配置文件 web.xml 中的过滤器配置部分注释掉,如<! —过滤器配置-->。

(2) 重新打开浏览器,地址栏输入 http://localhost:8080/webframe/manage/manage.jsp,运行效果如图 6-16 所示,说明确实没有进行 session 验证,这样,未登录用户仍然可以访问网站的内部页面。

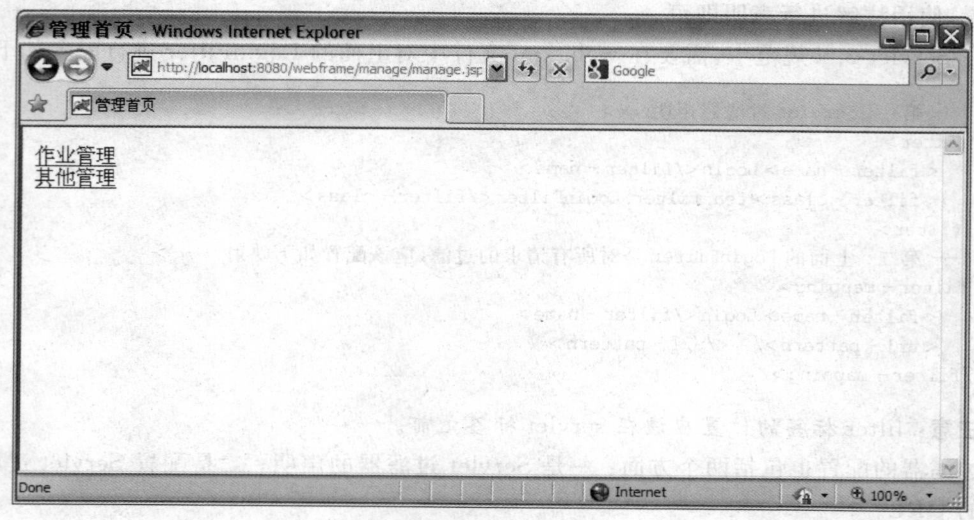

图 6-16 直接访问 manage.jsp 的效果

2. 使用过滤器

(1) 将配置文件 web.xml 中的过滤器配置部分的注释去掉。

(2) 重新打开浏览器,地址栏输入 http://localhost:8080/webframe/manage/manage.jsp,运行效果如图 6-17 所示,说明过滤器正在起作用,即进行了 session 验证,有效防止了未登录用户访问网站内部的受保护页面。

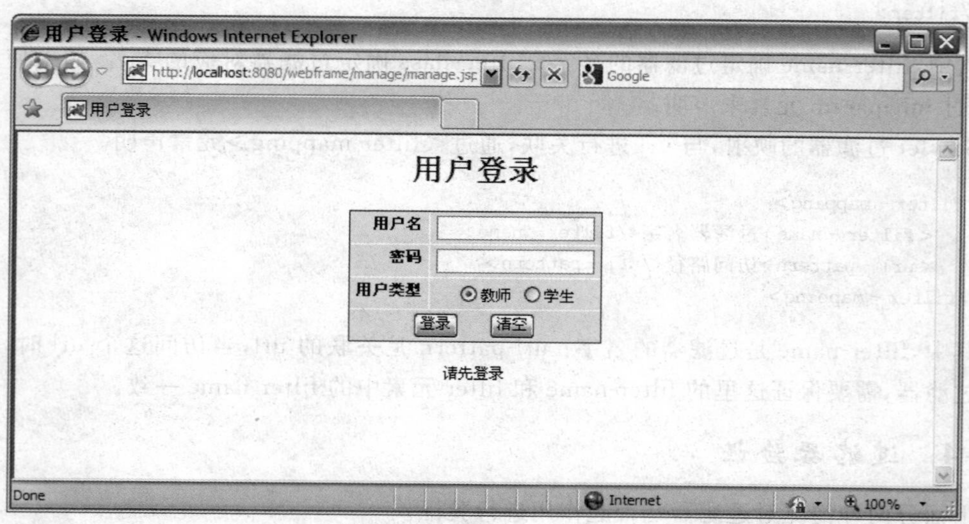

图 6-17 配置过滤器后直接访问 manage.jsp 的效果

6.7 统一信息提示功能

在实际的 Web 应用中，为了保持较统一的风格，通常采用统一信息提示功能。效果如图 6-18 所示。操作成功或失败的提示信息是动态可变的，字体和颜色也可以设计为不相同，但是对于用户来说提示信息的风格是一致的。

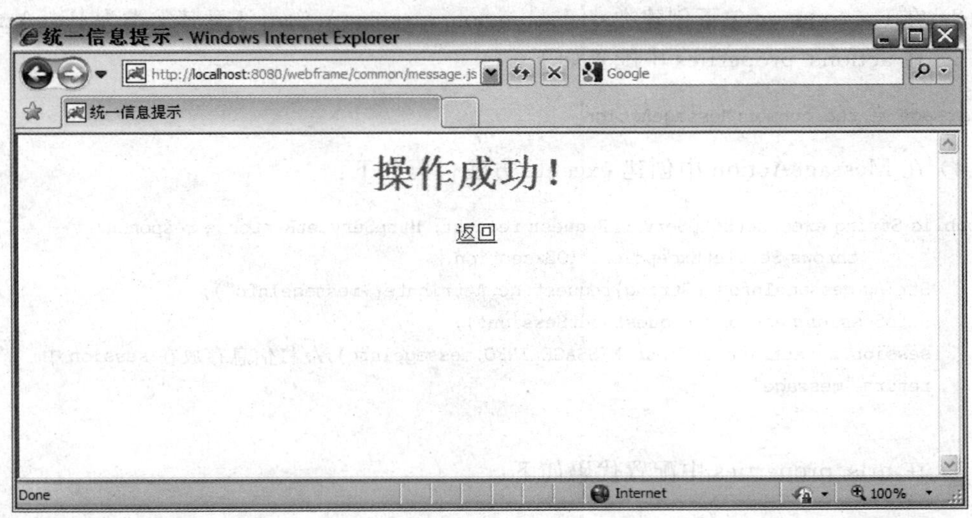

图 6-18 WebFrame 中的统一信息提示页面

WebFrame 框架中为了实现统一的信息提示风格，制作了一个统一的信息提示 JSP 页面/common/message.jsp。JSP 页面中有两个关键元素，一是提示的内容；二是转向的页面链接。为了使得页面具有通用性，因此，WebFrame 框架中还提供了一个 MessageAction，用于从 request 中得到信息提示内容，并转发请求到 message.jsp。

6.7.1 统一信息提示页

(1) 在 common 文件夹下创建 JSP 页面 message.jsp。

(2) 代码如下：

```
<%@ page language="java" pageEncoding="UTF-8"%>
<html>
    <head><title>统一信息提示</title></head>
    <body>
        <center>
            <h1><font color="red">${messageInfo}</font></h1>
            <a href="javaScript:history.back()">返回</a>
        </center>
    </body>
</html>
```

注意：为了降低复杂度，这里将统一提示信息页面中转向页面链接做成了固定的形式

<a href="javaScript:history.back()">返回</a>,而且样式也比较简单。如果读者对这部分感兴趣,可以设计样式美观,转向页面链接地址灵活可变的统一提示信息页面。

6.7.2 统一信息提示控制

创建统一信息提示页面对应的应用控制器 MessageAction 步骤如下:

(1) 在 src 下创建包 tea.common。

(2) 在 tea.common 包下创建类:tea.common.MessageAction,注意其父类为 BaseAction。

(3) 在 actions.properties 中配置如下:

```
message = tea.common.MessageAction
```

(4) 在 MessageAction 中创建 execute 方法代码如下:

```
public String execute(HttpServletRequest request, HttpServletResponse response)
        throws ServletException, IOException {
    String messageInfo = (String)request.getAttribute("messageInfo");
    HttpSession session = request.getSession();
    session.setAttribute(Const.MESSAGE_INFO,messageInfo);//将信息存放在 session 中
    return "message";
}
```

(5) 在 urls.properties 中配置代码如下:

```
messageAction = /common/message.action
message = /common/message.jsp
```

注意:统一信息提示的使用非常简单,在 Action 中需要使用该功能的代码处,将需要在信息提示页上显示的提示信息 messageInfo 存储到 request 中,并且在最后 return "messageAction" 即可。

6.8 文件上传、下载工具类 UploadUtil

文件上传、下载可能是 Web 应用中最常用的功能之一,以下将介绍两种常用的文件上传和下载组件,并对其中的 jspSmartUpload 组件进行封装。

6.8.1 jspSmartUpload 组件

jspSmartUpload 是一个可免费使用的全功能的文件上传下载组件。该组件有以下几个特点:

- 使用简单。仅需要书写三五行 Java 代码就可以搞定文件的上传或下载,方便。
- 能全程控制上传。利用 jspSmartUpload 组件提供的对象及其操作方法,可以获得全部上传文件的信息(包括文件名、大小、类型、扩展名、文件数据等),方便存取。
- 能对上传的文件在大小、类型等方面做出限制。如此可以滤掉不符合要求的文件。
- 下载灵活。仅写两行代码,就能把 Web 服务器变成文件服务器。不管文件在 Web 服务器的目录下或在其他任何目录下,都可以利用 jspSmartUpload 进行下载。

• 能将文件上传到数据库中，也能将数据库中的数据下载下来。这种功能针对的是 MySQL 数据库，不具有通用性。

jspSmartUpload 组件可以从 www.jspsmart.com 网站上自由下载，压缩包的名字是 jspSmartUpload.zip。在 jspSmartUpload 组件中，所有的类都在 com 包中，包括 File、Files、Request、SmartUpload 类等。其中，File 类包装了一个上传文件的所有信息，可以得到上传文件的文件名、文件大小、扩展名、文件数据等信息。Files 类表示所有上传文件的集合，可以得到上传文件的数目、大小等信息。Request 类的功能等同于 JSP 内置的对象 request。提供这个类是因为对于文件上传表单，通过 request 对象无法获得表单项的值，必须通过 jspSmartUpload 组件提供的 Request 对象来获取。SmartUpload 类完成上传、下载工作。

1. File 类主要方法

(1) saveAs()作用：将文件换名另存。

原型：

```
public void saveAs(java.lang.String destFilePathName)
public void saveAs(java.lang.String destFilePathName, int optionSaveAs)
```

(2) isMissing()作用：这个方法用于判断用户是否选择了文件。

原型：

```
public boolean isMissing()
```

(3) getFieldName()作用：取 HTML 表单中对应于此上传文件的表单项的名字。

原型：

```
public String getFieldName()
```

(4) getFileName()作用：取文件名(不含目录信息)。

原型：

```
public String getFileName()
```

(5) getFilePathName()作用：取文件全名(带目录)。

原型：

```
public String getFilePathName
```

(6) getFileExt()作用：取文件扩展名(后缀)。

原型：

```
public String getFileExt()
```

(7) getSize()作用：取文件长度(以字节计)。

原型：

```
public int getSize()
```

(8) getBinaryData()作用：取文件数据中指定位移处的一个字节，用于检测文件等处理。

原型:

```
public byte getBinaryData(int index)
```


2. Files 类主要方法

(1) getCount()作用:取得上传文件的数目。

原型:

```
public int getCount()
```

(2) getFile()作用:取得指定位移处的文件对象 File。

原型:

```
public File getFile(int index)
```

(3) getSize()作用:取得上传文件的总长度,可用于限制一次性上传的数据量大小。

原型:

```
public long getSize()
```

(4) getCollection()作用:将所有上传文件对象以 Collection 的形式返回,以便其他应用程序引用,浏览上传文件信息。

原型:

```
public Collection getCollection()
```

(5) getEnumeration()作用:将所有上传文件对象以 Enumeration(枚举)的形式返回,以便其他应用程序浏览上传文件信息。

原型:

```
public Enumeration getEnumeration()
```

3. Request 类主要方法

(1) getParameter()作用:获取指定参数之值。当参数不存在时,返回值为 null。

原型:

```
public String getParameter(String name)
```

(2) getParameterValues()作用:当一个参数可以有多个值时,用此方法来取其值。它返回的是一个字符串数组。当参数不存在时,返回值为 null。

原型:

```
public String[ ] getParameterValues(String name)
```

(3) getParameterNames()作用:取得 Request 对象中所有参数的名字,用于遍历所有参数。它返回的是一个枚举型的对象。

原型:

```
public Enumeration getParameterNames()
```

4. SmartUpload 类主要方法

1）上传与下载共用的方法

initialize()作用：执行上传下载的初始化工作，必须第一个执行。

原型：

```
public final void initialize(javax.servlet.jsp.PageContext pageContext)
```

2）上传文件使用的方法

（1）upload()作用：上传文件数据。对于上传操作，第一步执行 initialize 方法，第二步就要执行这个方法。

原型：

```
public void upload()
```

（2）save()作用：将全部上传文件保存到指定目录下，并返回保存的文件个数。

原型：

```
public int save(String destPathName)
public int save(String destPathName, int option)
```

（3）getSize()作用：取上传文件数据的总长度。

原型：

```
public int getSize()
```

（4）getFiles()作用：取全部上传文件，以 Files 对象形式返回，可以利用 Files 类的操作方法来获得上传文件的数目等信息。

原型：

```
public Files getFiles()
```

（5）getRequest()作用：取得 Request 对象，以便由此对象获得上传表单参数之值。

原型：

```
public Request getRequest()
```

（6）setAllowedFilesList()作用：设定允许上传带有指定扩展名的文件，当上传过程中有文件名不允许时，组件将抛出异常。

原型：

```
public void setAllowedFilesList(String allowedFilesList)
```

（7）setDeniedFilesList()作用：用于限制上传那些带有指定扩展名的文件。若有文件扩展名被限制，则上传时组件将抛出异常。

原型：

```
public void setDeniedFilesList(String deniedFilesList)
```

（8）setMaxFileSize()作用：设定每个文件允许上传的最大长度。

原型：

```
public void setMaxFileSize(long maxFileSize)
```

(9) setTotalMaxFileSize()作用：设定允许上传的文件的总长度,用于限制一次性上传的数据量大小。

原型：

```
public void setTotalMaxFileSize(long totalMaxFileSize)
```

其中,totalMaxFileSize 为允许上传的文件的总长度。

3) 下载文件常用的方法

(1) setContentDisposition()作用：将数据追加到 MIME 文件头的 CONTENT-DISPOSITION 域。jspSmartUpload 组件会在返回下载的信息时自动填写 MIME 文件头的 CONTENT-DISPOSITION 域,如果用户需要添加额外信息,请用此方法。

原型：

```
public void setContentDisposition(String contentDisposition)
```

(2) downloadFile()作用：下载文件。

原型：

```
public void downloadFile(String sourceFilePathName)
public void downloadFile(String sourceFilePathName,String contentType)
public void downloadFile(String sourceFilePathName,String contentType,String destFileName)
```

6.8.2 commons-fileupload 组件

Commons 是 Apache 开放源代码组织中的一个 Java 子项目,该项目主要涉及一些开发中常用的模块,如文件上传、命令行处理、数据库连接池、XML 配置文件处理等。这些项目集合了来自世界各地软件工程师的心血,其性能和稳定性等方面都经受得住实际应用的考验,有效利用这些项目将会给开发带来显而易见的效果。FileUpload 就是其中用来处理基于表单的文件上传的子项目。commons-fileupload 组件的下载地址为 http://jakarta.apache.org/site/downloads/downloads_commons.html。在 commons-fileupload 组件中,所有的类都在 org.apache.commons.fileupload 包中,包括 DiskFileUpload 类和 FileItem 接口。其中 DiskFileUpload 类负责处理上传的数据,并将每部分的数据封装到一个 FileItem 对象中。commons-fileupload 组件提供了 FileItem 接口的一个实现类 DefaultFileItem。

1. DiskFileUpload 类的主要方法

DiskFileUpload 类的主要方法如下：

(1) setSizeThreshold(int sizeThreshold)：设置一旦文件大小超过 getSizeThreshold()的值时数据存放在硬盘的目录。

(2) setRepositoryPath(java.lang.String repositoryPath)：RepositoryPath 指定缓冲区目录。

(3) parseRequest(javax.servlet.http.HttpServletRequest req, int sizeThreshold, long sizeMax, java.lang.String path)：解析 HttpServletRequest 返回一个 FileItem 列表。

(4) setSizeMax(int size)：设置允许用户上传文件大小,单位：字节。

2. FileItem 接口的主要方法

FileItem 接口的主要方法如下：

(1) isFormField：判断是否是普通文本域。

(2) getName：取得文件在客户机器上得名字(包括路径)。

(3) getSize ：取得文件大小。

(4) getString：以字符串形式在内存中保存。

(5) write(java.io.File file)：写入磁盘。

6.8.3 上传下载工具类 tea.util.UploadUtil

WebFrame 中的工具类 tea.util.UploadUtil 对文件上传下载组件 jspSmartUpload 进行了包装。经过包装，使用 UploadUtil 处理上传和下载比直接使用 jspSmartUpload 组件更加方便。注意，UploadUtil 中仅对常用的上传、下载方法进行了封装，如果有特殊的上传、下载要求，可以参照前面对 jspSmartUpload 组件方法原型的介绍，选用合适的方法，将其封装到 UploadUtil 中即可。当然，也可以使用 commons-fileupload 组件进行封装。

tea.util.UploadUtil 的属性定义如下：

```
private SmartUpload smart;//SmartUpload 对象
private ServletConfig config;
```

tea.util.UploadUtil 的主要方法如下：

(1) UploadUtil()作用：初始化构造方法，执行上传下载的初始化工作。

原型：

```
public UploadUtil ( ServletConfig config, HttpServletRequest request, HttpServletResponse
response)
```

(2) upload()作用：上传文件，第一个参数表示表单中上传文件框的序号，序号从 0 开始。第二个参数表示上传文件的路径。

原型：

```
public String upload(int i,String path)
```

(3) getParameter()作用：获取单值输入参数，如文本框、密码框、单选钮、单选下拉列表等。参数 s 表示控件名称。

原型：

```
public String getParameter(String s)
```

(4) getParameterValues()作用：获取多值输入参数，如复选框、多选下拉列表等。

原型：

```
public String[] getParameterValues(String s)
```

(5) getFileOriginalName()获取上传文件的原文件名。

原型：

```
public String getFileOriginalName(int i)
```

(6) download()作用：下载文件，参数表示上传文件的真实名称。

原型：

```
public void download(String file)
```

(7) delete()作用：删除文件，参数表示上传文件的真实名称。

原型：

```
public boolean delete(String url)
```

6.8.4 创建 tea.util.UploadUtil

tea.util.UploadUtil 的具体创建过程如下：

(1) 导入 jspSmartUpload 组件包：com.facet.jspsmart.upload

复制 com com.facet.jspsmart.upload 包，复制最外层的 com 文件夹即可，将其粘贴到 WebFrame 的 src 下。com 文件夹可以在本书的配套文件 ch06 目录中找到。

(2) 在 src 下创建包 tea.util。

(3) 在 tea.util 包中创建类 UploadUtil

(4) UploadUtil 中的主要代码如下：

```
//属性定义
private SmartUpload smart;//SmartUpload 对象
private ServletConfig config;
//构造方法
public UploadUtil(ServletConfig config, HttpServletRequest request,
        HttpServletResponse response) {
    try {
        this.config = config;
        smart = new SmartUpload();
        smart.initialize(config, request, response);
        //smart.setAllowedFilesList("jpg,gif");
        smart.upload("UTF - 8");
    } catch (Exception e) {
        e.printStackTrace();
    }
}
//上传文件方法
public String upload(int i, String path) {
    int num = 0;
    Calendar c = Calendar.getInstance();
    //格式化时间,并以此时间为上传文件保存在服务器上的名字前缀
    SimpleDateFormat sf = new SimpleDateFormat("yyyyMMddHHmmssSSS");
    String fileName = sf.format(c.getTime());
    File myFile = smart.getFiles().getFile(i);
    //获取上传文件扩展名
    String fileExt = myFile.getFileExt();
    //假设同一毫秒级时刻有多个用户上传,文件名相同
```

```
        //则允许上传失败后重新上传,最多上传 10 次
        for (int j = 0; j < 10; j++) {
            try {
                if (!(myFile.isMissing()))//如果上传文件不存在
                    myFile.saveAs(path + fileName + "." + fileExt);
                break;
            } catch (Exception e) {
                num ++ ;
                fileName = fileName + j;
                continue;
            }
        }
        if (num == 10)
            return null;
        else {
            if (myFile.isMissing())
                return "";
            else
                return fileName + "." + fileExt;
        }
    }
    //获取单值输入参数(文本框、密码框、单选钮、单选下拉列表等)
    public String getParameter(String s) {
        return smart.getRequest().getParameter(s);
    }
    //获取多值输入参数(复选框、多选下拉列表等)
    public String[] getParameterValues(String s) {
        return smart.getRequest().getParameterValues(s);
    }
    //获取上传文件原名
    public String getFileOriginalName(int i) {
        try {//对文件原名进行编码,以支持中文文件名
            return new String(smart.getFiles().getFile(i).getFileName()
                    .getBytes(), "utf - 8");
        } catch (Exception e) {
            e.printStackTrace();
            return null;
        }
    }
    //下载文件方法
    public void download(String file) {
        try {
            smart.setContentDisposition(null);
            smart.downloadFile(file);
        } catch (Exception e) {
            e.printStackTrace();
        }
    }
    //删除文件方法
    public boolean delete(String url) {
        //得到上传文件的真实路径,构造 File 对象
```

```
    java.io.File f = new java.io.File(config.getServletContext()
            .getRealPath(url));
    return f.delete();
}
```


注意:

```
import java.text.SimpleDateFormat;
import java.util.Calendar;
import javax.servlet.ServletConfig;
import javax.servlet.http.HttpServletRequest;
import javax.servlet.http.HttpServletResponse;
import com.facet.jspsmart.upload.File;
import com.facet.jspsmart.upload.SmartUpload;
```

6.8.5 UploadUtil 的使用

UploadUtil 的使用非常简单,举例如下:

(1) 创建一个上传的页面。

在 WebRoot 下的测试文件夹 test 中创建一个测试页 upload.jsp。upload.jsp 的代码如下:

```
<%@ page language="java" import="java.util.*" pageEncoding="UTF-8"%>
<html>
  <head></head>
  <body>
      <form enctype="multipart/form-data" method="post"
          action="${pageContext.request.contextPath}/test/upload.action">
     上传者:<input type="text" name="username"><br>
     上传文件:<input type="file" name="file"><br>
     <input type="submit" value="上传">
    </form>
  </body>
</html>
```

注意:使用文件框上传控件(type="file"),其所在的 form 中必须使用 enctype 属性,其值设为 **enctype="multipart/form-data"**。

form 标签中 action 的值是 **${pageContext.request.contextPath}/test/upload.action**。

(2) 在 src 的 tea.test 包中创建 UploadAction,其父类为 BaseAction,并在 actions.properties 中配置:

```
upload=tea.test.UploadAction
```

(3) 在 UploadAction 中重写 execute 方法,代码如下:

```
public String execute(HttpServletRequest request, HttpServletResponse response)
                throws IOException, ServletException {
    request.setCharacterEncoding("UTF-8");
    //创建文件上传/下载对象
    UploadUtil up = new UploadUtil(this.getConfig(), request,response);
```

```
    //设置上传文件的路径,必须是一个已经创建的目录
    String filePath = "/upload/";
    /**
      * 第一个参数代表要上传第几个文件框选中的文件(编号从 0 开始)
      * 第二个参数代表要上传到服务器的什么位置
      * 方法的返回值是文件上传到服务器后的新名字
      */
    String fileName = up.upload(0, filePath);
    System.out.println("上传文件新名: " + fileName);
    //获取表单中第一个文件框中选择的文件的原始文件名
    String file_name = up.getFileOriginalName(0);
    System.out.println("上传文件原名: " + file_name);
    //获取提交表单中其他的请求参数
    String username = up.getParameter("username");
    System.out.println("上传者: " + username);

    //根据指定的文件名(含路径)下载文件
    up.download(filePath + fileName);
    return "messageAction";
}
```

注意：

```
import tea.util.UploadUtil
```

(4) 确保 WebRoot 下的 upload 文件夹已经建立。

(5) 在浏览器地址栏输入 http://localhost:8080/webframe/test/upload.jsp。在上传表单页面中,输入上传者信息,选择上传文件,如图 6-19 所示。

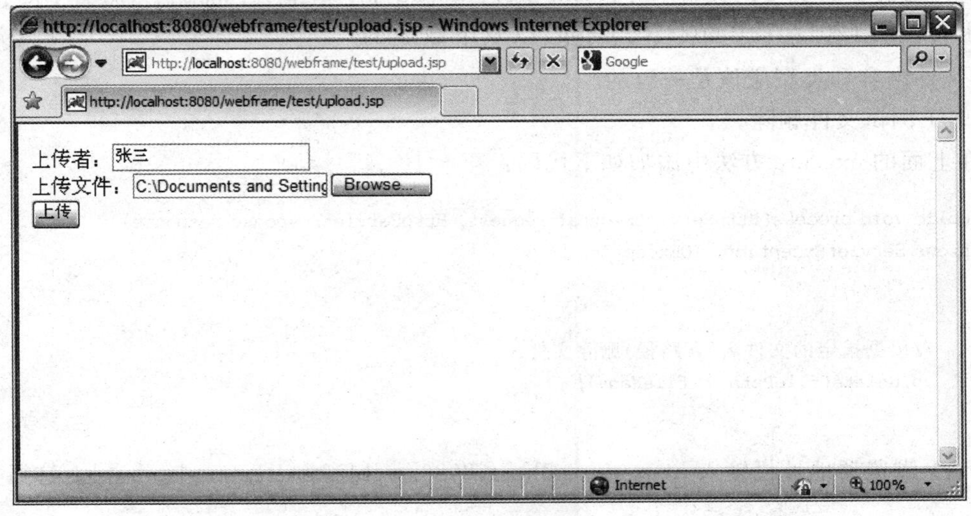

图 6-19　上传文件测试页面

(6) 单击【上传】按钮,出现下载窗口,单击【保存】按钮可以将文件存在本地,如图 6-20 所示。

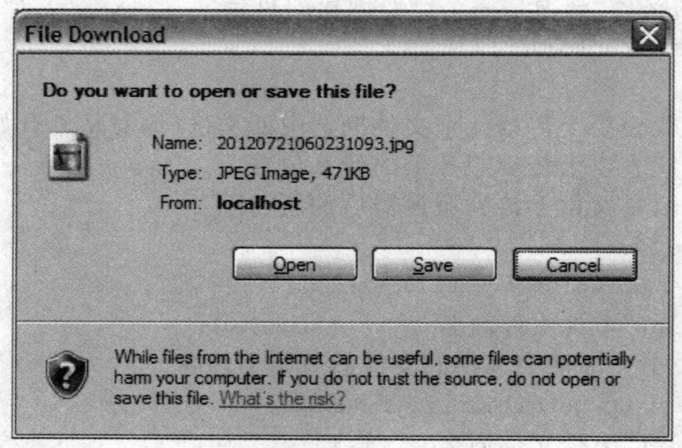

图 6-20 下载文件窗口

(7) 观察控制台上的输出信息,如图 6-21 所示。

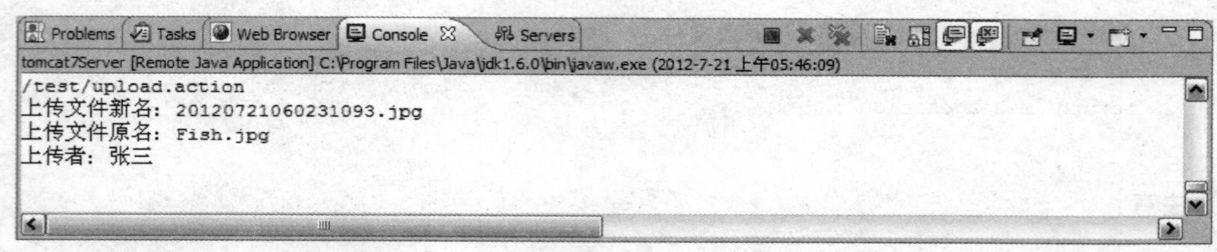

图 6-21 上传/下载功能测试程序的控制台输出

(8) 刷新工程,WebRoot 下的 upload 文件夹中的变化如图 6-22 所示。

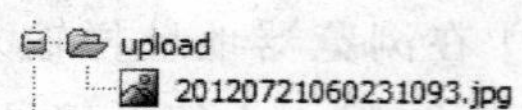

图 6-22 upload 目录下的上传文件

(9) 比较本地上传的文件(D:\Fish.jpg),upload 下面的上传文件(20120721060231093.jpg)以及下载后的文件,文件内容和类型应该是一致的。

(10) 测试文件删除。

在上面的 execute 方法中添加如下代码:

```
public void process(HttpServletRequest request, HttpServletResponse response)
throws ServletException, IOException {
    …

    //根据指定的文件名(含路径)删除文件
    up.delete(filePath + fileName);
}
```

(11) 浏览器地址栏输入 http://localhost:8080/webframe/test/upload.jsp。选择文件上传。

(12) 刷新工程,观察 upload 文件夹的变化,里面的刚刚上传的文件已经不存在了,说明删除文件成功。

注意:UploadUtil 类中仅对几个常用的文件上传/下载功能进行了封装。由于源代码是开放的,可以根据需求在 UploadUtil 类中增加实际应用开发中所需要的接口代码。

6.9 分页处理

6.9.1 分页思想

1. 分页功能的基本思想

首先来看一下分页的效果，如图 6-23 所示。

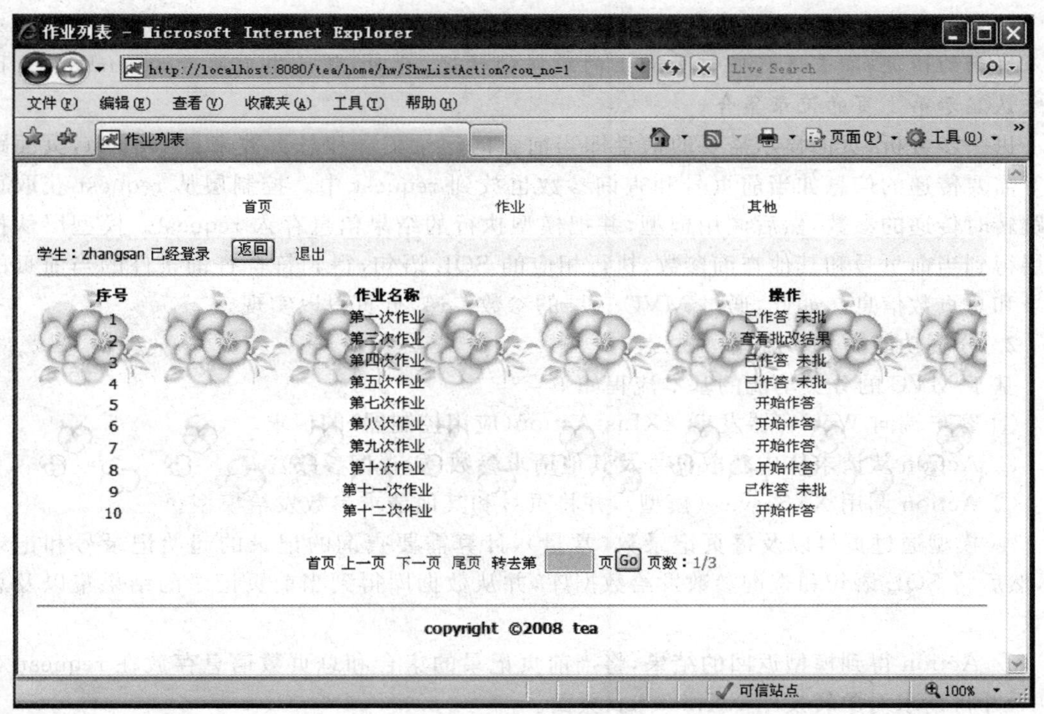

图 6-23　分页效果图

下面从视图层入手，分析具有分页功能的页面的显示形式和特点。

(1) 只显示一页的记录。

如果规定一页包括 10 条记录，那么当前页必须显示 10 条记录，除非当前页是最后一页，并且最后一页的内容不足 10 条，则显示实际记录数即可。

(2) 当前页中有翻页操作的链接。

如果当前页是第一页，则首页和上一页的链接不能使用；如果当前页是最后一页，则下一页和尾页的链接不能使用。

(3) 当前页还有一个文本控件允许用户输入页号。

单击 GO 按钮可以直接到达需要的页面。如果用户输入的页号不合法，即不是数字或超过最大页号和最小页号，有提示信息。

(4) 页面中还显示总页数和当前是第几页，用以提示用户。

根据以上分析，页面显示需要得到的信息包括：

① 10 条合适的记录集合,用于正确显示。

② 当前页号 curPage 和总页数,用于判断链接是否能够使用。

如果 curPage=1,首页和上一页不能使用,如果 curPage=总页数,下一页和尾页的链接不能使用。

假设显示已经正确,当进行页面跳转的时候,需要传递当前页号,以及查询参数(如课程号),以便通过控制器告诉模型层,从数据库得到符合查询条件的并且是当前页的记录集合和记录总数。

注意:上面的分析是针对页面跳转过程中的任意一页进行跳转的情况,没有考虑首次进入页面的情况,即未进行任何页面上的跳转的情况,此时,默认当前页号为 curPage=1,即默认显示第 1 页的记录集合。

进一步分析,页面显示需要的信息即当前页的记录集合和总页数来自 request,页面跳转等需要传递的信息如当前页号和查询参数也放到 request 中。控制层从 request 获取页面跳转时传递的参数,然后调用模型,并把模型执行的结果信息存入 request。模型层从控制层得到当前页号和其他查询参数,执行相应的 SQL 语句,得到符合查询条件的当前页的记录和总页数信息。如此,通过 MVC 三层的参数传递,分页得以实现。

2. 分页功能的基本流程

基于 MVC 的分页功能的基本流程如下:

① 客户端向 Web 容器发出 XXListAction(应用控制器)的请求。

② Action 从请求体中获取页号及其他请求参数(如查询参数)。

③ Action 调用 XXService(模型),并将页号和其他请求参数发给模型。

④ 模型通过页号以及每页记录数(常量),计算需要查询的记录的起始记录号和记录数,然后将 SQL 语句和查询参数发给数据库,并从数据库得到当前页记录的结果集以及总页数。

⑤ Action 得到模型返回的结果,将当前页记录的集合和总页数信息存放在 request 对象中,并将请求对象转发给 XXList.jsp 页面。

⑥ XXList.jsp 页面从 request 对象中取得当前页的记录的集合和总页数,并且进行分页链接状态控制、页数、当前页和总页的显示。

⑦ XXList.jsp 形成响应页面,交给 Web 容器。

⑧ Web 容器将具有分页功能的页面返回给客户端。

6.9.2 pageList.jsp

通过以上分析发现,每个具有分页功能的页面可以分为显示记录主体部分和显示页面跳转的操作部分。显示页面跳转的操作部分代码比较复杂,但是对于不同的业务所提供的服务并没有本质的差别。因此 WebFrame 框架中对这部分通用代码做了封装,以实现代码复用和开发时简单的分页实现。这个被封装的页面就是 pageList.jsp。

在 common 文件夹下创建 JSP 页面 pageList.jsp。注意,由于 pageList.jsp 中代码比较复杂,建议读者直接粘贴。pageList.jsp 文件可以在本书的配套文件 ch06 目录下找到。如果读者对分页功能感兴趣,可以阅读以下代码:

```
<%@ page language="java" import="java.util.*" pageEncoding="UTF-8"%>
```

```
<%@ taglib prefix="c" uri="http://java.sun.com/jsp/jstl/core" %>
<%@ taglib prefix="fn" uri="http://java.sun.com/jsp/jstl/functions" %>
<script language="javascript" src="${pageContext.request.contextPath}/js/common.js">
</script>
<center>
<c:set var="curPage" value="1" />
<!-- pNames 表示请求中的所有参数的名字,包括当前页号的名字 curPage -->
<c:set var="pNames" value="${pageContext.request.parameterNames}" />
<!-- 遍历请求中的所有参数 -->
<c:forEach items="${pNames}" var="pn">
    <!-- 如果参数的名字不是 curPage -->
    <c:if test="${pn! = 'curPage'}">
        <!-- 将参数值存放到 params 对象中,params 对象可以理解为一个 map 对象 -->
        <c:set var="params" value="${params}&${pn}=${param[pn]}" />
        <!-- 将参数值存放到隐藏控件对应的变量 hid 中 -->
<!-- 每个控件名还是原来的参数名 -->
        <c:set var="hid">
         ${hid}<input type=hidden name=${pn } value=${param[pn]}>
        </c:set>
    </c:if>
    <!-- 如果参数的名字是 curPage -->
    <c:if test="${pn=='curPage'}">
        <!-- 定义变量 curPage,值即为参数值 -->
        <c:set var="curPage" value="${param[pn]}" />
    </c:if>
</c:forEach>
<!-- actionUrl 表示页面跳转的地址 -->
<form action="${pageContext.request.contextPath}${actionUrl}" Method="get" onSubmit=
"return validateForm(this)">
    <!-- 利用 hidden 控件传递本页面的所有请求参数 -->
    <!-- hid 变量中是多个隐藏控件 -->
     ${hid}
    <!-- 当前页不是第一页,则应该有"上一页"; 当前页不是最后一页,则应该有"下一页" -->
    <!-- 每次页面跳转传递的参数包括当前页号 curPage 和 params,即所有其他查询参数 -->
    <c:if test="${curPage>1}">
        <a href="${pageContext.request.contextPath}${actionUrl}?curPage=1${params}">
首页</a> 
<a href="${pageContext.request.contextPath}${actionUrl}?curPage=${curPage - 1}
${params}">上一页</a> 
</c:if>
    <c:if test="${curPage<=1}">
首页 上一页 
</c:if>
    <!-- pageInfo 表示 request 中的页面信息,包括当前页显示列表和总页数 -->
    <c:if test="${curPage<pageInfo.totalPage}">
        <a href="${pageContext.request.contextPath}${actionUrl}?curPage=${curPage +
1}${params}">下一页</a> 
<a href="${pageContext.request.contextPath}${actionUrl}?curPage=${pageInfo.
totalPage}${params}">尾页</a> 
</c:if>
    <c:if test="${curPage>=pageInfo.totalPage}">
```

```
下一页  尾页  
</c:if>
    转去第
    <input type="text" name="curPage" size="3" numberInfo="请输入有效页码!">
    页
    <input type="submit" value="Go">
    页数:<font color="red">${curPage}/${pageInfo.totalPage}</font>
</form>
</center>
```

6.9.3 BaseService 中方法 getPage 封装

前面的分析中,有一个假设,即模型层可以返回符合查询记录的当前页记录集和总页数。由于分页处理是与数据库访问有关的通用操作,因此将分页处理相关的数据库操作封装到 BaseService 的 getPage 方法中,以便代码重用。下面来看一下 getPage 方法的封装:

(1) 在 tea.service.BaseService 中定义 getPage 方法,用于得到当前页的记录集合。

(2) 原型:

```
public Map getPage(String sql, Object[] params, String curPage)
```

(3) 具体代码如下(可以在本书的配套文件 ch06 目录下找到 BaseService 的源码):

```
//分页显示,获取页号为 curPage 的本页所有记录
//返回的 Map 对象中存放两个元素
//key = "list"的元素是存放了本页所有记录的 List 对象
//key = "totalPage"的元素是代表总页数的 Integer 对象
public Map getPage(String sql, Object[] params, String curPage) {
    String s_page_rec_num = Const.PAGE_REC_NUM;
    int i_page_rec_num = Integer.parseInt(s_page_rec_num);
    Map page = new HashMap();
    try {
        String newSql = sql + " limit " + (Integer.parseInt(curPage) - 1)
            * i_page_rec_num + "," + i_page_rec_num;
        List pageList = getList(newSql, params);          //根据 getList 方法得到 list
        close();
        //计算总页数
        sql = sql.toLowerCase();
        String countSql = "select count(*) "
                + sql.substring(sql.indexOf("from"));
        //count 中存放总记录数
        long count = getLong(countSql, params);            //根据 getLong 方法得到记录数
        //利用总记录数(count)和每页记录个数(Const.PAGE_REC_NUM)计算总页数
        long totalPage = 0;
        if (count % i_page_rec_num == 0)
            totalPage = count /i_page_rec_num;
        else
            totalPage = count /i_page_rec_num + 1;
        /*返回的 List 对象 page 中,下标为 0 的元素为存放当前分页所有记录的 List 对象
    pageList,下标为 1 的元素为总页数*/
        page.put("list", pageList);
```

```
            page.put("totalPage", new Long(totalPage));
        } catch (Exception e) {
            System.out.println(e.getMessage());
        } finally {
            close();
        }
        return page;
    }
```

(4) getPage 方法的实现要点：

对原 SQL 语句进行改造，形成一个新的 SQL 语句 newSql，里面限定了需要显示记录是从哪一条开始，连续包含几条。即执行这个 SQL 语句后，得到的是一个当前页的记录集合。

再做一次查询，得到符合条件的总记录数，并计算相应的总页数。

最后，将当前页的记录集合和总页数都封装在一个 Map 对象中返回。

6.9.4 分页处理功能使用要点

1. 视图层处理

具有分页功能的页面主要包括两部分内容：完成当前页记录的显示和在需要的地方，包含能够显示分页链接等功能的公共的 JSP 页面 pageList.jsp。页面中修改或添加代码如下(黑体部分)：

```
<!-- 完成当前页记录的显示 -->
<!-- pageInfo.list 是规定的写法,表示当前页的记录,是一个 ArrayList 对象 -->
<c:forEach items = "${pageInfo.list}" var = "…" varStatus = "…" >
<!-- 此处遍历显示当前页列表的代码略 -->
</c:forEach>
…
<!-- 包含能够显示分页链接等功能的公共的 JSP 页面 -->
<%@ include file = "/common/pageList.jsp" %>
```

2. 模型层处理

模型根据当前页号以及查询参数列表，与业务 SQL 语句相结合，得到符合查询条件的当前页的记录集合 list 以及总页数 totalPage，并将记录集合和总页数封装成一个 Map 对象 pageInfo。模型层 getXXList 方法代码修改如下(黑体部分)：

```
public Map getXXPageList(参数列表, int curPage){
    String sql = "…";
    Map pageInfo = this.getPage(sql,new Object[]{参数列表},curPage);
    return pageInfo;
}
```

3. 控制层处理

Action 获取请求中的当前页号 curPage 和其他查询参数。调用模型，得到一个包含当前页记录集的列表 list 和记录总数 totalPage 的 Map 对象 pageInfo。Action 将 Map 对象 pageInfo 写入 request 中，并将页面跳转请求中需要请求的地址，即 Action 自己的地址

actionUrl 的值写入 request 中。分页处理的 Action 中需要注意加入或修改以下代码(黑体部分):

```
//获取其他参数列表
String curPage = "1";
if(request.getParameter("curPage")! = null)
    curPage = request.getParameter("curPage");
…
XXService xx = new XXService();
Map pageInfo = xx.getXXPageList(参数列表,curPage);
//与当前页相关的信息(当前页记录和总页数)需要使用名为 pageInfo 的属性传递
request.setAttribute("pageInfo",pageInfo);
//页面跳转链接的访问地址需要通过 Action 传递
request.setAttribute("actionUrl",request.getServletPath());
```

注意:关于分页处理功能的使用,9.4.2 节中将给出使用实例,此处不再说明。

6.10 流行的 Web 应用开发框架

为了提高 Web 应用的开发效率和 Web 应用的管理维护,出现了很多基于 Java Web 技术的框架。这些框架可以提高开发的效率,能够方便对 Web 应用的维护。常见的 Web 应用框架有 JSF、Struts、Tapestry、WebWork 等。它们的功能基本相同,各有优点。在 Java 企业级应用的最新版本中,JSF 已经属于 Java Web 技术的一个组成部分。

除了这些 Web 应用框架之外,还有一些能够简化对数据库进行操作的技术,通常称为持久层框架,常见的有 Hibernate 和 TopLink。Hibernate 相对来说比较流行,在很大程度上影响了后来的 EJB3 中 Java 持久性的规范。

另外,还有一个比较流行的技术 Spring,这是一个企业级应用的框架,与 Java EE 平行。只是它不属于 Java 企业级应用开发的标准,但却非常成功。

以下对主流的 Web 开发框架进行简要的介绍。

6.10.1 Struts

Struts 是最早出现的框架之一,是 Apache 组织开发的一项开放源代码项目,于 2001 年发布。该框架一经推出,就得到了世界上 Java Web 开发者的拥护。很多厂商的开发工具如 Oracle、IBM 和 JBuilder 都针对 Struts 提供了专业的支持。

Struts 是世界第一个实现 MVC 的框架:模型通过 JavaBean 实现,视图层通过 JSP 来实现,控制层通过 Servlet 来实现。Struts 还提供了非常丰富的标签以及强有力的技术支持,给广大开发人员带来诸多方便。经过长达 6 年时间的锤炼,Struts 框架更加成熟、稳定,性能也有了很好的保证。因此,到目前为止,Struts 依然是世界上使用最广泛的 MVC 框架。随着业务需求日趋复杂,Struts 的局限性逐渐暴露,需要进行改进。Struts 的最新版本 Struts2 应运而生。Struts2 采用 WebWork 的内核,将 WebWork 与 Struts 进行整合,并且吸收了 WebWork 的很多优点来满足开发人员的需求。因为,Struts2 是 WebWork 的升级,而不是一个全新的框架,因此稳定性、性能等各方面都有很好的保证。在第 12 章中搭建的 Struts2+Spring+Hibernate 框架实例中,即采用了 Struts 的新版本 Struts2。

在 Struts1 中提供了一个中心控制器 ActionServlet 完成所有的控制，这样所有的请求都可以提交给这个 Servlet。它需要在 web.xml 中进行配置，典型的代码如下：

```
<servlet>
    <servlet-name>action</servlet-name>
    <servlet-class>org.apache.struts.action.ActionServlet</servlet-class>
    <init-param>
        <param-name>config</param-name>
        <param-value>/WEB-INF/struts-config.xml</param-value>
    </init-param>
    <load-on-startup>0</load-on-startup>
</servlet>
<servlet-mapping>
    <servlet-name>action</servlet-name>
    <url-pattern>*.do</url-pattern>
</servlet-mapping>
```

其中，url-pattern 的值是"*.do"意味着所有的以.do 结束的请求都会由中心控制器 ActionServlet 处理。对应用户的每个请求，都需要编写一个 Action，与中心控制器一起完成控制功能。

在使用 Struts 框架的时候还需要编写一个配置文件，在上面的配置中可以看到有一个参数，参数指向了一个配置文件 struts-config.xml，这个文件是所有的 Struts 应用中必须提供的，在这个配置文件中可以描述文件之间的跳转关系，以及请求路径和处理之间的关系。下面是一个 struts-config.xml 中的部分代码：

```
<struts-config>
  <action-mappings>
    <action path="/login" type="am.action.LoginAction">
      <forward name="success" path="/hello.jsp" />
    </action>
  </action-mappings>
  <message-resources parameter="ApplicationResources" />
</struts-config>
```

其中，每个 action 元素就表示一个请求，path 属性指出请求的名字，例子中的名字对应一个以 login.do 为结束的请求。Type 指出该请求由哪个 Action 处理，am.action.LoginAction 就是要与中心控制器协同工作的 Action。子元素<forward>表示 Action 执行完之后可能跳转到什么文件，这里的配置表明如果用户在程序中选择了 success，则最后将跳转到 hello.jsp 文件。后面的<message-resources>元素表示应用所使用的资源文件。

Struts1 中的模型部分与本书中介绍的模型没有区别。

Struts1 中的视图部分仍然使用 JSP 文件实现，只是为了与框架更好的结合，Struts 提供了大量的自定义标签库来增强页面的功能。

在值的传递方面，Struts1 提供了 FormBean 机制，如果需要在视图层与控制层传值，需要编写 ActionForm，ActionForm 中的属性与要传递的表单元素是对应的。

Struts2 在 Struts1 上做出了巨大的改进，下面是 Struts1 和 Struts2 在各方面的简要对比。

1. Action 实现类方面的对比

Struts1 要求 Action 类必须继承一个抽象基类。Struts2 的 Action 类可以实现一个 Action 接口,也可以实现其他接口。Struts2 提供一个 ActionSupport 基类去实现常用的接口。在开发 Action 的时候,可以选择继承 ActionSupport,也可以只是实现 Action 接口,甚至一个只是实现了 execute 方法的普通 Java 类 POJO(Plain Old Java Object)就可以用作 Struts2 的 Action。

2. 线程模式方面的对比

Struts1 的 Action 是单例模式并且必须是线程安全的,因为仅有 Action 的一个实例来处理所有的请求,所以 Action 资源必须是线程安全的。Struts2 Action 对象为每一个请求产生一个实例,因此没有线程安全问题。

3. Servlet 依赖方面的对比

Struts1 的 Action 依赖于 Servlet API,因为 Action 的 execute 方法中有 HttpServletRequest 和 HttpServletResponse 方法。Struts2 的 Action 不再依赖于 Servlet API,从而允许 Action 脱离 Web 容器运行,从而降低了测试 Action 的难度。当然,如果 Action 需要直接访问 HttpServletRequest 和 HttpServletResponse 参数,Struts2 的 Action 仍然可以访问它们。通常 Action 都无需直接访问 HttpServetRequest 和 HttpServletResponse,从而给开发者更多灵活的选择。

4. 可测性方面的对比

测试 Struts1 Action 的一个主要问题是 execute 方法依赖于 Servlet API,这使得 Action 的测试要依赖于 Web 容器。Struts2 Action 可以通过初始化、设置属性、调用方法来测试。

5. 封装请求参数的对比

Struts1 使用 ActionForm 对象封装用户的请求参数,所有的 ActionForm 必须继承一个基类 ActionForm。普通的 JavaBean 不能用作 ActionForm。虽然 Struts1 提供了动态 ActionForm 来简化 ActionForm 的开发,但依然需要在配置文件中定义 ActionForm。Struts2 直接使用 Action 属性封装用户请求属性,避免了开发者需要大量开发 ActionForm 类的烦琐。如果开发者依然怀念 Struts1 ActionForm 的模式,Struts2 提供了 ModelDriven 模式,可以让开发者使用单独的 Model 对象来封装用户请求参数,但该 Model 对象无须继承任何 Struts2 基类,是一个 POJO。

6. 表达式语言方面的对比

Struts1 整合了 JSTL,因此可以使用 JSTL 表达式语言。这种表达式语言有基本对象图遍历,但在对集合和索引属性的支持上则功能不强。Struts2 可以使用 JSTL,但它整合了一种更强大和灵活的表达式语言 OGNL(Object Graph Navigation Language),因此 Struts2 下的表达式语言功能更加强大。

7. 绑定值到视图的对比

Struts1 使用标准 JSP 机制把对象绑定到视图页面。Struts2 使用 ValueStack 技术,使标签库能够访问值,而不需要把对象和视图页面绑定在一起。

8. 类型转换的对比

Struts1 的 ActionForm 属性通常都是 String 类型。Struts1 使用 Commons-Beanutils

进行类型转换，每个类一个转换器，转换器是不可配置的。Struts2 使用 OGNL 进行类型转换，支持基本数据类型和常用对象之间的转换。

9. 数据校验的对比

Struts1 支持在 ActionForm 重写 validate 方法中手动校验，或通过整合 Commons validator 框架完成数据校验。Struts2 支持通过重写 validate 方法进行校验，也支持整合 XWork 校验框架进行校验。

10. Action 执行控制的对比

Struts1 支持每一个模块对应一个请求处理（即生命周期的概念），但是模块中的所有 Action 必须共享相同的生命周期。Struts2 支持通过拦截器堆栈（Interceptor Stacks）为每一个 Action 创建不同的生命周期。开发者可以根据需要创建相应堆栈，从而和不同的 Action 一起使用。

6.10.2 WebWork

WebWork 由 OpenSymphony 组织开发，致力于组件化和代码重用的拉出式 MVC 模式 J2EE Web 框架。WebWork 的前身是 Rickard Oberg 开发的 WebWork，现在已经拆分成了 Xwork 和 WebWork2 两个项目。由于 WebWork 的轻量级以及非常棒的一些设计，迅速地被全球开发人员所认可。WebWork 具有下列优点：

- 功能强大的标签库，并且可以在标签里直接调用 Action 方法（可以带参数的），直接访问类的静态属性和静态方法。
- 实现服务器端及客户端验证。很多设计人员可能忽略了服务器端验证，过多地运用客户端验证即 JavaScript。这样，当浏览器上屏蔽 JavaScript 运行时，就可能造成系统瘫痪。
- 插件的支持。WebWork 的插件应归功于其拦截器，它的很多功能框架都是通过拦截器来组装的，并且与其他项目的集成也更加容易，这让 WebWork 非常灵活，使得开发人员很容易解决复杂的页面逻辑和程序逻辑。
- 支持多视图表示，视图部分可以使用 JSP、Velocity、Freemarker 等。

6.10.3 SpringMVC

Spring 是 Rod 主创的一个应用于 J2EE 领域的轻量、功能强大、灵活的应用程序框架，以提供快速的 Java Web 应用程序开发，还提供了以其他各种 MVC 框架或视图技术的集成。Spring 项目在开源领域是一个非常活跃的项目，有着很多活跃的开源技术社区支持，在全世界范围内拥有不少的用户群体。它提供了众多优秀开源项目的集成，包括与各种优秀的 Web 框架集成、与优秀的开源持久层 ORM 系统集成、与动态语言的集成以及与其他企业级应用的集成等。

Spring 提供了一个细致完整的 MVC 框架。该框架为模型、视图、控制器之间提供了一个非常清晰的划分，各部分耦合极低。Spring 的 MVC 是非常灵活的，它完全基于接口编程，真正实现了视图无关。视图不再强制要求使用 JSP，可以使用 Velocity、FreeMarker 或其他视图技术。甚至可以使用自定义的视图机制——只需要简单地实现 View 接口，并且把对应视图技术集成进来。Spring 的 Controllers 由 IoC 容器管理。因此，单元测试更加方便。SpringMVC 框架以 DispatcherServlet 为核心控制器,该控制器负责拦截用户的所有请求,将请求分发到对应的业务控制器。SpringMVC 还包括处理器映射、视图解析、信息国际化、主题解析、文件上传等。所有控制器都必须实现 Controller 接口,该接口仅定义 ModelAndViewhandleRequest(request,response)方法。通过实现该接口来实现用户的业务逻辑控制器。SpringMVC 框架有一个极好的优势,就是它的视图解析策略：它的控制器返回一个 ModelAndView 对象,该对象包含视图名字和 Model,Model 提供了 Bean 的名字及其对象的对应关系。视图名解析的配置非常灵活,抽象的 Model 完全独立于表现层技术,不会与任何表现层耦合。

Spring 具有下列优点：支持 IoC 和 AOP,更容易实现复杂的需求。支持事务管理,可以很容易的实现支持多个事务资源。支持 JMS、JMX 和 JCA 等技术,更方便访问 EJB。支持 JDBC 和 ORM 等技术进行数据访问。

总体上来看,SpringMVC 框架致力于一种完美的解决方案,并与 Web 应用紧紧耦合在一起。这都导致了 SpringMVC 框架的一些缺点：Spring 的 MVC 与 ServletAPI 耦合,难以脱离 Servlet 容器独立运行,降低了 SpringMVC 框架的可扩展性；太过细化的角色划分,太过烦琐,降低了应用的开发效率；过分追求架构的完美,有过度设计的危险。

6.10.4 JSF

JSF(Java Server Faces)是由 Sun 公司提出的一种用于构建 Web 应用程序的新 Java 框架,在 JavaEE 中已经被指定为标准。它提供了一种以组件为中心来开发 Java Web 用户页面的方法,从而简化了开发。

准确地说,JSF 是一个标准,而不是一个产品。目前,JSF 已经有两个实现产品可供选择,包含 Sun 公司的参考实现和 Apache 的 MyFaces。通常,所说的 JSF 都是指 Sun 公司的参考实现。目前,JSF 是作为 JavaEE 的一个组成部分,与 JavaEE5.0 一起发布。JSF 的行为方法在 POJO 中实现,JSF 的 ManagedBean 无须继承任何特别的类。因此,无须在表单和模型对象之间实现多余的控制器层。JSF 中没有控制器对象,控制器行为通过模型对象实现。当然,JSF 也允许生成独立的控制器对象。在 Struts1 中,FormBean 包含数据,ActionBean 包含业务逻辑,两者无法融合在一起。在 JSF 中,既可以将两者分开,也可以合并在一个对象中,提供更多灵活的选择。JSF 的事件框架可以细化到表单中每个字段。JSF 依然是基于 JSP/Servlet 的,仍然是 JSP/Servlet 架构,因而学习曲线相对简单。在实际使用过程中,JSF 也会存在一些不足：作为新兴的 MVC 框架,用户相对较少,JSF 的成熟度还有待进一步提高。

在 JSF 框架中提供了一个中心控制器 FacesServlet 完成所有的控制,这样所有的请求都可以提交给这个 Servlet。需要在 web.xml 中进行配置,典型的代码如下：

```
<context-param>
  <param-name>javax.faces.CONFIG_FILES</param-name>
  <param-value>/WEB-INF/faces-config.xml</param-value>
</context-param>
<servlet>
  <servlet-name>Faces Servlet</servlet-name>
  <servlet-class>javax.faces.webapp.FacesServlet</servlet-class>
```

```
    <load-on-startup>0</load-on-startup>
  </servlet>
  <servlet-mapping>
    <servlet-name>Faces Servlet</servlet-name>
    <url-pattern>*.faces</url-pattern>
  </servlet-mapping>
```

在代码中,url-pattern 的值是 *.faces 意味着所有的以.faces 结束的请求都会由中心控制器 FacesServlet 处理。

另外在使用 JSF 框架的时候还需要编写一个配置文件,在上面的配置中可以看到有一个参数,参数指向了一个配置文件 faces-config.xml,这个文件是所有的 JSF 应用中必须提供的,在这个配置文件中可以描述文件之间的跳转关系,以及使用 JavaBean 等。下面是某个应用中的 faces-config.xml 中的部分代码:

```
    <navigation-rule>
  <from-view-id>/login.jsp</from-view-id>
  <navigation-case>
      <from-outcome>success</from-outcome>
      <to-view-id>/ok.jsp</to-view-id>
    </navigation-case>
    <navigation-case>
      <from-outcome>failure</from-outcome>
      <to-view-id>/error.jsp</to-view-id>
    </navigation-case>
</navigation-rule>
<managed-bean>
    <managed-bean-name>userValidator</managed-bean-name>
    <managed-bean-class>validator.UserValidator</managed-bean-class>
    <managed-bean-scope>session</managed-bean-scope>
</managed-bean>
```

其中<navigation-rule>表示一个跳转关系;<from-view-id>表示从哪个页面的发送的请求;<navigation-case>表示一个可能的跳转;<from-outcome>表示一种情况的条件;<to-view-id>表示这种条件下的跳转目标;<managed-bean>表示一个被容器自动加载的类。所以,所有的 JavaBean 基本上都不需要实例化。

在 JSF 框架中模型部分也是采用 JavaBean 实现,与前面的介绍的基本的 MVC 部分没有区别。

JSF 框架中视图部分仍然使用 JSP 文件实现,只是为了与框架更好地结合,JSF 提供了大量的自定义标签库来增强页面的功能。

在值的传递方面,JSF 提供了表达式语言,通过表达式语言,直接把值从视图层传递给模型层,也可以把值从模型层传递给视图层。当然具体的传递过程仍然是通过控制层完成的。相当于把前面介绍的多种值的传递结合在一起了。

6.10.5 Tapestry

Tapestry 是一个开源的基于 Servlet 的应用程序框架,使用组件对象模型来创建动态、交互的 Web 应用。一个组件就是任意一个带有 jwcid 属性的 HTML 标记。其中 jwc 的意思是 Java Web Component。Tapestry 使得 Java 代码与 HTML 完全分离,利用这个框架开发大型应用变得轻而易举。并且开发的应用很容易维护和升级。Tapestry 支持本地化,其错误报告也很详细。Tapestry 主要利用 JavaBean 和 XML 技术进行开发。Tapestry 不仅包含了前端的 MVC 框架,还包含了一种视图层的模板技术,是一种非常优秀的设计。通过使用 Tapestry,开发者完全不需要使用 JSP 技术,用户只需要使用 Tapestry 提供的模板技术即可,Tapestry 实现了视图逻辑和业务逻辑的彻底分离。Tapestry 使用组件库替代了标签库,没有标签库概念,从而避免了标签库和组件结合的问题。Tapsetry 是完全组件化的框架。Tapestry 只有组件或页面两个概念,因此,链接跳转目标要么是组件,要么是页面,没有多余的 path 概念。组件名,也就是对象名称,组件名称和 path 名称合二为一。Tapestry 具有很高的代码复用性,在 Tapestry 中,任何对象都可看作可复用的组件。对于对页面要求灵活度相当高的系统,Tapestry 是第一选择。精确地错误报告,可以将错误定位到源程序中的行,取代了 JSP 中那种编译后的提示。如果技术允许,使用 Tapestry 会带给整个应用更加优雅的架构,更好的开发效率。但是,在实际开发过程中,采用 Tapestry 也面临着一些问题必须考虑:Tapestry 的学习曲线相对陡峭,国内开发群体不是非常活跃,文档不是十分丰富。官方的文档太过学院派,缺乏实际的示例程序。Tapestry 的组件逻辑比较复杂,再加上 OGNL 表达式和属性指定机制,因而难以添加注释。

小　结

WebFrame 框架的文档结构是按照实际的 Web 应用常用的文档结构进行设计的,结构比较合理。WebFrame 的文档结构设计的主要依据是:根据 MVC 分层设计的思想,为页面、控制器和模型制定了分类的存放目录结构或包结构;根据 Web 用户的分类,页面分为前台和后台;公用的内容专设目录进行存放和管理。

WebFrame 中所封装的通用功能包括登录功能、session 验证过滤器,统一信息提示、文件上传/下载、数据库访问封装和分页处理。WebFrame 框架具有简单、实用、可复用和可扩展的特点。

当前流行的 Web 开发框架有 Struts、WebWork、Spring、JSF 和 Tapestry 等。与流行的 Web 开发框架相比,WebFrame 框架还有很多的不足,并不完全算是真正意义上的开发框架,而只是一个可扩展的 Web 应用。不完善的方面体现在,没有在前端控制器中提供通用的属性设置器,需要程序员自行传递来自页面的参数信息。这个问题将在第 12 章中搭建的 advancedWebframe 框架中得到解决。另外,第 12 章还将给出当前流行的 Struts2+Spring+Hibernate 的框架搭建实例,以便读者更好地理解 Web 开发框架。

思　考

1. WebFrame Web 应用的功能特点有哪些?

2. 在封装业务逻辑时,是对整个系统封装一个 Service,还是每张表对应一个 Service,还是为每个子系统或模块设计一个 Service,应该如何考虑?

3. 统一信息提示的功能,是否可以设计得更加具有灵活性?

4. 流行的 Web 开发框架有哪些？

5. 如何选择 Web 开发框架？

练　习

1. 搭建 WebFrame，包含登录功能、session 验证过滤器，统一信息处理、数据库访问封装和文件上传/下载。

2. 改进统一信息提示功能，实现统一信息提示页面的链接转向地址是可以指定的。即不是固定地都转回前一页，而是根据不同的需要，可以转向不同的 JSP 页面。

3. 根据 6.9.4 节中的分页处理功能使用要点，完成一个分页处理的实例。

测　试

1. 在 WebFrame 应用中增加一个注册新用户的功能。

2. 在 WebFrame 应用中增加一个用户管理的功能，包括用户信息修改、删除和按用户名查询用户的功能。

第7章 Tea Web应用概述

本章内容

- Tea Web应用概述；
- Tea Web应用作业子系统的静态页面；
- 静态页面说明文档撰写规范；
- 静态页面说明文档撰写实例。

本章目标

- 了解Tea Web应用；
- 了解Tea Web应用的作业子系统的需求；
- 能够按照规范撰写静态页面说明文档。

7.1 Tea Web应用概述

随着计算机网络和信息技术的发展,网络教学平台应运而生。网络教学平台能够为教师和学生提供一个统一的、基于Web的运行系统。Tea Web应用是一个网络辅助课堂教学的平台,集成了课堂互动教学管理、电子作业管理、电子教学手册管理、测试管理和题库管理等子系统。Tea Web应用为教师提供了根据学生的学习情况进行分析与决策的功能,通过学生的课堂互动情况、作业完成情况和测试情况等,掌握学生的学习类型,从而开展分层次的教学。

系统采用基于B/S的三层体系架构,如图7-1所示。应用服务器选用了Tomcat,数据库服务器是MySQL数据库。使用Java Web开发技术,基于自行搭建的实用框架WebFrame进行开发。开发工具采用Eclipse。

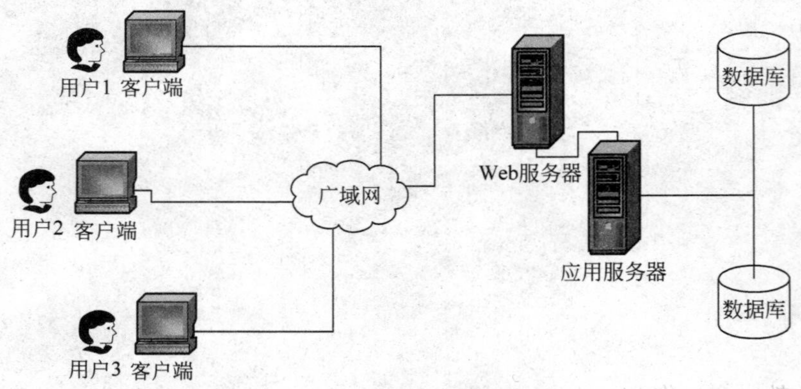

图7-1 Tea Web应用总体架构图

考虑到系统实现的复杂性，本书中仅对 Tea Web 应用的作业管理子系统进行了设计与实现。下面对作业管理子系统进行分析。

几乎所有的网络教学平台都具有作业管理子系统，这些子系统各具优缺点。Tea Web 应用的作业管理子系统根据实际的教学需求，提供了相对比较实用的教学功能。教师可以按照实际的作业管理流程对电子作业进行管理，包括布置作业、批改作业等。为不同学习类型的学生定制作业内容是 Tea Web 应用作业管理子系统中较具特点的一个功能。学生可以浏览教师布置的作业，当然不同层次的学生所看到的作业题是不一样的。学生可以完成为他们定制的作业，在网上提交作业，并根据作业进行复习等。图 7-2 所示是作业管理子系统的主业务流程图。

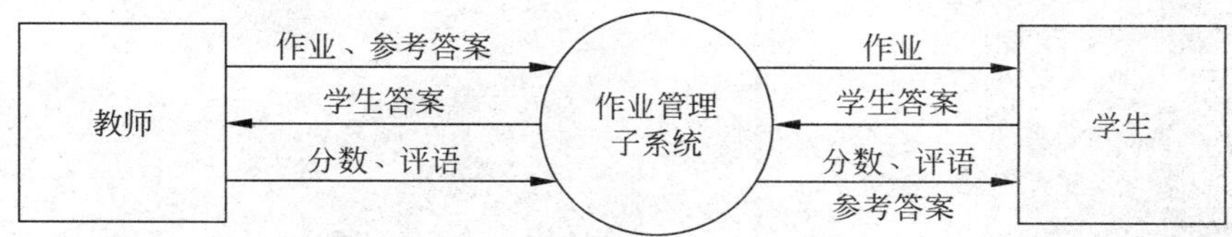

图 7-2　作业管理子系统主业务数据流图

作业管理子系统包括 5 大功能模块，功能描述如表 7-1 所示。

表 7-1　作业管理子系统功能列表

功能编号	功能名称	功能描述
Homework 01	布置作业	可以对课程创建作业
Homework 02	作业维护	对已创建的作业进行修改、删除
Homework 03	作业搜索	可以对作业进行搜索操作
Homework 04	完成作业	学生查询作业，选择作业进行作答并提交
Homework 05	批改作业	可以选择作答人进行批改作业

7.2　Tea Web 应用作业管理子系统的静态页面演示

这一阶段的主要工作是明确作业管理子系统的需求。为了更好地理解作业管理子系统的需求，以下按照作业管理子系统的主业务流程对静态页面进行演示。本节中，仅演示作业管理子系统中的教师布置作业、批改作业以及学生完成作业这几个核心功能的静态页面，其余功能的静态页面设计留作练习。

7.2.1　教师布置作业

首先考虑教师用户的布置作业功能。根据作业管理子系统的具体操作流程，教师用户在登录系统之后会首先进入系统的入口页面，在本页面中可以选择要进行的管理操作模块。

图 7-3 为教师用户作业管理入口页面。

进入作业管理模块后，教师要继续选择所要操作的课程，即要对哪一门课进行作业的布置、批改或维护操作。

图 7-4 为教师用户作业管理课程列表页面。

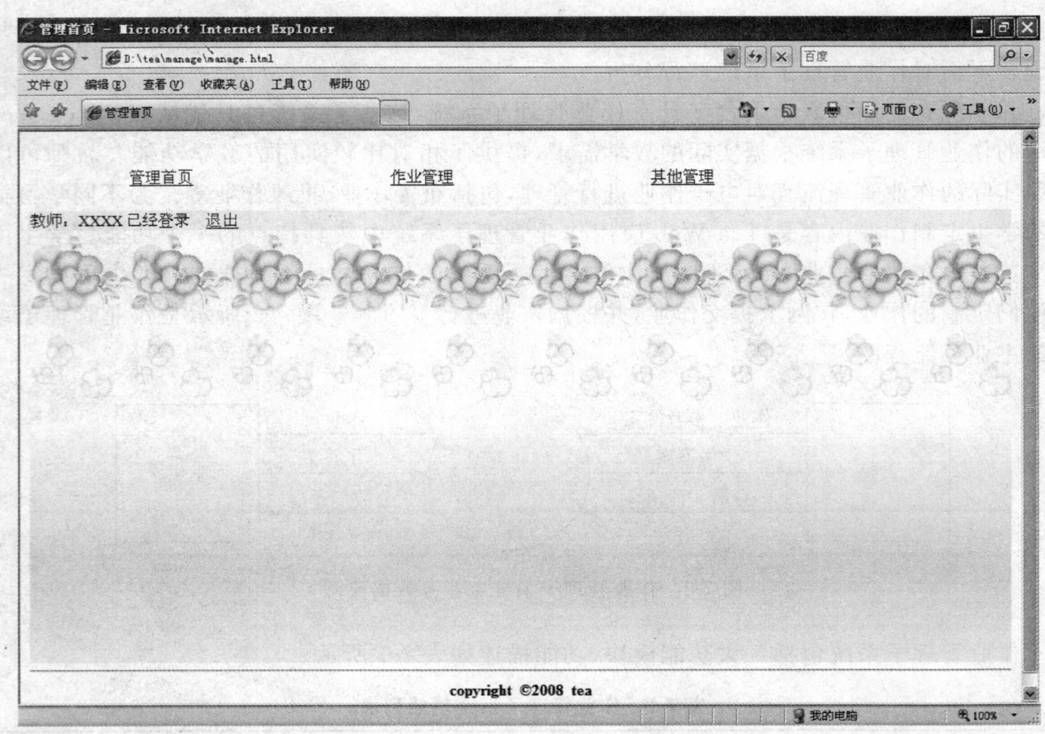

图 7-3　教师用户作业管理入口页面

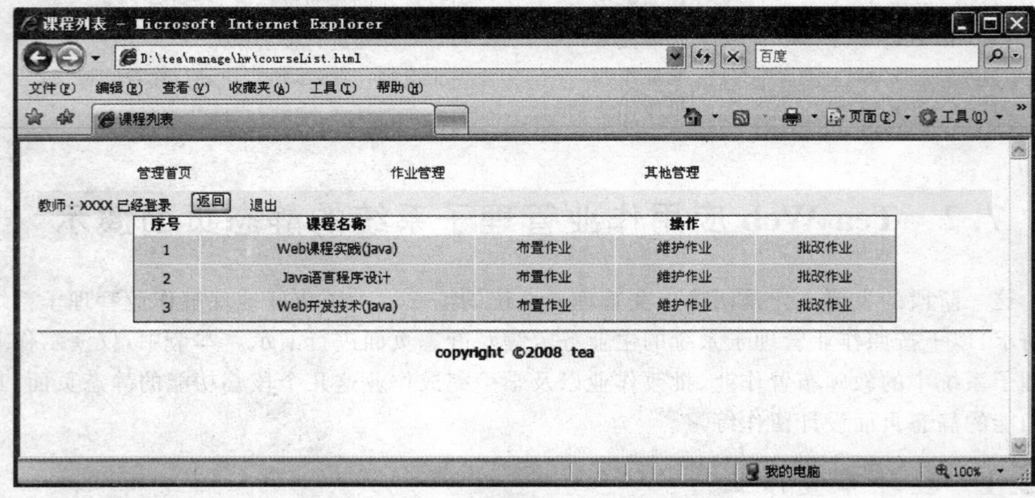

图 7-4　教师用户作业管理课程列表页面

课程选择完毕后，进入该门课的布置作业页面。作业信息分为两大部分：作业整体信息和作业详细信息。教师先进入作业整体信息输入页面添加新作业的整体信息。

图 7-5 为教师用户作业管理中的布置作业整体信息页面。

作业整体信息输入完毕后，进入下一步操作。如果操作成功，将进入作业详细信息的输入页面。如果布置作业整体信息操作出错，将出现统一的错误提示页，如图 7-6 所示。Tea

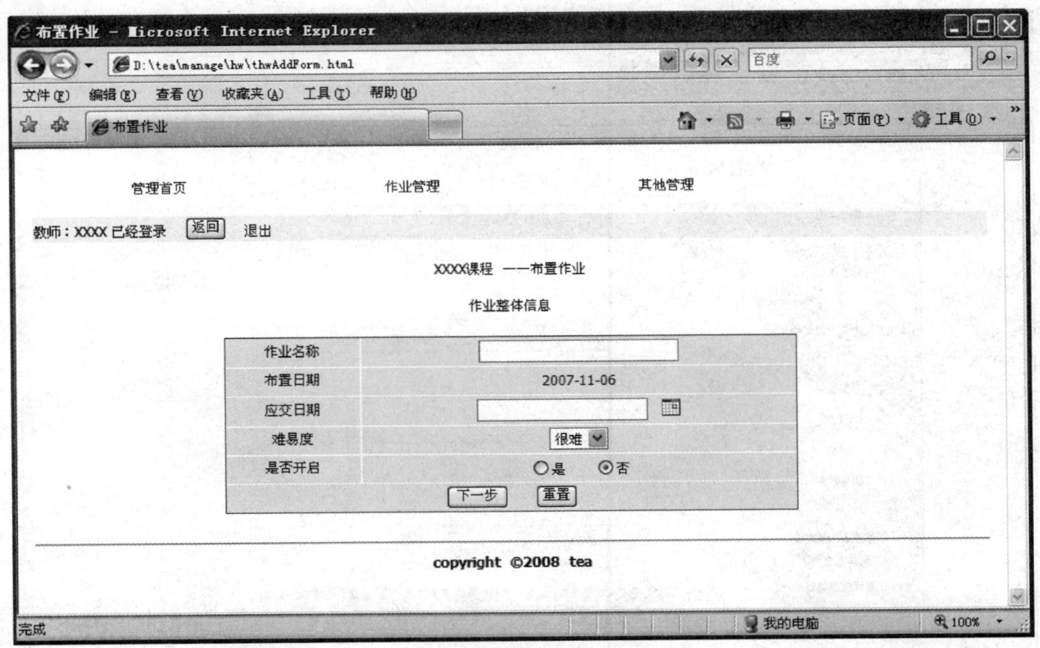

图 7-5　布置作业整体信息页面

Web应用中查询操作由于能直接看到查询的结果，因此查询操作的成功与否一般没有提示信息，而添加、修改和删除等操作的成功与否均采用统一的信息提示方式，后文中不再说明。

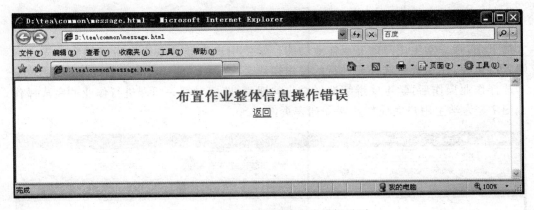

图 7-6　布置作业整体信息出错提示页

在布置作业详细信息页面输入作业的每道题目信息。题目类型分为主观题和客观题。单选题、多选题、填空题和判断题属于客观题。简答题、程序题和综述题属于主观题。其中，简答题、程序题和综述题是主观题。对于题目内容，可以是文字的内容，也可以是上传相关的文件。同样，对于题目答案，可以是文字内容，也可以是上传的文件。当然，只有主观题的答案才有可能做上传文件的操作。

图 7-7 为教师用户作业管理布置作业详细信息页面。

至此，教师布置作业的操作完毕。

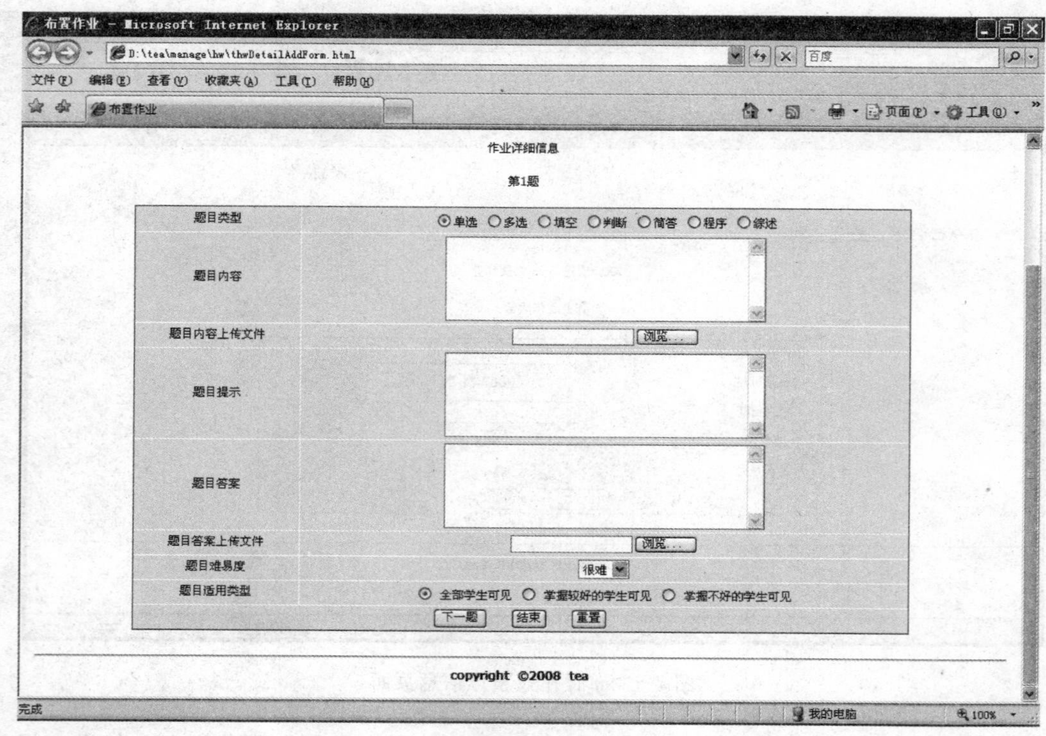

图 7-7　布置作业详细信息页面

7.2.2　学生完成作业

接下来,考虑学生用户的完成作业功能。学生用户在登录系统之后仍然会首先进入系统的入口页面,在本页面选择要进行的操作模块。

选择作业操作后,学生要继续选择对应的课程,即要对哪一门课进行作业的完成操作。图 7-8 为学生用户完成作业课程列表页面。

图 7-8　学生用户完成作业课程列表页面

课程选择完毕后，进入该门课所有有效作业的列表页面，学生在本页面可以选择对未完成的作业进行作答或查看已完成作业的批改情况。

图 7-9 为学生用户完成作业的作业列表页面。

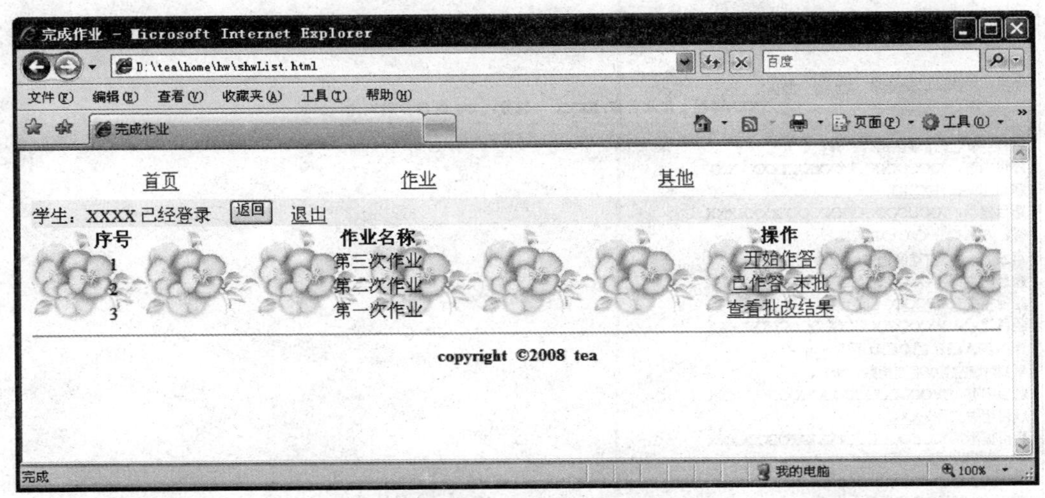

图 7-9　学生用户完成作业的作业列表页面

若选择未完成作业的开始作答操作，进入作答页面，学生可以在本页面输入每道作业题目的答案，其中主观题还可以提供答案文件的上传操作。

图 7-10 为学生用户完成作业的作业信息页面。

至此，学生完成作业的操作完毕。

7.2.3　教师批改作业

接下来，考虑教师用户的批改作业功能。教师从系统入口页面仍进入课程列表页面，在本页面选择所要操作的课程。

选择完毕后进入该门课程的批改页面，首先进入的是该门课程属于该名教师的所有作业列表页面。对每次作业均提供三种批改方式：全批、抽批或随机批改。

图 7-11 为教师用户批改作业列表页面。

若选择对一次作业进行全批，进入该次作业的所有作答学生列表页面，在本页面可以选择批改某一名学生的作业。

图 7-12 为教师用户批改作业学生列表页面。

若选择对一次作业进行抽批，进入该次作业的抽查批改条件输入页面，在本页面可以选择某个班的某些学生的作业进行批改。

图 7-13 为教师用户批改作业抽批方式页面。

若选择对一次作业进行随机批改，进入该次作业的随机批改条件输入页面，在本页面可以选择随机抽取某个班的某些学生的作业进行批改。

图 7-14 为教师用户批改作业随机批改方式页面。

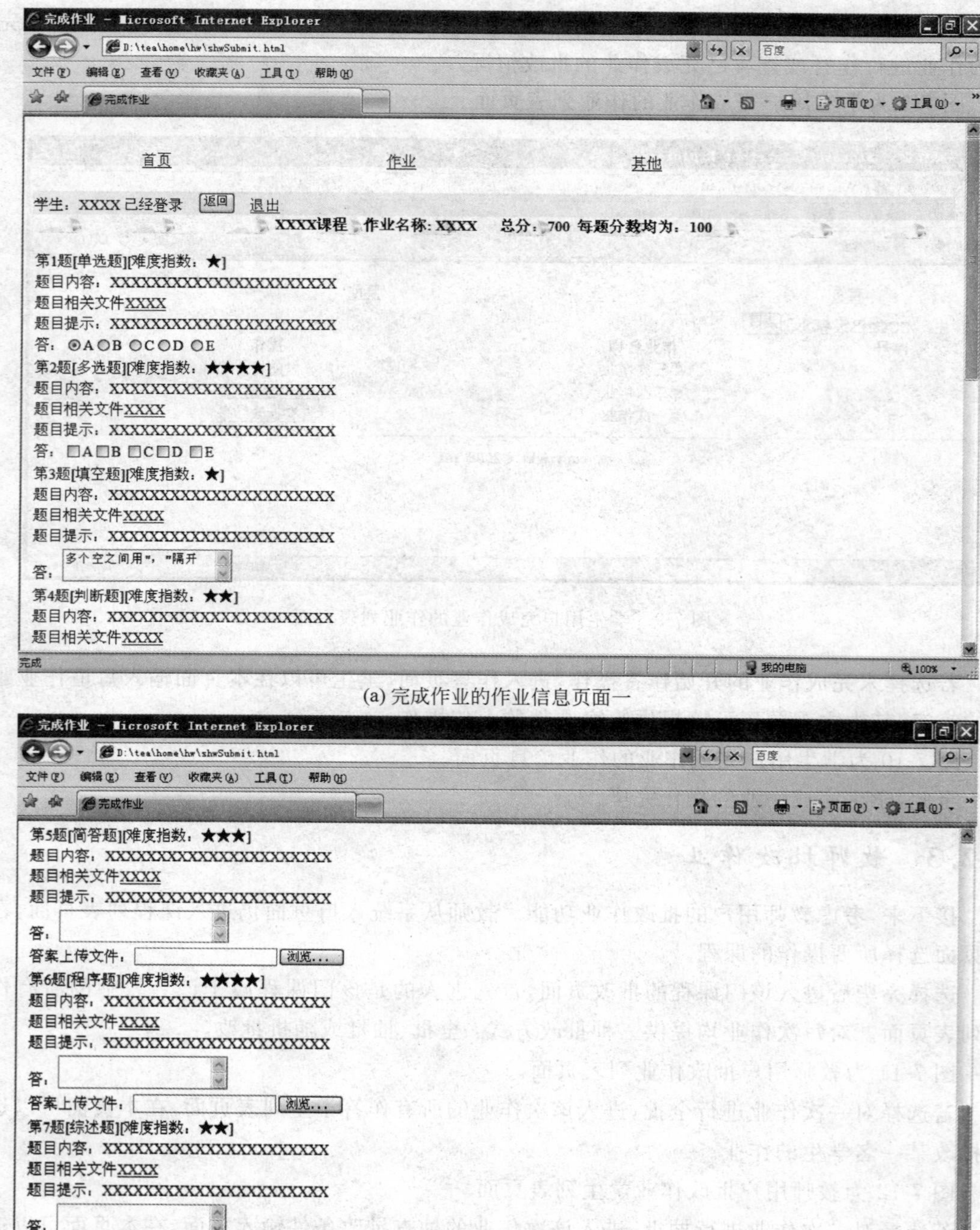

(a) 完成作业的作业信息页面一

(b) 完成作业的作业信息页面二

图 7-10　完成作业的作业信息页面

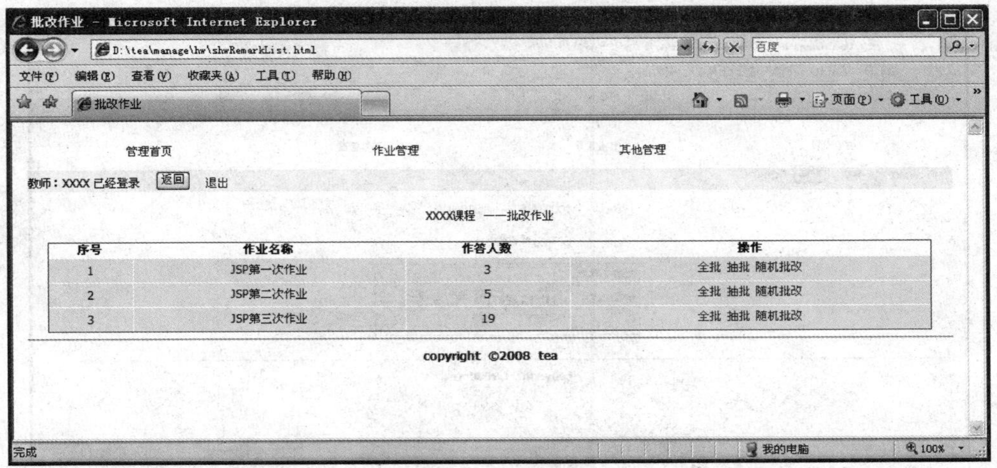

图 7-11 教师用户批改作业列表页面

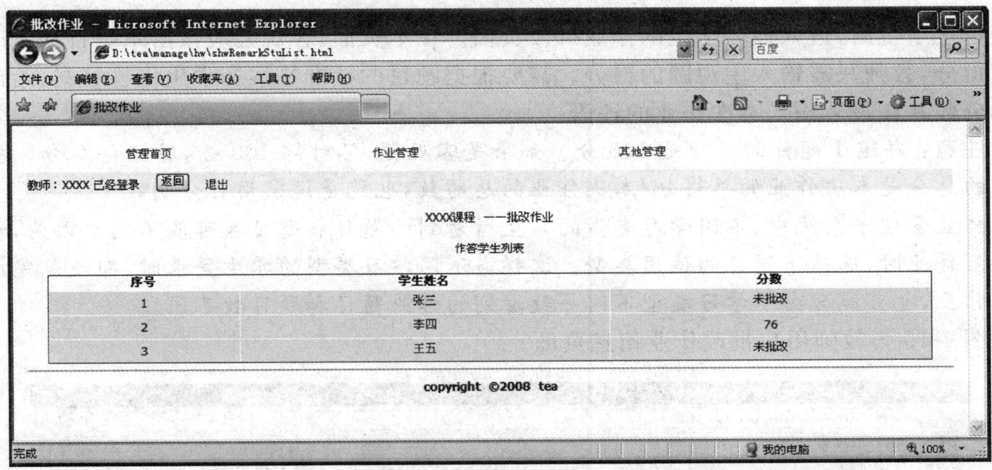

图 7-12 教师用户批改作业学生列表页面

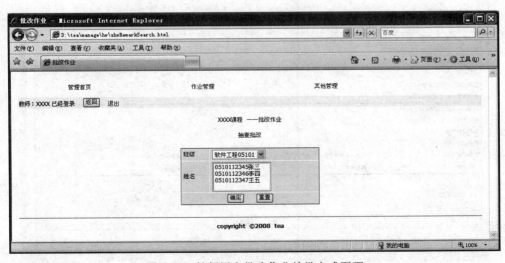

批改作业 - Microsoft Internet Explorer
D:\tea\manage\hw\shwRemarkSearch.html
管理首页 作业管理 其他管理
教师：XXXX 已经登录 返回 退出
XXXX课程 ——批改作业
抽查批改
班级 软件工程05101
姓名 0510112345张三 0510112346李四 0510112347王五
确定 重置
copyright ©2008 tea

图 7-13 教师用户批改作业抽批方式页面

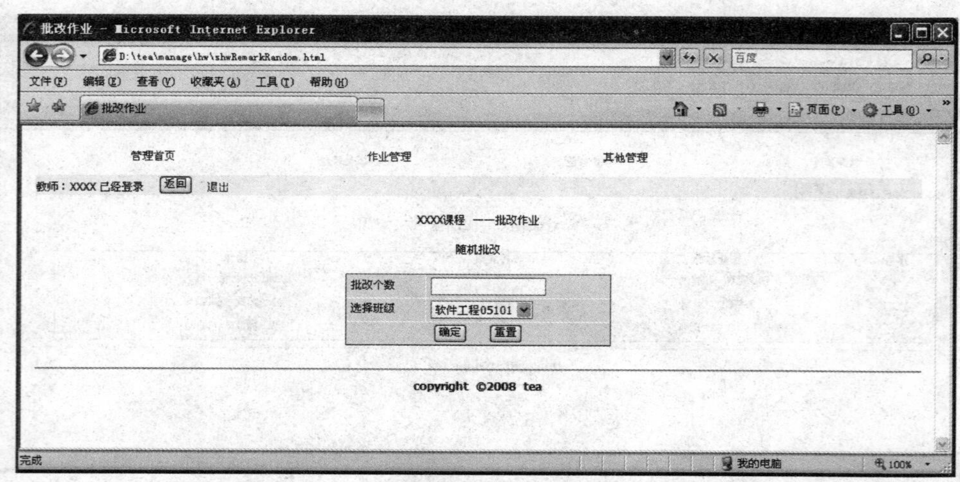

图 7-14　教师用户批改作业随机批改方式页面

选定学生后,进入该名学生的作业批改页面。在本页面,客观题应该由系统自动批改并显示得分,教师只需输入主观题的得分。需要根据题目的标准答案和学生作答答案,给出相应的分数并在最后输入本次作业的评语。

注意:每道小题目的满分是 100 分。如果是客观题,答对得 100 分,答错得 0 分。整个作业的总分是本次作业的总得分/本次作业的总题数,也就是说采用百分制。

作业管理子系统中,不同学习类型的学生所看到的题目和题目数可能不同。因为,教师在布置作业时,选择了题目的适用类型。这样当不同学习类型的学生登录时,即使是完成同一次作业,也可能会由于学习类型不同导致看到的作业题目和题目数不同。

图 7-15 为教师用户批改作业信息页面。

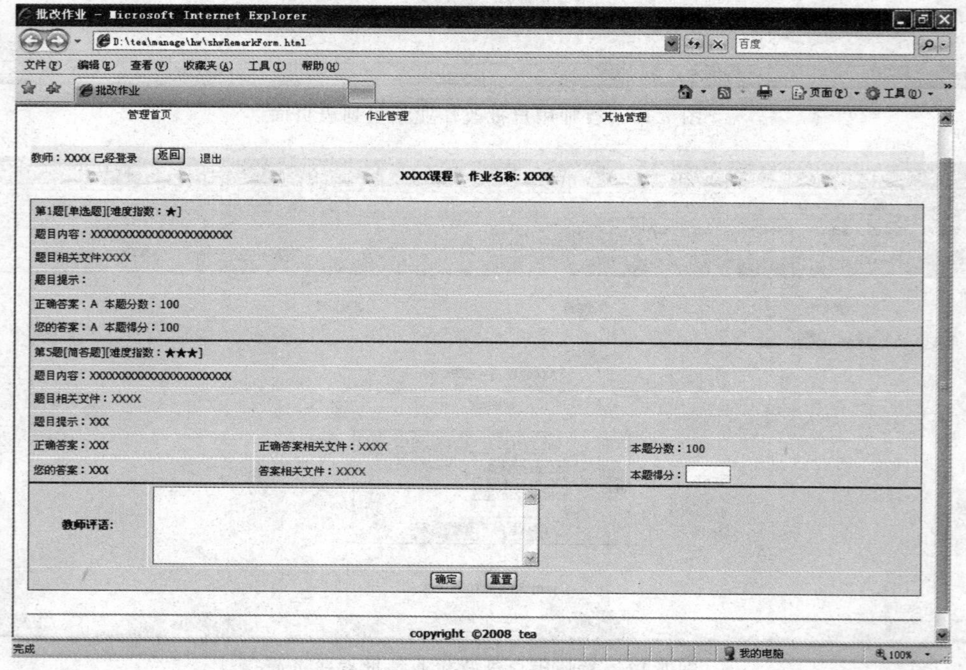

图 7-15　教师用户批改作业信息页面

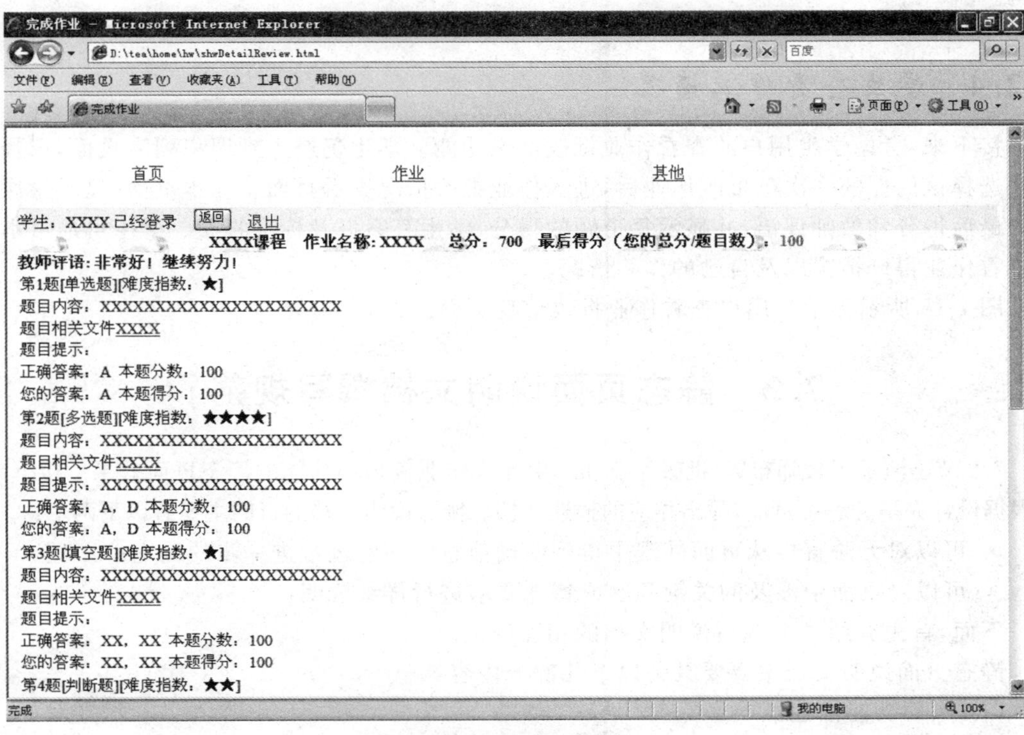

(a) 学生查看作业批改信息页面一

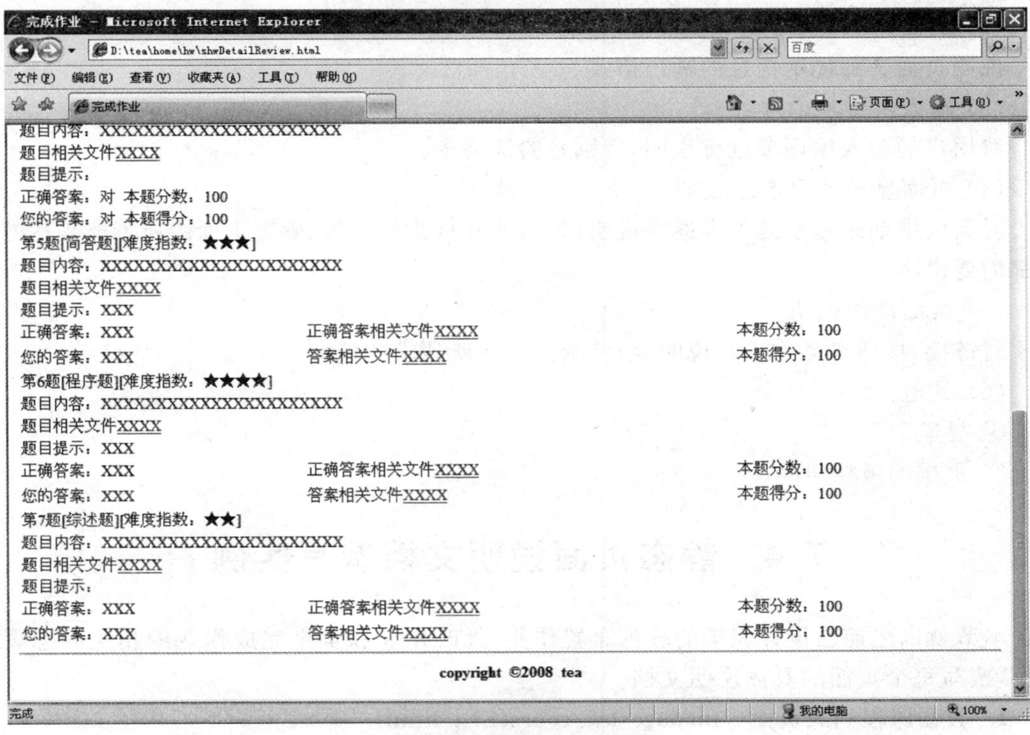

(b) 学生查看作业批改信息页面二

图 7-16 学生用户查看作业批改信息页面

至此,教师批改作业的操作完毕。

7.2.4 学生查看作业情况

接下来,考虑学生用户的查看作业批改情况功能。学生仍进入到课程列表页面,选择课程并选择该门课的一次已批改作业后,进入作业批改情况查看页面。在本页面,显示这次作业的最后得分和教师评语,并显示每道题的得分、学生答案以及标准答案。学生可通过本页面查看作业得分情况以及自己的作答情况。

图 7-16 所示为学生用户查看作业批改信息页面。

7.3 静态页面说明文档撰写规范

7.2 节已演示了教师布置、批改作业和学生完成作业等核心功能的静态页面效果。接下来,要根据设计完毕的静态页面,写出相应的描述文档。撰写说明文档的目的主要有以下两个:

- 可以对无法直接从页面外观中得到明确信息的问题进行进一步的确定;
- 可以对页面中涉及的关键问题或特殊要求进行详细说明。

下面,首先介绍一下撰写说明文档的相关规范。

静态页面说明文档主要要具备以下几部分内容:

(1) 页面功能描述。

说明页面是做什么的,简要说明。

(2) 页面提示文字。

说明页面头部提示信息的输出格式。

(3) 输入及要求。

对用户的输入项逐项进行说明,特别是验证要求。

(4) 页面显示及要求。

对页面中动态显示的内容逐项说明,包括特殊格式要求等,静态页面图所不能表达的细节都需要说明。

(5) 页面动作说明。

对链接、按钮等动作进行说明,明确指出动作所请求的地址。

(6) 其他。

① 导航。

② 页尾的版权声明。

7.4 静态页面说明文档撰写实例

本节就以之前已设计完毕的教师布置作业、批改作业和学生完成作业的相关静态页面为例,撰写每个页面的具体说明文档。

1. 教师课程列表页面(/manage/hw/courseList.html)

(1) 页面功能描述:教师用户布置作业、维护作业、批改作业的入口页面。教师用户可以选择课程对应的布置作业、维护作业、批改作业链接进行相应操作。

（2）页面提示文字：无。

（3）输入及要求：无。

（4）页面显示及要求：

表格中的表头见图 7-4，表中的每一行内容为序号（从 1 开始，每行增 1）、课程名称（当前登录教师所教的所有课程名列表），以及如图所示的三个链接。

（5）页面动作说明。

【布置作业】链接：单击进入课程的布置作业页面/manage/hw/thwAddForm. html。

【维护作业】链接：单击进入课程的维护作业页面/manage/hw/thwMaintainList. html。

【批改作业】链接：单击进入课程的批改作业页面/manage/hw/shwRemarkList. html。

【退出】链接：单击后，用户退出登录，转到/login. html。

（6）其他。

① 导航。

后台页面导航条内容如下：

管理首页、作业管理、其他管理

教师：[当前登录的教师用户名]　已经登录　退出

② 页尾的版权声明。

页脚版权声明内容如下：

copyright © 2008 tea

2. 布置作业整体信息页面（/manage/hw/thwAddForm. html）

（1）功能描述：布置作业整体信息输入页面。

（2）页面提示文字：

[所选择的课程名]——布置作业

作业整体信息

（3）输入：作业名称、应交日期、难易度、是否开启共 4 项输入。

作业名称做非空验证。

应交日期做非空、日期格式、和布置日期大小验证。

难易度分为很难、较难、中等、简单。

是否开启，学生只能看到作业状态为"开启"的作业。

（4）显示：布置日期，取系统当前时间。

（5）动作：

单击【下一步】按钮。

若操作成功：跳转到/manage/hw/thwDetailAddForm. html 页面。

若操作失败：跳转到/common/message. html 页面，提示错误信息。

（6）其他：同/manage/hw/courseList. html。

3. 布置作业详细信息页面（/manage/hw/thwDetailAddForm. html）

（1）功能描述：布置作业详细信息（题目信息）的输入页面。

（2）页面提示文字：

所选择的课程名——布置作业

作业详细信息

第 n 题(n 代表当前题号,从 1 开始,每次增 1)

(3) 输入:题目类型、题目内容、题目内容上传文件、题目提示、题目答案、题目答案上传文件、题目难易度、题目适用类型共 8 项输入。

题目内容、题目答案做非空验证。

题目类型分为单选、多选、填空、判断、简答、程序、综述,默认为单选。

客观题　　主观题

题目难易度分为很难、较难、中等、简单。

题目适用类型分为全部可见、A 类学生可见、B 类的学生可见,默认为全部可见。当学生完成作业时,只能看到符合自己类型的题目。

题目内容/答案上传文件是对作业题目的一个补充文件。一般是压缩文档或 Word、Excel、pdf、ppt、jpg、gif 等。

(4) 显示:无。

(5) 动作:

单击【下一题】按钮。

若操作成功:跳转到/manage/hw/thwDetailAddForm.html 页面。

若操作失败:跳转到/common/message.html 页面,提示错误信息,“返回”——上一页。

单击【结束】按钮。

若操作成功:跳转到/common/message.html 页面,提示布置作业成功信息,“返回”——/manage/hw/courseList.html。

若操作失败:跳转到 message.html 页面,提示错误信息,“返回”——上一页。

(6) 其他:同/manage/hw/courseList.html。

4. 学生课程列表页面(/home/hw/courseList.html)

(1) 页面功能描述:学生用户完成作业的入口页面。学生用户可以选择课程进入该课程的作业列表页面。

(2) 页面提示文字:无。

(3) 输入及要求:无。

(4) 页面显示及要求。

表格中的表头见图 7-8,表中的每一行内容为序号(从 1 开始,每行增 1)、课程名称(当前登录学生所学的所有课程名列表)并且是链接形式。

(5) 页面动作说明。

单击【课程名称】链接:进入课程的作业列表页面/home/hw/shwList.html。

单击【退出】链接:用户退出登录,转到/login.html。

(6) 其他。

① 导航。

前台页面导航条内容如下:

首页、作业、其他

学生:当前登录的学生用户名　已经登录　退出

② 页尾的版权声明

页脚版权声明内容如下：

```
copyright © 2008 tea
```

5. 学生作业列表页面(/home/hw/shwList.html)

(1) 功能描述：学生用户完成作业和查看作业的入口页面，学生用户可以选择一次作业进行该次作业的完成和查看。

(2) 页面提示文字：无。

(3) 输入：无。

(4) 页面显示及要求。

序号：从1开始，每行增1。

作业名称：当前登录学生所选课程所有作业的名称，作业名称按时间排列，最近布置的在最上面。

操作(超链接形式)：

若是未完成作业，则开始作答 。

若是已完成未批改作业，则已作答未批。

若是已完成已批改作业，则查看批改结果。

(5) 动作：

单击【开始作答】链接：跳转到/home/hw/shwSubmit.html页面。

单击【已作答未批改】链接：跳转到/home/hw/shwDetail.html页面。

单击【查看批改结果】链接：跳转到/home/hw/shwDetailReview.html页面。

(6) 其他：同/home/hw/courseList.html。

6. 学生完成作业页面(/home/hw/shwSubmit.html)

(1) 功能描述：完成作业的输入页面

(2) 页面提示文字：

所选择的课程名　作业名称：当前所选择的作业名称　总分：100 每道题分数均为 100 分

(3) 输入：

单选题：单选按钮，一律提供A～E五个选项，默认选中A。

多选题：复选框，一律提供A～E五个选项。

填空题：多行文本框，多个空的答案之间用“，”分隔。

判断题：单选按钮，默认选中“对”。

主观题均使用多行文本框，还需提供上传控件，以便学生上传自己的主观题答。

(4) 显示：

本次作业中只显示适合该学生学习类型的题目供学生完成。

每一道题目需要显示：

- 题目类型。
- 题目难度系数，★—简单，★★—中等，★★★—较难，★★★★—很难。
- 题目内容。

- 题目相关文件：如果有，显示链接，单击可以下载或打开文件。
- 题目提示。
- 答题分为 7 种情况显示：

单选——5 个单选按钮
多选——5 个复选框
填空——多行文本框
判断——2 个单选按钮
简答——多行文本框，并且允许上传相应的答案文件
程序——多行文本框，并且允许上传相应的答案文件
综述——多行文本框，并且允许上传相应的答案文件

(5) 动作：

单击【题目相关文件】超链接：弹出对话框提示是否进行下载。

单击【提交】按钮：

若操作成功：跳转到/common/message.html 页面，提示完成作业成功信息，"返回"——/home/hw/shwList.html。

若操作失败：跳转到/common/message.html 页面，提示错误信息，"返回"——上一页。

(6) 其他：同/home/hw/courseList.html。

7. 学生查看已批改作业页面(/home/hw/shwDetailReview.html)

(1) 功能描述：查看已完成并且已批改的作业页面。学生用户在本页面查看评语和分数。

(2) 页面提示文字：

所选择的课程名	作业名称:	当前所选择的作业名称	总分: 100 最后得分:	本作业学生所有题目得分求和

(3) 输入：无。

(4) 显示：

需要在所有题目上方显示教师对本次作业的评语。

本次作业中只显示适合该学生学习类型的题目。

每一道题目需要显示：

- 题目序号。
- 题目类型。
- 题目难度系数，★—简单，★★—中等，★★★—较难，★★★★—很难。
- 题目内容。
- 题目相关文件：如果有，显示链接，单击可以下载或打开文件。
- 题目提示。
- 题目正确答案及题目分数，若为主观题则需要显示正确答案相关文件链接。
- 学生的答案及题目得分，若为主观题则需要显示学生答案相关文件链接。

(5) 动作：

单击【题目或答案相关文件】超链接：弹出对话框提示是否进行下载。

(6) 其他：同/home/hw/courseList.html。

8. 教师批改作业列表页面(/manage/hw/shwRemarkList.html)

(1) 页面功能描述：教师用户批改作业的入口页面。教师用户可以选择作业对应的批改方式进行相应操作。

(2) 页面提示文字：

所选课程名——批改作业

(3) 输入：无。

(4) 显示：

表格中的表头见图7-11,表中的每一行内容为序号(从1开始,每行增1)、作业名称(当前登录教师所选课程的所有作业的名称)、作答人数(所有完成本门课本次作业的学生人数)以及三个链接(注意按布置作业的时间逆序排列)。

(5) 动作：

共分为全批、抽批、随机批改三种方式。

单击【全批】链接：跳转到/manage/hw/shwRemarkStuList.html 页面。

单击【抽批】链接：跳转到/manage /hw/shwRemarkSearch.html 页面。

单击【随机批改】链接：跳转到/manage /hw/shwRemarkRandom.html 页面。

(6) 其他：同/manage/hw/courseList.html。

9. 被批改的学生列表页面(/manage/hw/shwRemarkStuList.html)

(1) 功能描述：当前所选课程、当前所选作业的所有已做作业的学生姓名列表页面。教师用户可以选择学生对应的作业进行批改。

(2) 页面头部提示文字：

所选择的课程名—— 批改作业
作答学生列表

(3) 输入：无。

(4) 显示：

表格中的表头见图7-12,表中的每一行内容为序号(从1开始,每行增1)、学生姓名(所有完成了本门课本次作业的学生姓名,做成超链接形式)、分数(若该学生作业已经被批过,显示作业分数；若未批过,显示"未批改")。

注意：10条记录为单位进行分页显示。

(5) 动作：

单击【学生姓名】链接：

若该学生作业未批过,跳转到/manage/hw/shwRemarkForm.html 页面——批改作业页面；若该学生作业已批过,跳转到/manage/hw/shwRemarkEditForm.html 页面——重新批改作业页面。

(6) 其他：同/manage/hw/courseList.html。

10. 教师批改学生作业页面(/manage/hw/shwRemarkForm.html)

(1) 功能描述：批改未批过作业的输入页面。教师可在本页面输入主观题(简答、程序、综述)得分和整个作业的评语。

(2) 页面提示文字：

所选择的课程名　　作业名称：当前所选择的作业名称

(3) 输入：

对每题输入的得分做数字验证(范围 0～100)，默认值为 0。

(4) 显示：

列出该次作业该生完成的所有题目及答案。

每一道题目需要显示：

- 题目序号。
- 题目类型。
- 题目难度系数，★—简单，★★—中等，★★★—较难，★★★★—很难。
- 题目内容。
- 题目相关文件：如果有，显示链接，单击可以下载或打开文件。
- 题目提示。
- 题目正确答案，若为主观题则需要显示正确答案相关文件链接。
- 题目得分，若为客观题则自动批改并显示该题得分(0 或 100)，若为主观题则显示得分输入框。
- 学生的答案，若为主观题则需要显示学生答案相关文件链接。
- 评语输入框。

(5) 动作：

单击【题目或答案相关文件】超链接：弹出对话框提示是否进行下载。

单击【确定】按钮：若操作成功，跳转到/common/message. html，显示成功信息，"返回"——/manage/hw/shwRemarkStuList. html；若操作失败，跳转到/common/message. html，显示错误信息，"返回"——上一页。

(6) 其他：同/manage/hw/courseList. html。

11. 教师抽查批改作业条件输入页面(/manage/hw/shwRemarkSearch. html)

(1) 功能描述：抽查批改的条件输入页面。教师用户在本页面输入抽查批改条件，以查询出符合条件的学生作业进行批改。

(2) 页面提示文字：

所选择的课程名——批改作业

抽查批改

(3) 输入：

班级：下拉列表，下拉菜单中显示当前登录教师、所选课程、所教的所有班级名称。

姓名：多选下拉列表，和"班级"选中项有联动效果。即根据所选"班级"，在"姓名"下拉列表中显示所选中班、完成了本次作业的学生姓名。

(4) 动作：

单击【确定】按钮：跳转到/manage/hw/shwRemarkStuList. html 页面，显示所有选中的学生姓名列表。

12. 教师随机批改作业条件输入页面(/manage/hw/shwRemarkRandom.html)

(1) 功能描述：随即批改的条件输入页面。教师用户在本页面输入随机批改条件，以随机抽出符合条件的学生作业进行批改。

(2) 页面提示文字：

所选择的课程名——批改作业

随机批改

(3) 输入：

批改个数：做数字验证(范围 0～100)。

班级：下拉列表，下拉菜单中显示当前登录教师、所选课程、所教的所有班级名称。

(4) 动作：

单击【确定】按钮：跳转到/manage/hw/shwRemarkStuList.html 页面，显示随机抽出的指定个数的学生姓名列表。

小 结

本章根据业务操作流程演示了作业管理子系统的几个核心功能的静态页面效果，通过画出的静态页面效果可以更加清晰、明确的表达需求，确定系统要实现的目标。这也是项目开发中最重要的环节之一，是整个项目的基石。只有需求正确、符合客户的要求，才能保证后面的设计和实现的顺利进行。一个成功的系统必定是建立在稳定准确的需求的基础之上的。

在静态页面设计完毕后，还有必要形成相关的说明文档。因为有些细节或关键问题，不能直接从页面外观中得出结论，因此说明文档中要对这些问题进行进一步的解释和确定，保证需求不会出现歧义。另外，一些特殊要求如客户端输入验证、隐藏控件传参等也需要在文档中明确说明。总之，一个规范、准确、描述详尽的需求文档对今后的设计和开发也会起到至关重要的作用。

思 考

1. 如何通过文档和静态页面的配合来明确需求？
2. 根据已完成的布置作业静态页面和需求文档，总结布置作业的完整操作流程。
3. 根据已完成的完成作业静态页面和需求文档，总结完成作业的完整操作流程。

练 习

1. 作业子系统——作业维护模块的静态页面绘制。
2. 作业子系统——作业维护模块的静态页面说明。

第 8 章　Tea Web 应用数据库设计

本章内容

- 概念数据模型、物理数据模型和 PowerDesigner 简介；
- Tea Web 应用作业子系统的数据模型设计实例；
- Tea Web 应用作业子系统数据建模操作流程；
- 数据库设计正确性验证。

本章目标

- 了解数据库建模和建模工具 PowerDesigner；
- 理解 Tea Web 应用的作业子系统的概念数据模型和物理数据模型；
- 能够使用 PowerDesigner 建立概念数据模型和物理数据模型；
- 理解数据库设计正确性验证；
- 理解 Tea Web 应用作业子系统主业务的 SQL 语句。

8.1　概念数据模型、物理数据模型与 PowerDesigner

数据库设计是按一定步骤进行的技术性很强的工作，包括需求分析、概念结构设计、逻辑结构设计和物理结构设计等。在需求分析阶段，绘制数据流图(E-R 图)，从数据传递和加工的角度，以图形的方式刻画系统内的数据运动情况。绘制实体关系图，描述系统中的实体以及实体之间的关系，是系统的静态特征。数据流图和实体关系图相结合，表达了系统的数据功能模型，即系统的逻辑结构。系统设计阶段，建立系统的物理数据模型，并在物理数据模型的基础上，进行数据库的物理结构的设计。

8.1.1　概念数据模型和物理数据模型

数据模型是在数据库领域中定义数据及其操作的一种抽象表示。数据库设计过程中主要包括以下两种数据模型的建立：

(1) 建立概念数据模型，也称建立概念结构模型。根据需求分析中的数据流图，画出实体关系图，即概念结构设计内容。概念数据模型是按用户的观点对数据建模，是对现实世界的第一层抽象，是用户和数据库设计人员之间交流的工具。

(2) 建立物理数据模型，也称建立逻辑结构模型。通过建立的概念模型可以自动生成物理数据模型，即逻辑结构设计内容。从物理数据模型可以自动生成数据库对象，包括表、索引、视图等物理结构。物理数据模型可以理解为某种特定数据库中的表设计。

概念数据模型关注于信息对象本身,而不涉及任何具体的应用。概念数据模型描述模型实体以及它们如何关联。物理数据模型描述模型实体的细节,包括通过使用特定的数据库产品如何实施模型的信息,一般指某种数据库系统实体的表的模型。例如,教学管理系统中的教师用户的概念数据模型里,每个用户的节点将拥有编号、姓名、职务、邮箱等属性。其中,编号是主属性,类似于数据表中的主键,用以唯一地标识一个实体。如教师实体中的编号属性可以唯一地描述一个教师。教师的物理模型则会包含实施细节,这些细节包括数据类型、索引、约束等。又如,教学管理系统中,概念模型中的两个实体:教师和课程,它们是多对多的关系。相应的物理模型中是三个表,教师信息表、课程信息表和教学手册表。其中,教学手册表是多对多关系的体现,表中存储教师和课程的关系。

8.1.2 PowerDesigner 简介

数据库建模是数据库设计过程中的关键技术。在数据库技术应用的早期——20 世纪 80 年代,大量的数据库设计是依靠手工方法完成的。人们根据数据库理论与业务需求手工画出数据流程图、概念数据模型和物理数据模型等。在这一复杂的设计过程中,即使是经验丰富的设计人员也会犯这样那样的错误,不但建模工作十分困难,模型的质量也受到严重的影响。

随着数据库建模变得越来越复杂,20 世纪 90 年代以来,世界各大数据库厂商和第三方合作开发了智能化的数据库建模工具。例如,Sybase 公司的 PowerDesigner、Oracle 公司的 CASE * Method,Rational 公司的 Rational Rose 等,它们都是同一类型的计算机辅助软件工程(Computer Aided Software Engineering,CASE)工具。CASE 工具把开发人员从繁重的劳动中解脱出来,极大地提高了数据库应用系统的开发质量。自 1994 年以来,数据库模型设计工具经历了一个复兴时期,并逐步被软件设计人员所接受。

在众多的 CASE 产品中,PowerDesigner 支持目前流行的多种客户端开发工具,同时也支持 30 多种流行的数据库管理系统,而且 PowerDesigner 能够满足任意规模的管理信息系统数据库建模的需求。PowerDesigner 具有良好的性能价格比,它已被数据库设计人员广泛接受和使用。

PowerDesigner 工具包括 6 个模块,这里主要介绍其中最基本、最重要的模块 DataArchitect 模块。

DataArchitect 具有以下一些主要特征:

- 支持 30 多种 RDBMS 平台,即概念数据模型可以转化为多种数据库上相应的物理数据模型;
- 根据物理数据模型生成数据库的对象,生成的对象包括表、索引、主键、外键、触发器、存储过程等;
- 从一种类型的数据库转换到另一种类型的数据库;
- 支持现存数据库的逆向工程,即可以从已经存在的数据库中得到对应的物理数据模型和概念数据模型；

• 综合存储数据库设计的模型信息；
• 不但可以生成一个完整的数据库设计文档，而且数据库的表结构发生变化时还可以带数据修改表结构。

DataArchitect 输出内容包括以下一些文件类：

• 概念数据模型，存储在以 cdm 为扩展名的文件中；
• 物理数据模型，存储在以 pdm 为扩展名的文件中；
• 特定文档，包括完整的数据库设计文档等；
• 特定的数据库生成脚本，它被存储在以 sql 为扩展名的文件中；
• 特定存储过程和触发器脚本。

DataArchitect 为二级数据建模提供了两种工作环境：CDM 工作区和 PDM 工作区，它们分别对应建立概念数据模型和建立物理数据模型。通过简单的生成过程，可把 CDM 转换成 PDM。PDM 能适应特定的 RDBMS，因此，对完成模型的物理实现来说，从 CDM 到 PDM 具有重要意义。

8.2 Tea Web 应用作业子系统数据库设计实例

由于 Tea Web 应用的业务比较复杂，这里仅对与作业子系统相关的部分进行数据需求分析和数据建模分析。

8.2.1 作业子系统的数据需求分析

通过对作业子系统的静态页面说明文档进行分析，可以得出在作业子系统的主要业务功能需要从数据库中获取以及需要保存到数据库中的主要信息是教师布置的作业信息、提交的作业信息、教师对作业的批改信息和教学手册信息，另外还包括教师、学生、课程和班级等信息。

1. 主业务涉及的主要的信息列表

教师布置作业的总体信息如表 8-1 所示。

表 8-1　教师布置作业的总体信息表

序　号	名　称	要　求
1	布置作业名称	不能为空，长度不超过 50 个字符
2	布置作业日期	格式：年-月-日
3	应交作业日期	格式：年-月-日；布置作业日期应该小于应交作业日期
4	作业难易度	包括“很难”、“较难”、“中等”、“简单”
5	作业是否开启	有开启和未开启两种状态

教师布置作业的详细信息如表 8-2 所示。

表 8-2　教师布置作业的详细信息

序　号	名　称	要　求
1	题目类型	分为客观题和主观题，客观题包括“单选题”、“多选题”、“填空题”和“判断题”；主观题包括“简答题”、“程序题”和“综述题”
2	题目内容	不能为空
3	题目相关上传文件名称	长度不超过 50 个字符
4	题目相关上传文件地址	长度不超过 100 个字符
5	作业题提示	长度不超过 200 个字符
6	作业题参考答案	无
7	题目难易度	包括“很难”、“较难”、“中等”和“简单”
8	题目适用类型	分为“全部学生”、“掌握较好的学生”和“掌握较差的学生”
9	答案相关上传文件名称	长度不超过 50 个字符
10	答案相关上传文件地址	长度不超过 100 个字符

注意：教师布置的作业分为总体信息和详细信息，学生完成的作业也分为总体和详细信息，与此相同的还有电子教学手册。现实中教师布置一次作业可能包含多个题目，每次作业是一个数据结构，每个题目是一个数据结构，一次作业和一个题目的数据结构是不同的。作业的实际数据如图 8-1 所示，作业题目的数据如图 8-2 所示。

tea_hw_no ▲	tea_no	cou_no	tea_hw_name	tea_hw_date	tea_hw_expire	tea_hw_diff_easy	tea_hw_open
1	1	1	第一次作业	2007-03-12 00:00:0C	2007-03-19 00:00:00	简单	1
2	2	1	第一次作业	2007-03-12 00:00:0C	2007-04-19 00:00:00	简单	1
3	1	1	第二次作业	2007-04-01 00:00:0C	2007-06-28 00:00:00	简单	0
4	2	1	第二次作业	2007-04-02 00:00:0C	2007-06-20 00:00:00	简单	0

图 8-1　4 次作业数据

thd_no ▲	tea_hw_no	thd_type	thd_content	thd_file_name	thd_file_addr	thd_prompt	thd_answer	thd_diff_easy	thd_stu_type	thd_ans_file_name	thd_ans_file_addr
1	1	单选	<MEMO>	无		提示	<MEMO>	简单	0	无	
2	1	判断	<MEMO>	无		提示	<MEMO>	简单	0	无	
3	1	简答	<MEMO>	题目附图	/upload/hw/q	提示	<MEMO>	简单	2	参考答案附件压缩	/upload/hw/answe
4	1	简答	<MEMO>	题目附件压缩	/upload/hw/q	提示	<MEMO>	中等	0	参考答案附图	/upload/hw/answe
5	1	程序	<MEMO>	JSP面视题		提示	<MEMO>	中等	0	JSP面视题答案	/upload/hw/answe

图 8-2　第 1 次作业数据对应的 5 个作业题目的数据

从以上数据可以看出，如果教师布置的作业的总体信息和详细信息不分开设计，为了保证数据完整，就需要将第一个图 8-1 中的第一次作业的信息与第二个图 8-2 中的 5 个题目信息进行合并，表示这 5 个题都属于第一次作业，合并后的数据如图 8-3 所示。

te ▲	tea	cou	tea_hw_nam	tea_H	tea_hw_	tea_	tea	th ▲	tea_	thd_ty	thd_conte	thd_file_n	thd_file_	thd_	thd_answ	thd_d	thd	thd_	thd_ans_
1	1	1	第一次作业	2007	2007-03	简单	1	1	1	单选	<MEMO>	无		提示	<MEMO>	简单	0	无	
1	1	1	第一次作业	2007	2007-03	简单	1	2	1	判断	<MEMO>	无		提示	<MEMO>	简单	0	无	
1	1	1	第一次作业	2007	2007-03	简单	1	3	1	简答	<MEMO>	题目附图	/upload.	提示	<MEMO>	简单	2	参考	/upload/
1	1	1	第一次作业	2007	2007-03	简单	1	4	1	简答	<MEMO>	题目附件	/upload.	提示	<MEMO>	中等	0	参考	/upload/
1	1	1	第一次作业	2007	2007-03	简单	1	5	1	程序	<MEMO>	JSP面视		提示	<MEMO>	中等	0	JSP	/upload/

图 8-3　合并后的作业数据

因此，仅此 5 个题就把第一次作业的总体信息重复了 5 遍，那么当作业次数很多和每次作业中的题目数很多时，这种数据冗余是非常严重的。为了避免数据冗余，将作业信息分为作业的总体信息和作业题目详细信息。

同理，学生完成的作业和电子教学手册也分为总体信息和详细信息，如表 8-3 和表 8-4 所示。

表 8-3 学生提交的作业的总体信息

序 号	名 称	要 求
1	学生提交作业时间	格式：年-月-日
2	作业分数	可以有小数位
3	作业评语	无

表 8-4 学生提交的作业详细信息

序 号	名 称	要 求
1	学生该题答案	长度不超过 50 个字符
2	学生该题答案相关上传文件名称	长度不超过 50 个字符
3	学生该题答案相关上传文件链接地址	长度不超过 100 个字符
4	学生该题得分	可以有小数位

电子教学手册详细信息如表 8-5 所示。

表 8-5 电子教学手册详细信息

序 号	名 称	要 求
1	提交作业次数	整数
2	批改作业次数	整数
3	作业总成绩	可以有小数位
4	学生的学习类型	分为“中等学生”、“掌握较好的学生”和“掌握不好的学生”三种类型，与教师布置作业详细信息中的题目适用类型的三种情况相对应

2. 作业子系统的数据加工和存储

作业子系统的数据加工和存储如表 8-6 所示。

表 8-6 作业子系统的数据加工和存取

序号	数据加工名称	存取的数据
1	教师课程列表	课程信息、教学手册总体信息
2	教师布置作业	教师布置作业总体信息、教师布置作业详细信息
3	学生课程列表	课程信息、教学手册总体信息、教学手册详细信息
4	学生作业列表	教师布置作业总体信息、学生完成作业总体信息、教学手册总体信息、教学手册详细信息
5	学生提交作业	教师布置作业详细信息、教学手册详细信息、教学手册总体信息、学生提交作业总体信息、学生提交作业详细信息
6	教师批改作业列表	学生提交作业总体信息、教师布置作业总体信息
7	待批作业的学生列表	学生提交作业总体信息、学生信息
8	教师批改作业	教师布置作业详细信息、学生提交作业详细信息、教学手册总体信息、教学手册详细信息、学生提交作业总体信息
9	学生查看批改结果	教师布置作业详细信息、学生提交作业详细信息
10	教师抽批班级学生列表	…
11	教师点批学生	…
12	教师维护布置的作业	…

在表 8-6 中，仅对教师布置作业—学生提交作业—教师批改作业—学生查看批改结果主流程所涉及的数据存取进行了说明。限于篇幅，其他的数据存取，如教师抽批班级学生列表、教师点批学生以及教师维护已布置的作业等业务相关的数据存取都不再说明。

下面将对表 8-6 中 1～9 的数据加工进行分析。

(1) 教师课程列表：根据教师信息，查询教学手册总体信息和课程信息，得到该教师的课程信息列表。

(2) 教师布置作业：将某教师针对某门课所布置的作业信息保存的布置作业总体信息和详细信息中。

(3) 学生课程列表：根据学生信息，查询教学手册详细信息，得到该学生相关的教学手册总体信息、再从教学手册总体信息中查询课程信息得到该学生的课程列表。

(4) 学生作业列表：根据某学生针对某门课，查询教学手册详细信息，教学手册总体信息，教师布置作业总体信息和学生提交作业总体信息，得到该生某门课的教师布置作业总体信息以及学生提交作业总体信息。

(5) 学生提交作业：根据某学生针对某课程的教师布置作业信息查询教师布置作业的详细信息，得到相应的该次作业的作业题目信息。将该学生针对该次作业所提交的答案信息保存到学生提交作业总体信息和提交作业详细信息中。并更新针对该生某课程的教学详细信息中的提交次数。

(6) 教师批改作业列表：根据某教师、某课程的信息，查询学生提交作业总体信息和教师布置作业总体信息，得到某教师某门课的待批作业列表。

(7) 待批作业的学生列表：根据某次作业，查询学生提交的作业总体信息和学生信息，得到待批作业的学生列表。

(8) 教师批改作业：根据某学生及其提交的作业信息，查询教师布置作业详细信息和学生提交作业详细信息，得到该生该次提交作业所对应的布置题目信息和提交的答案信息。将计算机自动批改的客观题分数和教师批改的主观题分数更新到学生提交作业详细信息中；将作业总分数更新到教学手册详细信息中；将作业总分数和教师评语更新到学生提交作业总体信息中。

(9) 学生查看批改结果：根据学生提交的某次作业信息，查询教师布置作业详细信息和学生提交作业详细信息，得到该次作业的作答信息、批改分数和评语。

8.2.2 作业子系统的数据建模分析

作业子系统的数据建模包括建立概念数据模型和物理数据模型。其中物理数据模型是从概念数据模型转换而成的。因此，建立概念数据模型是关键。下面，对建立概念数据模型进行分析。

在创建概念数据模型的时候，首先要识别潜在的实体，考虑系统中应该包括哪些实体。其次，考虑已经识别的实体中应该包括哪些属性，属性的类型是什么。最后，识别哪些实体之间有关系，是什么关系。实体之间的关系包括一对一关系、一对多关系和多对多关系。其中，一对一关系多用于数据敏感、属性太多或性能要求高的时候。

1. 识别实体

根据前面的数据需求分析，作业子系统应该包括的实体有教师、学生、班级、课程、教师布置作业总体信息、教师布置作业详细信息、学生提交作业总体信息和学生提交作业详细信息等实体。

2. 识别实体中的属性和属性类型

除了考虑有哪些实体,还需要考虑实体中应该包含哪些属性。可以通过数据需求分析得到实体的属性及其类型。注意:这里为所有的实体创建了一个主属性,其中电子教学手册总体信息只有一个属性,即教学手册编号,即主属性。另外,由于 Tea Web 应用中除了作业子系统,还包括其他子系统,因此教师、学生、班级、课程等实体中的信息不仅仅服务于作业子系统,即它们可能会包括一些作业子系统不使用的属性。作业子系统的实体及其属性如图 8-4 所示。在图 8-4 中不仅包括实体及属性,还呈现了实体之间的关系。

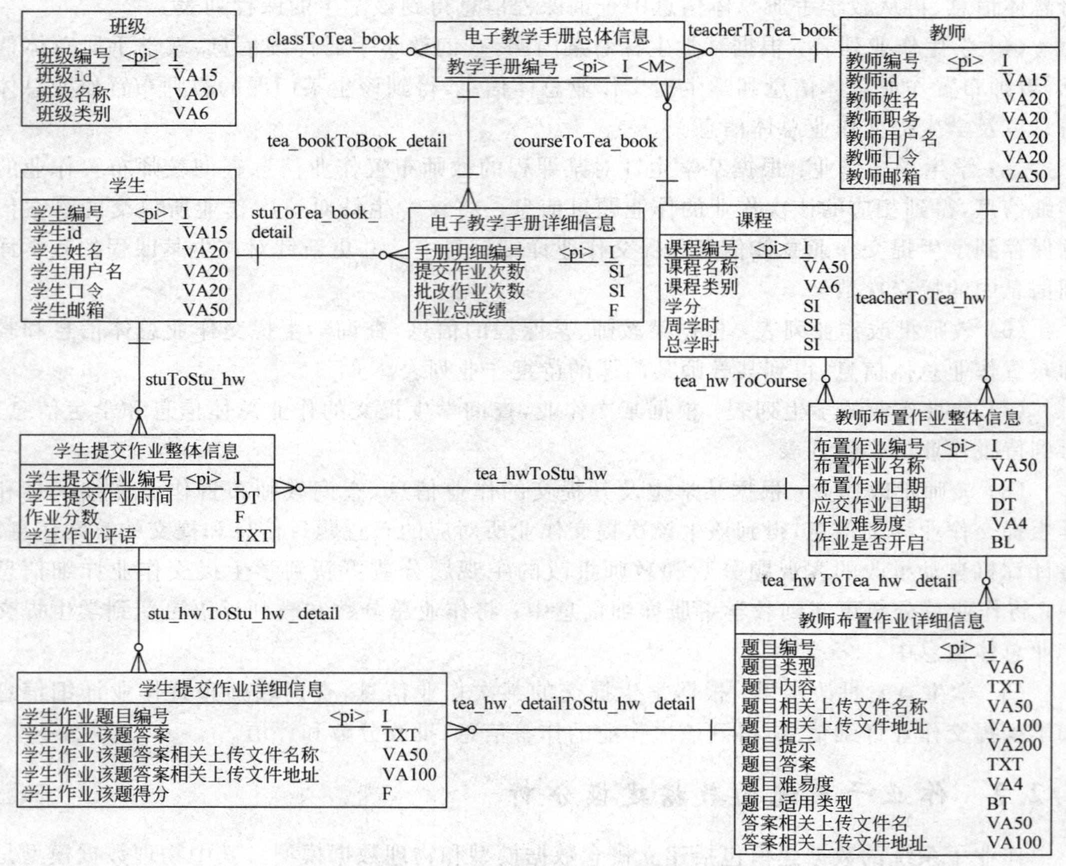

图 8-4 作业子系统的概念数据模型

3. 确定实体之间的关系

实体之间的关系可以通过对数据需求分析中的数据加工情况进行分析得到。对表 8-6 中 1~9 的每一个数据加工情况进行分析,依次找出其中出现的新的实体关系。作业子系统中的实体之间的关系如图 8-4 所示。

(1) 教师课程列表数据加工分析:一本教学手册对应一个教师、一门课程和一个班级。一个教师可以拥有多本教学手册,而一本教学手册只能属于一个教师。教师和教学手册总体信息 teacherToTea_book 是一对多的关系。一本教学手册必定对应一门课程，反之，一门课程因为可能有多个教师任教，一门课程可以对应多本教学手册。课程和教学手册总体信息 courseToTea_book 是一对多的关系。

(2) 教师布置作业数据加工分析：一个教师可以布置多次作业，而一次作业只能是由某一个教师所布置。教师和教师布置作业总体信息 teacherToTea_hw 是一对多的关系。同理，课程与教师布置作业总体信息 courseToTea_hw 是一对多的关系；教师布置作业总体信息和教师布置作业详细信息 tea_hwToTea_hw_detail 也是一对多的关系。

(3) 学生课程列表数据加工分析：教学手册总体信息和教学手册明细信息 tea_bookToTea_book_detail 是一对多的关系。前面提到的一本教学手册指的是一个教学手册总体信息。对于教学手册详细信息，每一个教学手册详细信息对应一个学生(当然是教学手册所对应班级中的一个学生)，而一个学生的信息可以存在于多个教学手册详细信息中(原因是实际中学生可以对应多个课程)。因此学生和教学手册明细信息 studentToTea_book_detail 是一对多的关系。

(4) 学生作业列表数据加工分析：不难理解学生与学生提交作业总体信息 studentToStu_hw 是一对多的关系。一个已经布置的作业可以对应多个学生完成的作业，反之，一个学生完成的作业只能是对应到一个已经布置的作业。因此，教师布置的作业总体信息和学生完成的作业总体信息 tea_hwToStu_hw 之间是一对多的关系。

(5) 学生提交作业数据加工分析：学生提交作业总体信息和学生提交作业详细信息 stu_hwToStu_hw_detail 是一对多的关系。

教师抽批学生作业数据流图分析：前面提到，一本教学手册对应一个班级，而一个班级可以对应多本教学手册，因此班级与教学手册总体信息 classToTea_book 是一对多的关系。

(6) 未出现新的实体关系。

(7) 未出现新的实体关系。

(8) 教师批改学生作业数据加工分析：学生完成的一道题一定可以对应到教师布置的一道题，它们之间是有关系的。教师布置的一道题可以对应多个学生的多个答案，即对应多个学生完成的答题信息，而一个学生完成的答题信息一定只对应一个教师布置的作业题目。因此，教师布置作业详细信息和学生提交作业详细信息 tea_hw_detailToStu_hw_detail 是一对多的关系。

(9) 未出现新的实体关系。

注意：数据加工步骤(6)～(8)未出现新的实体关系，而通过对数据加工步骤进行分析，一本教学手册对应一个班级，而一个班级可以对应多本教学手册。

一个系统中存在很多实体，其中存在的实体关系也很多。如果将这些关系全部建立起来将会引起关系冗余。如何决定保留哪些关系，要根据具体业务来决定。例如，实际中学生和课程有关系，是多对多的关系。在作业子系统中，布置作业和完成作业是主要的业务。教师上课使得教师拥有一本教学手册，而这本手册是针对某门课程、某个班级及其学生的。教师布置作业使得教师与作业、课程与作业有关系。学生提交作业，学生与完成的作业有关系，而学生完成的作业和教师布置的作业有关系。在此，学生不需要和课程直接发生关系。所以，不保留这个多对多的关系。

8.2.3 作业子系统的物理数据模型

作业子系统的物理数据模型是从概念数据模型转换而来的。物理数据模型中，电子教学手册总体信息中的字段是 4 个，比概念数据模型中的电子教学手册总体信息的属性多了 3 个。不难发现多出的 3 个字段是外键，分别表示电子教学手册总体信息和课程、班级及教师的多对一的关系。其他实体间的一对多或多对一的关系也进行了同样的转换。具体如图 8-5 所示。

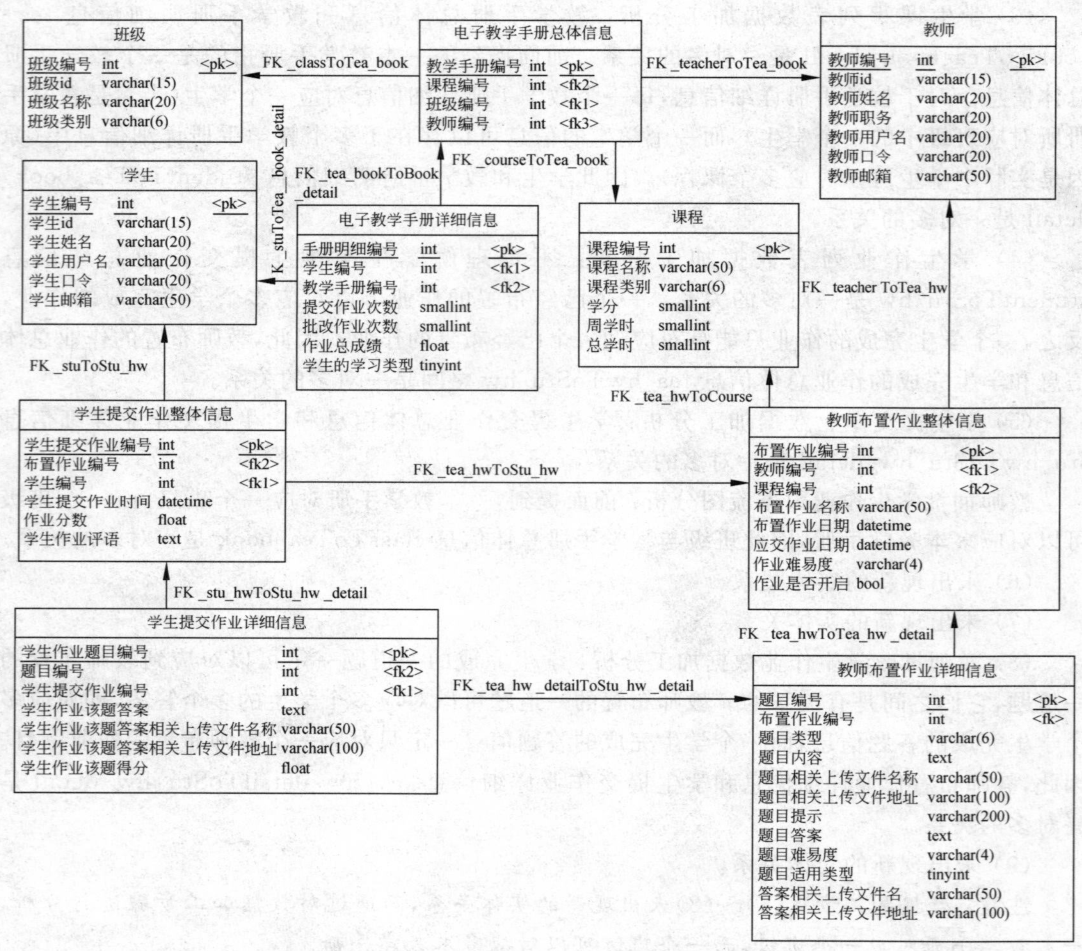

图 8-5 作业子系统的物理数据模型

注意：概念数据模型中的实体转换成了物理数据模型中的表；属性数据类型有了相应的变化，如 DT 对应 datetime、F 对应 float 等。另外，实体间的一对多关系转换为表之间的主键和外键的约束关系。所有的转换是针对某种数据库 DBMS 的，这里是 MySQL 数据库。

从上面的数据建模可以发现，如果不是先建立概念数据模型，而是直接建立物理数据模型，则需要考虑每张表的外键。例如，对于教师布置的作业总体信息表，需要考虑区分这个作业是属于哪门课程的，是由哪个教师布置的。对于没有经验的数据库设计人员，容易出现关系丢失。因此，建议在数据建模时，特别是对于业务不熟悉的数据进行建模时，先创建概念数据模型，然后从概念数据模型转换为物理数据模型，以免丢失关系，同时也方便数据模型重建。

8.2.4 作业子系统的数据表汇总

经过数据建模，最终得到的作业子系统在 MySQL 中的物理数据表汇总如表 8-7 所示。教师表、学生表、班级表、课程表、教师布置作业总体信息表和详细信息表、学生提交作业总体信息和详细的信息、电子教学手册总体信息和详细信息表如表 8-8～表 8-17 所示。

表 8-7 作业子系统物理表汇总

序号	表名	功能说明
1	teacher	教师信息表
2	student	学生信息表
3	class	班级信息表
4	course	课程信息表
5	tea_hw	教师布置作业整体信息表
6	tea_hw_detail	教师布置作业详细信息表
7	stu_hw	学生提交作业整体信息表
8	stu_hw_detail	学生提交作业详细信息表
9	tea_book	电子教学手册整体信息表
10	tea_book_detail	电子教学手册详细信息表

表 8-8 教师表物理结构

表名	teacher		
列名	数据类型(精度范围)	空/非空	约束条件
tea_no 教师编号	int	not null	PK
tea_id 教工 ID	varchar(15)		
tea_name 教师姓名	varchar(20)		
tea_duty 教师职务	varchar(20)		
tea_user 教师用户名	varchar(20)		
tea_pass 教师口令	varchar(20)		
tea_email 教师邮箱	varchar(50)		
补充说明	主键字段 AUTO_INCREMENT		

表 8-9 学生表物理结构

表名	student		
列名	数据类型(精度范围)	空/非空	约束条件
stu_no 学生编号	int	not null	PK
stu_id 学生 ID	varchar(15)		
stu_name 学生姓名	varchar(20)		
stu_user 学生用户名	varchar(20)		
stu_pass 学生口令	varchar(20)		
stu_email 学生邮箱	varchar(50)		
补充说明	主键字段 AUTO_INCREMENT		

表 8-10　班级表物理结构

表名	class		
列名	数据类型(精度范围)	空/非空	约束条件
class_no 班级编号	int	not null	PK
class_id 班级 ID	varchar(15)		
class_name 班级名称	varchar(20)		
class_type 班级类别	varchar(6)		
补充说明	主键字段 AUTO_INCREMENT；class_type 字段的值为“行政班”或“教学班”		

表 8-11　课程表物理结构

表名	course		
列名	数据类型(精度范围)	空/非空	约束条件
cou_no 课程编号	int	not null	PK
cou_name 课程名称	varchar(50)		
cou_type 课程类别	varchar(6)		
cou_score 学分	smallint		
cou_week 周学时	smallint		
cou_total 总学时	smallint		
补充说明	主键字段 AUTO_INCREMENT；字段 cou_type 的值为“选修”或“必修”		

表 8-12　教师布置作业总体信息表物理结构

表名	tea_hw(教师布置作业整体信息)		
列名	数据类型(精度范围)	空/非空	约束条件
tea_hw_no 布置作业编号	int	not null	PK
tea_no 教师编号	int	not null	FK1
cou_no 课程编号	int	not null	FK2
tea_hw_name 布置作业名称	varchar(50)		
tea_hw_date 布置作业日期	datetime		
tea_hw_expire 应交作业日期	datetime		
tea_hw_diff_easy 作业难易度	varchar(4)		
tea_hw_open 作业是否开启	bit		
补充说明	主键字段 AUTO_INCREMENT；tea_hw_diff_easy 字段的值为“很难”、“较难”、“中等”或“简单”；tea_hw_open 值为 1 表示“是”,值为 0 表示“否”		

表 8-13　教师布置作业详细信息表物理结构

表名	tea_hw_detail(教师布置作业详细信息)		
列名	数据类型(精度范围)	空/非空	约束条件
thd_no 题目编号	int	not null	PK
tea_hw_no 布置作业编号	int	not null	FK
thd_type 题目类型	varchar(6)		
thd _content 题目内容	text		
thd _file_name 题目相关上传文件名称	varchar(50)		
thd _file_addr 题目相关上传文件地址	varchar(100)		
thd _prompt 作业题提示	varchar(200)		
thd _answer 作业题参考答案	text		
thd _diff_easy 题目难易度	varchar(4)		
thd _stu_type 题目适用类型	tinyint		
thd_ans_file_name 答案相关上传文件名称	varchar(50)		
thd_ans_file_addr 答案相关上传文件地址	varchar(100)		
补充说明	主键字段 AUTO_INCREMENT；thd_type 字段值为“单选”、“多选”、“填空”、“判断”、“简答”、“程序”、“综述”；thd_diff_easy 字段值为“很难”、“较难”、“中等”、“简单”；thd_stu_type 字段值为 0 表示“全部学生”，为 1 表示“掌握较好的学生”，为 2 表示“掌握不好的学生”		

表 8-14　学生提交作业总体信息表物理结构

表名	stu_hw(学生提交作业整体信息)		
列名	数据类型(精度范围)	空/非空	约束条件
stu_hw_no 学生提交作业编号	int	not null	PK
tea_hw_no 教师布置作业编号	int	not null	FK1
stu_no 学生编号	int	not null	FK2
stu_hw_date 学生提交作业时间	datetime		
stu_hw_score 作业分数	float		
stu_hw_comment 学生作业评语	text		
补充说明	主键字段 AUTO_INCREMENT；stu_hw_score 字段默认值为 −1，−1 表示作业未批改		

表 8-15　学生提交作业详细信息表物理结构

表名	stu_hw_detail(学生提交作业详细信息)		
列名	数据类型(精度范围)	空/非空	约束条件
shd_no 学生作业题目编号	int	not null	PK
thd_no 作业题目编号	int	not null	FK1
stu_hw_no 学生提交作业编号	int	not null	FK2
shd_answer 学生该题答案	text		
shd_ans_file_name 学生该题答案相关上传文件名称	varchar(50)		
shd_ans_file_addr 学生该题答案相关上传文件链接地址	varchar(100)		
shd_que_score 学生该题得分	float		
补充说明	主键字段 AUTO_INCREMENT		

表 8-16 电子教学手册总体信息表物理结构

表名	tea_book(电子教学手册整体信息)		
列名	数据类型(精度范围)	空/非空	约束条件
tea_book_no 教学手册编号	int	not null	PK
cou_no 课程编号	int	not null	FK1
class_no 班级编号	int	not null	FK2
tea_no 教工编号	int	not null	FK3
补充说明	主键字段 AUTO_INCREMENT		

表 8-17 电子教学手册详细信息表物理结构

表名	tea_book_detail(电子教学手册详细信息)		
列名	数据类型(精度范围)	空/非空	约束条件
tbd_no 手册明细编号	int	not null	PK
stu_no 学生编号	int	not null	FK1
tea_book_no 教学手册编号	int	not null	FK2
tbd_submit_num 提交作业次数	smallint		
tbd_mark_num 批改作业次数	smallint		
tbd_total_score 作业总成绩	float		
tbd_stu_type 学生的学习类型	tinyint		
补充说明	主键字段 AUTO_INCREMENT; tbd_stu_type 字段值为"0"表示"中等学生",为 1 表示"掌握较好的学生",为 2 表示"掌握不好的学生"; stu_no 字段的值为 tea_book_no 对应的教学手册中 class_no 班级中的所有学生编号		

8.3 Tea Web 应用作业子系统数据建模操作流程

下面将演示如何创建概念数据模型,如何从概念数据模型转换到物理数据模型,如何使得物理模型中的数据表的主键为自动增长以及对字段设置默认值,如何生成创建数据库和数据表的 SQL 脚本,如何执行 SQL 脚本创建数据库和数据表。

所使用的数据建模工具是 PowerDesigner。PowerDesinger 的安装软件可以从以下地址下载 http://download. sybase. com/eval/PowerDesigner/powerdesigner12 _ eval. exe。本书中所使用的 PowerDesigner 是 PowerDesinger 11 Trial。

8.3.1 安装和使用 PowerDesigner 环境

PowerDesigner 软件的安装过程比较简单,这里不作说明。安装之后,在【开始】菜单的【所有程序】中将出现 Sybase。

在【开始】菜单中选择【所有程序】→Sybase→PowerDesigner Trial 15→PowerDesigner Trail,进入 PowerDesigner 环境。

8.3.2 创建概念数据模型

1. 新建概念数据模型

选择 File→New 命令，出现 New 窗口，选择 Conceptual Data Model，单击【确定】按钮，进入概念模型设计工作区。工作区中有一个浮动的 Palette 小面板。主要使用其中的实体图标按钮和关系图标按钮，如图 8-6 所示。

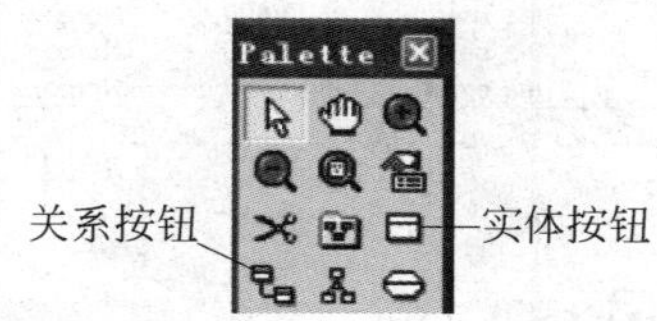

图 8-6　PowerDesigner 的概念模型设计工作区的 Palette 面板

2. 创建实体

单击 Palette 面板中的【实体】按钮，然后在工作区中单击鼠标即出现 Entity_1 实体，在工作区中继续单击鼠标，将出现 Entity_1，Entity_2，…。右击，取消创建实体的操作。不需要的实体，可以用鼠标选中，然后按下键盘上的 Del 键，并根据提示进行删除即可。

修改实体名称：双击 Entity_1，出现 Entity Properties 对话框，如图 8-7 所示。修改其中的 Name 和 Code，单击【应用】按钮。

设置属性：从图 8-7 中的 General 标签页转到 Attributes 标签页，输入如图 8-8 所示的内容。其中第一个属性教师编号的 P 列选中，表示为主属性，类似于物理模型中的主键字段。单击【确定】按钮。

图 8-7　实体及其属性对话框——General 页

根据以上步骤再创建一个实体：教学手册总体信息。它只有一个属性并且是主属性，即教学手册编号 tea_book_no，数据类型为 Integer。

3. 创建和定义实体间的关系

建立关系：单击 Palette 面板上的【关系图标】，然后将鼠标移到教师实体处，按下鼠标左键并拖动到教学手册总体信息实体后，松开鼠标。此时，两个实体间出现了关系。

修改关系属性：在关系连线上双击鼠标，出现 RelationShip Properties 对话框，修改 Name 为 teacherToTea_book。在这个对话框中还可以修改关系的类型。关系类型包括 One To One、One To Many、Many To One 和 Many To Many，默认的关系类型是 One To Many。

按照上述方法，逐个创建图 8-4 所示的其他实体和设定实体之间的关系。

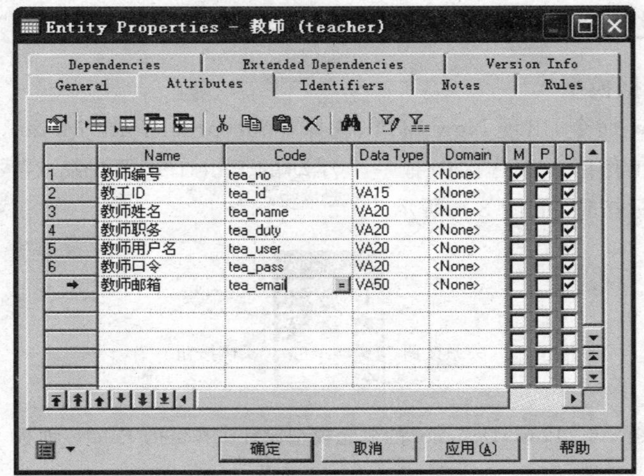

图 8-8　实体及其属性对话框——Attributes 页

8.3.3　建立物理数据模型

建立物理数据模型的步骤如下:

(1) 将概念数据模型对象转换成物理数据模型对象。

在 Tools 菜单中选择 Generate Physical Data Model 项或按下 Ctrl+Shift+P 键,出现 PDM Generation Options 对话框,如图 8-9 所示。DBMS 选择 MySQL 5.0,修改 Name 为 tea,单击【确定】按钮。

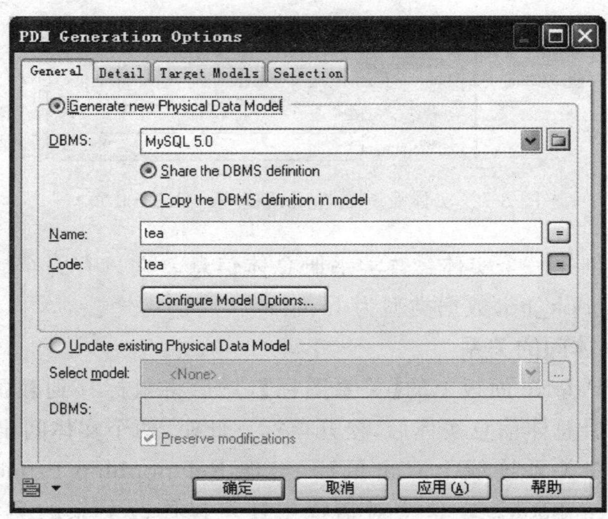

图 8-9　创建物理数据模型的选项对话框

(2) 修改物理数据模型中 teacher 表的主键属性,设置为自动增长。

在实际应用中,主键经常是自动增长的。在转换为物理数据模型后,可以修改生成的数据表以及表中的数据列的属性。

修改主键的属性，设置为自动增长：双击 teacher 表，选中主键字段教师编号，如图 8-10 所示。单击 General 标签下方的【属性】图标按钮，出现 Column Properties 对话框，选中右下角的 Identity 项，单击【确定】按钮。

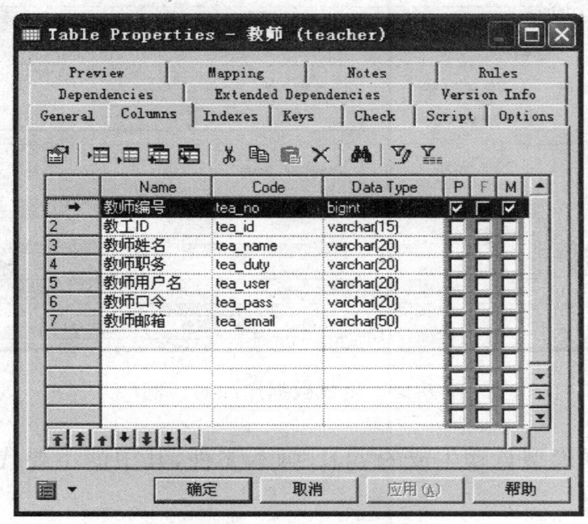

图 8-10　表的属性对话框——Columns 页

(3) 按照步骤(2)，将物理数据模型中的其他 9 个表的主键都设置为自动增长。

(4) 修改物理数据模型中 stu_hw 表的 stu_hw_score 属性，设置默认值为－1。

在实际应用中，数据列的值经常可以有默认值。在转换为物理数据模型后，可以修改生成的数据表以及表中的数据列的属性。

修改数据列的属性，设置默认值：鼠标双击 stu_hw 表，选中 stu_hw_score 字段，单击 General 标签下方的【属性】图标按钮，出现 Column Properties 对话框，如图 8-11 所示，选择 Standard Checks，在 Default 下拉框中输入－1，单击【确定】按钮。

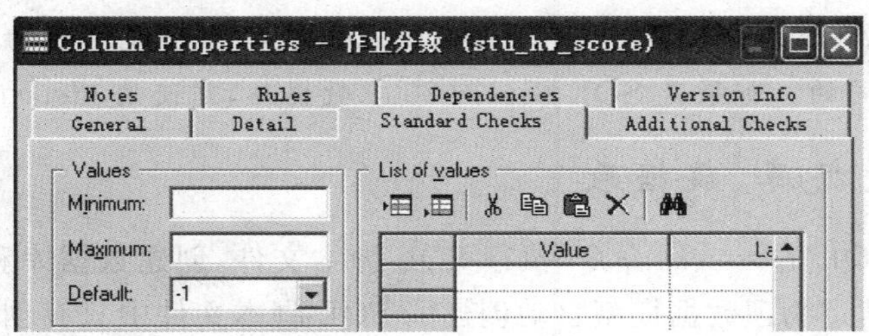

图 8-11　数据列的属性对话框

8.3.4　生成创建数据表的 SQL 脚本

从物理模型可以直接生成创建数据表的 SQL 脚本文件。在 Database 菜单(概念模型设计时没有这个菜单项)中单击 Generate Database 或按下 Ctrl＋G 键，出现 Database Generation 对话框，如图 8-12 所示。Director 项选择 SQL 脚本文件的输出路径，File 项输入 SQL 脚本文件的名字 tea，单击【确定】按钮。

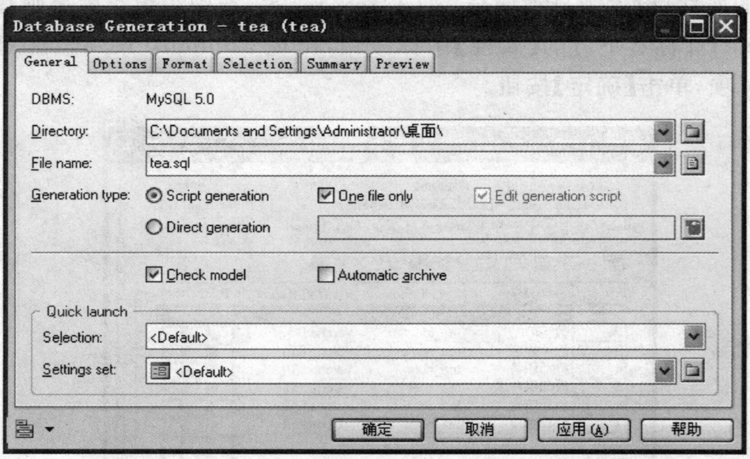

Database Generation - tea (tea)

图 8-12　生成数据库的对话框

查看根据物理数据模型自动生成的 SQL 脚本文件,其中的主要代码是创建数据表,以下是教师表的创建代码:

```
create table teacher
(
    tea_no            bigint         not null    AUTO_INCREMENT,
    tea_id            varchar(15),
    tea_name          varchar(20),
    tea_duty          varchar(20),
    tea_user          varchar(20),
    tea_pass          varchar(20),
    tea_email         varchar(50),
    primary key (tea_no)
)
```

注意:其中的 AUTO_INCREMENT 是 MySQL 数据库中设置自动增长列的关键字。不同的数据库是不同的。如果是 SQL Server 2000 数据库,则使用 identity。

8.3.5　创建数据库、数据表

下面使用 MySQL 的 source 命令,执行 SQL 脚本文件,创建数据库和数据表。但是在 PowerDesigner 中通过物理数据模型自动创建的 SQL 脚本文件中只有创建数据表的语句,而没有创建数据库的语句,因此,需要先建立数据库,并选择数据库,才能执行建表的命令。为了方便今后数据移植,将建库和选择库的命令也添加到 SQL 脚本文件 tea. sql 中。

(1) 修改 tea. sql,在最前面加入删除库、建库和选择库等语句,并保存文件。

```
drop database if exists tea;
create database tea DEFAULT CHARACTER SET utf8;
set names utf8;
use tea;
```

注意:此处采用的数据库编码方式是 utf8。

（2）执行 tea. sql 脚本文件，如图 8-13 所示。

- 进入命令行方式。
- 进入 tea. sql 文件所在的目录（tea. sql 可以在本书的配套文件 ch08 目录下找到）。
- 连接 MySQL 数据库 mysql-uroot-proot，出现 MySQL 提示符。
- Mysql>source tea. sql；

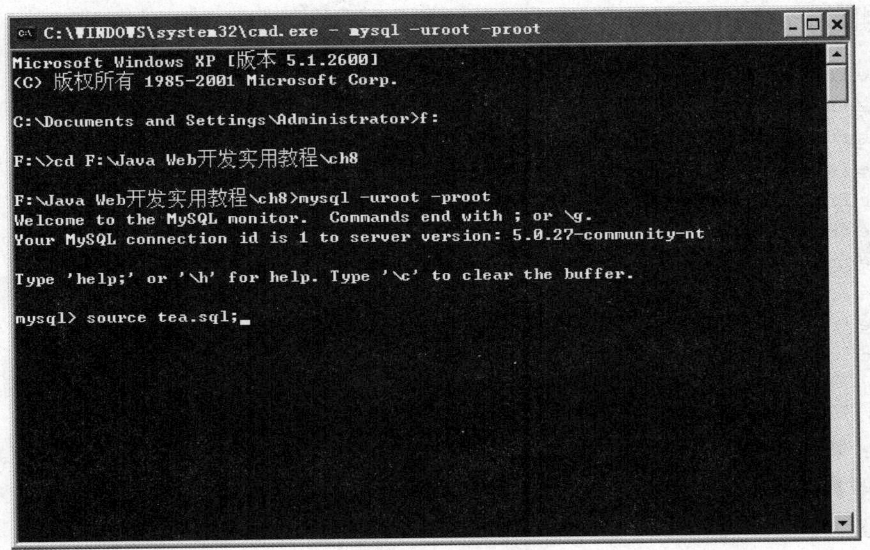

图 8-13　MySQL 下执行 tea. sql 脚本文件

8.4　数据库设计正确性验证

数据库设计的正确性是非常重要的。如果数据库设计错误，已经完成的设计和编码工作都需要返工。由于数据库设计问题造成的损失是比较严重的。因此，有必要在功能模块的设计与实现之前，先对数据库的设计进行验证。这里，所做的验证工作包括基本插入验证和主业务验证。基本插入验证是指针对数据库中的每张表，插入初始测试数据。主业务验证则是根据主要的业务流程，有针对地对数据表进行操作，包括插入、删除、修改和查询。

8.4.1　基本插入验证

所谓基本插入验证就是向数据库的各个数据表中插入一些真实的数据。目的是初步验证数据库的设计是否正确，并将作为作业子系统实现时的测试数据。

1. 创建文件 addTea. sql

为了便于重用测试数据，创建了 addTea. sql 文件，并向文件中写入了向各个表中插入数据的 SQL 脚本。由于数据表之间存在着主、外键约束，因此在插入数据时，要注意顺序。例如，先插入教师布置的作业总体信息，然后才能插入相应的教师布置作业的详细信息。另外，实际上需要插入尽量多的数据，但是限于篇幅，这里每个表仅插入一条记录，更多的测试数据可以在本书的配套文件 ch08 目录下 addTea. sql 文件中找到。具体说明如下：

1）设置连接时的编码方式

```
set names utf8;
```

2）选择 tea 数据库

```
use tea;
```

3）删除所有已经创建的表，以便重新导入测试数据

```
delete from tea_book_detail;
delete from tea_book;
delete from stu_hw_detail;
delete from stu_hw;
delete from tea_hw_detail;
delete from tea_hw;
delete from student;
delete from class;
delete from course;
delete from teacher;
```

4）教师信息的插入

注意：第一个教师编号字段是自动增长字段，可以不插入，也可以插入 null，而此处插入 1 和 2 等数字，是为了方便后面的插入数据使用这些编号。以下所有自动增长编号的插入都使用数字。

```
insert into teacher values(1,'jsjx002','金石','教师','teacher','123','jinshi@neusoft.edu.cn');
insert into teacher values(2,'jsjx001','张明','教师','zhangming','123','zhangming@neusoft.edu.cn');
```

5）学生信息的插入

```
insert into student values(1,'04110650101','徐程','student','123','xucheng@nou.com.cn');
```

6）班级信息的插入

```
insert into class values(1,'vq','软件 04501 - 04505','教学班');
```

7）课程信息的插入

```
insert into course values(1,'Web 课程实践(Java)','选修',4,4,64);
```

8）教师布置作业总体信息的插入

```
insert into tea_hw values(1,1,1,'第一次作业','2007 - 03 - 12','2007 - 03 - 19','简单',1);
```

其中，values 中前面的 3 个“1”分别对应布置作业编号、教师编号和课程编号。

9）教师布置作业详细信息的插入

```
insert into tea_hw_detail values(1,1,'单选','JSP 是下面哪一个公司推出的技术.
(A)SUN(B)Inprise(C)IBM(D)MicroSoft','无','','提示','A','简单',0,'无','');
```

10）学生提交作业总体信息的插入

```
insert into stu_hw values(1,1,1,'2007 - 03 - 15',- 1,'无');
```

11）学生提交作业详细信息的插入

```
insert into stu_hw_detail values(1,1,1,'C','无','',0);
```

12）教学手册总体信息的插入

```
insert into tea_book values(1,1,1,1);
```

其中，values 中的 4 个“1”分别对应教学手册编号、课程编号、班级编号和教师编号。

13）教学手册详细信息的插入

```
insert into tea_book_detail values(1,1,1,1,0,0,0);
```

2. 执行 addTea. sql 脚本文件

- 进入命令行方式；
- 进入 addTea. sql 文件所在的目录；
- 连接 MySQL 数据库 mysql-uroot-proot，出现 MySQL 提示符；
- “source addTea. sql”。

8.4.2 主业务验证

下面将对作业子系统中的主要业务的 SQL 语句进行分析，并在命令行方式下执行这些 SQL 语句，以确保它们的正确性。验证主业务的 SQL 语句有两个作用，一是深入理解业务；二是可以方便准确地将验证过的 SQL 语句应用于作业子系统的模型层的实现中。

1. 主业务 SQL 语句的验证

- 进入命令行方式；
- 连接 MySQL 数据库 mysql-uroot-proot，出现 MySQL 提示符；
- 选择数据库 use tea；
- 设置编码方式 set names gbk；
- 执行主业务. sql 文件中的各个 SQL 语句。使用右击鼠标复制和粘贴的方式。

2. 主业务 SQL 语句

主业务. doc 可以在本书的配套软件 ch08 目录下找到，其中包含了以下的 SQL 语句：

1）教师课程列表

```
select distinct c.cou_name from course c
join tea_book tb
on tb.cou_no = c.cou_no
where tb.tea_no = 1;
```

假设教师编号 tea_no＝“1”。

2）布置作业总体信息

```
insert into tea_hw (tea_hw_no,tea_no,cou_no,tea_hw_name,tea_hw_date,tea_hw_expire,tea_hw_
diff_easy,tea_hw_open)
values(null,1,1,'第三次作业','2007-11-16','2007-11-23','中等','1');
```

假设教师编号 tea_no＝“1”，课程编号 cou_no＝“1”。

3）布置作业详细信息(首先得到布置作业编号)

```
select max(tea_hw_no) from tea_hw;
```

得到布置作业编号 tea_hw_no ＝“5”,以下作业详细信息中的 tea_hw_no ＝“5”。

```
insert into
tea_hw_detail(thd_no,tea_hw_no,thd_type,thd_content,thd_file_name,thd_file_addr,thd_
prompt,thd_answer,thd_diff_easy,
thd_stu_type,thd_ans_file_name,thd_ans_file_addr)
values(null,5,'单选','MVC中的视图层可以由什么组件实现?A JSP B Servlet C JavaBean D EJB','','/
upload/hw/question/20070312120101001.jpg','提示','A','简单',0,'','');
insert into
tea_hw_detail(thd_no,tea_hw_no,thd_type,thd_content,thd_file_name,thd_file_addr,thd_
prompt,thd_answer,thd_diff_easy,thd_stu_type,
thd_ans_file_name,thd_ans_file_addr)
values(null,5,'单选','MVC中的控制层可以由什么组件实现?A JSP B Servlet C JavaBean D EJB','','/
upload/hw/question/20070312120101001.jpg','提示','B','简单',2,'','');
insert into
tea_hw_detail(thd_no,tea_hw_no,thd_type,thd_content,thd_file_name,thd_file_addr,thd_
prompt,thd_answer,thd_diff_easy,thd_stu_type,
thd_ans_file_name,thd_ans_file_addr)
values(null,5,'多选','MVC中的模型层可以由什么组件实现?A JSP B Servlet C JavaBean D EJB','','/
upload/hw/question/20070312120101001.jpg','提示','C,D','较难',1,'','');
```

假设布置作业编号 tea_hw_no＝“5”。

4）学生课程列表

```
select distinct c.cou_name,c.cou_no from course c
join tea_book tb
on tb.cou_no = c.cou_no
join tea_book_detail tbd
on tb.tea_book_no = tbd.tea_book_no
where tbd.stu_no = 1;
```

假设学生编号 stu_no＝“1”。

5）学生作业列表

```
select th.tea_hw_no ,th.tea_hw_name,sh.stu_no,sh.stu_hw_score from tea_hw th
left join stu_hw sh
on th.tea_hw_no = sh.tea_hw_no
where th.tea_hw_open = 1
and th.tea_no = (select tb.tea_no from tea_book tb
join tea_book_detail tbd
on tb.tea_book_no = tbd.tea_book_no
where tbd.stu_no = 1
and tb.cou_no = 1)
and (sh.stu_no = 1 or sh.stu_no is null);
```

注意：作业成绩＜0——未批,作业成绩＞＝0——已批,作业成绩为 null——未完成。

思考：此处为何使用左连接?

假设学生编号 stu_no＝1,并且课程编号 cou_no＝1。

6）学生完成作业

(1) 查看作业信息,子查询是为了查出某个学生某门课的学习类型。

```
select thd.thd_no,thd.tea_hw_no,thd.thd_type,thd.thd_content,thd.thd_file_name,
thd.thd_file_addr,thd.thd_prompt,thd.thd_answer,thd.thd_diff_easy,
thd.thd_stu_type,thd.thd_ans_file_name,thd.thd_ans_file_addr from tea_hw_detail thd
where tea_hw_no = 5 and (thd_stu_type = (select tbd_stu_type from tea_book_detail where stu_no = 1 and
tea_book_no in (select tea_book_no from tea_book where cou_no = 1)) or thd_stu_type = 0);
```

假设已知布置作业编号 tea_hw_no＝5，学生编号 stu_no＝1，课程编号 cou_no＝1。

(2) 提交作业总体信息。

```
insert into stu_hw(stu_hw_no,tea_hw_no,stu_no,stu_hw_date,stu_hw_score,stu_hw_comment)
values(null,5,1,now(),-1,'无');
```

假设布置作业编号 tea_hw_no＝5，学生编号 stu_no＝1。学生作业的得分 stu_hw_score 可以不插入值，数据库设计时为 stu_hw_score 设置了默认值－1。

(3) 提交作业详细信息(首先查询学生提交作业编号和对应的作业小题编号)。

```
select max(stu_hw_no) from stu_hw;得到学生提交作业编号 stu_hw_no = "5"
select thd_no from tea_hw_detail where tea_hw_no = 5; 得到 thd_no 为: 15,16,17
insert into stu_hw_detail (shd_no,thd_no,stu_hw_no,shd_answer,shd_ans_file_name, shd_ans_
file_addr,shd_que_score) values(null,15,5,'C','无','',0);
insert into stu_hw_detail (shd_no,thd_no,stu_hw_no,shd_answer,shd_ans_file_name, shd_ans_
file_addr,shd_que_score) values(null,16,5,'C','无','',0);
insert into stu_hw_detail (shd_no,thd_no,stu_hw_no,shd_answer,shd_ans_file_name, shd_ans_
file_addr,shd_que_score) values(null,17,5,'C','无','',0);
```

说明：学生的每一道作业小题得分 shd_que_score 插入－1 表示该题未批，也可以不插，因为数据库设计时为 shd_que_score 设置了默认值－1。

(4) 更新作业提交次数。

```
update tea_book_detail set tbd_submit_num = tbd_submit_num + 1
where stu_no = 1 and tea_book_no in (select tea_book_no from tea_book where cou_no = 1);
```

假设学生编号 stu_no＝1，课程编号 cou_no＝1。

7) 教师批改作业列表

```
select th.tea_hw_no,th.tea_hw_name,count(th.tea_hw_no) c
from tea_hw th
join stu_hw sh on
th.tea_hw_no = sh.tea_hw_no
where th.tea_no = 1 and th.cou_no = 1
group by th.tea_hw_no;
```

假设教师编号 tea_no＝1，课程编号 cou_no＝1。

8) 教师批改作业学生列表

```
select s.stu_name, sh.stu_no,sh.stu_hw_score ,sh.stu_hw_no
from stu_hw sh
join student s on
sh.stu_no = s.stu_no
where sh.tea_hw_no = 5;
```

假设已知布置作业编号 tea_hw_no=5。

9）教师批改作业

```
select
thd.thd_no,thd.tea_hw_no,thd.thd_type,thd.thd_content,thd.thd_file_name,
thd.thd_file_addr,thd.thd_prompt,thd.thd_answer,thd.thd_diff_easy,
thd.thd_stu_type,thd.thd_ans_file_name,thd.thd_ans_file_addr ,
shd.shd_answer,shd.shd_ans_file_name,shd.shd_ans_file_addr
from tea_hw_detail thd
join stu_hw_detail shd
on thd.thd_no = shd.thd_no
where shd.stu_hw_no = 5;
```

假设已知学生提交作业编号 stu_hw_no=5。

10）学生作业表中更新作业总成绩、评语和每题分数

```
update stu_hw_detail set shd_que_score = 100
where stu_hw_no = 5 and thd_no = 15;
update stu_hw_detail set shd_que_score = 100
where stu_hw_no = 5 and thd_no = 16;
update stu_hw_detail set shd_que_score = 100
where stu_hw_no = 5 and thd_no = 17;
update stu_hw set stu_hw_score = 100,stu_hw_comment = '继续努力'
where stu_hw_no = 5;
```

假设已知学生提交作业编号 stu_hw_no=5,提交作业的作业题编号 thd_no 分别为 15、16、17,需要更新的小题分数 shd_que_score 都是 100。

11）教学手册中修改某学生作业批改次数和总成绩

```
update tea_book_detail set tbd_mark_num = tbd_mark_num + 1 ,
tbd_total_score = tbd_total_score + (select stu_hw_score from stu_hw where stu_hw_no = 5) where
stu_no = 1
and tea_book_no in
(select tea_book_no from tea_book where cou_no = 1);
```

假设已知学生编号 stu_no=1,课程编号 cou_no=1,需要增加的作业分数通过查询 stu_hw 表得到。

12）学生查看批改结果

```
select
thd.thd_no,thd.tea_hw_no,thd.thd_type,thd.thd_content,thd.thd_file_name,
thd.thd_file_addr,thd.thd_prompt,thd.thd_answer,thd.thd_diff_easy,
thd.thd_stu_type,thd.thd_ans_file_name,thd.thd_ans_file_addr ,
shd.shd_answer,shd.shd_ans_file_name,shd.shd_ans_file_addr,shd.shd_que_score
from tea_hw_detail thd
join stu_hw_detail shd
on shd.thd_no = thd.thd_no and shd.stu_hw_no = 5;
```

假设已知学生提交作业编号 stu_hw_no=5。

小　　结

数据库设计过程中主要包括建立概念数据模型和建立物理数据模型。概念数据模型描述模型实体以及它们如何关联。物理数据模型描述模型实体的细节，包括通过使用特定的数据库产品如何实施模型的信息，一般指某种数据库系统实体的表的模型。

随着数据库建模变得越来越复杂，为了提高数据库应用系统的开发质量，数据库模型设计工具已经被越来越多的设计人员所使用。PowerDesigner 具有良好的性能价格比，是常用的数据库建模工具。使用 PowerDesigner 进行数据建模的一般流程是：建立概念数据模型，将概念数据模型转换为物理数据模型，修改物理数据模型，从物理数据模型生成创建数据表的 SQL 语句脚本。

数据库设计是非常重要的，其正确性必须得到较好的保证。因此，有必要在功能模块的设计与实现之前，先对数据库的设计进行验证。验证工作包括：基本插入验证和主业务验证。通过这样的验证，由于设计错误而修改数据库设计的几率变得很小，同样，因为数据库设计的变化而引起的模块重新设计与实现的情况也可以避免。

思　　考

1. 数据库设计包括哪些内容？

2. 建立概念数据模型需要考虑哪些因素？

3. 在 PowerDesigner 中，从概念数据模型转换到物理数据模型之后，如何对表的字段属性进行设置？

4. 从物理数据模型生成创建表的 SQL 脚本后，如何在 MySQL 中执行这些 SQL 语句？

练　　习

1. 对作业子系统的作业维护功能进行数据需求分析，该功能相关的数据存取信息包括哪些内容？分析其相关的数据加工和数据存取。

2. 为作业子系统制作真实的测试语句。

测　　试

1. 完成作业子系统——作业维护模块的 SQL 语句。

2. 完成作业子系统——批改作业之抽批功能的 SQL 语句。

3. 完成作业子系统——批改作业之点批功能的 SQL 语句。

第9章 Tea Web应用MVC设计与实现

本章内容

- MVC设计文档撰写规范;
- MVC设计文档实例——布置作业模块;
- 调用流程与参数传递;
- Tea Web应用框架搭建;
- 布置作业模块的实现;
- 完成作业模块的设计与实现要点。

本章目标

- 理解MVC设计文档的撰写规范;
- 理解布置作业模块的MVC设计;
- 能够按照规范撰写完成作业和批改作业的设计文档;
- 能够搭建基于WebFrame框架的Tea Web应用;
- 理解布置作业模块的实现;
- 掌握MVC各层的实现特点;
- 在Tea Web应用中实现完成作业和批改作业模块。

9.1 MVC设计文档撰写规范

在前面需求分析和数据库设计已完成的基础上,本章的主要任务是对作业管理子系统的各个功能模块进行详细设计。在这一阶段,基于MVC的分层设计思想,对各功能进行细化,设计每个子功能需要的页面、控制器以及业务处理模型。明确页面的文件名和页面中需要传递的参数、输出的变量;明确控制器的类名、映射地址和需要读取的参数(名字、类型)、调用的模型层处理方法以及最后传出的参数和转发地址;明确模型层需要实现的业务方法,包括方法名、方法返回值类型和方法参数。

以上提到的所有信息都需要在设计阶段确定下来并形成相关的规范文档。这样,不但为以后的编码实现阶段提供明确的编程思路,也能保证项目的开发在可控制范围内按标准有条不紊的进行。

由于采用MVC设计模式,在撰写设计文档时也分为视图层、模型层和控制器层来分层描述相关细节和关键问题,下面分别介绍设计文档中针对每一层所需要描述的内容和撰写规范。

1. V：视图层(JSP)

大部分视图层文件都是JSP文件，对于视图层文件，需要描述以下内容：

(1) 文件名：需要指明文件路径。

(2) 文件作用。

(3) 显示效果图。

(4) 输出变量命名(同时需要指明作用域)。

(5) 输入控件命名：类型、名字、值和备注(应包括输入验证要求)。

(6) 关联 Action：

① 链接地址或表单提交地址等。

② 传递的参数：(超链接传参或利用 hidden 控件传参等)。

2. M：模型层(JavaBean-Java 类)

模型层文件基本上是一些 Java 类，对每个类需要描述以下内容：

(1) 命名：包名、类名。

(2) 父类或实现的接口。

(3) 方法定义：

① 作用。

② 方法头声明。

③ 方法实现说明。

3. C：控制层(Servlet-Java 类)

控制器层的前端控制器(Controller)由框架提供，主要是需要自己实现应用控制器(Action)，对每个 Action 需要描述以下内容。

(1) 命名：包名、类名。

(2) 在配置文件 actions. properties 中的配置。

(3) 步骤：

① 获取参数：作用域和名字。

② 调用模型的方法。

③ 处理结果。

④ 返回字符串(利用 urls. properties 中的配置映射到具体的 url 地址)。

9.2 MVC 设计文档实例——布置作业模块

明确了设计文档的撰写规范之后，下面以作业管理子系统中的教师布置作业模块为例，来撰写相应的设计文档。

由于布置作业功能需要进行一系列操作，包括在课程列表页面选择课程、布置作业整体信息、布置作业详细信息等步骤。因此对该功能进行拆分细化，分别对其中涉及的每一个子功能进行详细设计并撰写文档。

9.2.1 课程列表功能

首先，教师用户登录系统后，会进入课程列表页面。在该页面，教师可以选择要进行操作的课程。

1. V:视图层(JSP)

课程列表功能仅需要一个视图层文件:课程列表页面。

(1) 文件名为 courseList.jsp(放在根路径/manage/hw/下)。

(2) 文件作用:显示课程列表。

(3) 显示效果图:图 7-4 教师用户作业管理课程列表页面。

(4) 输出变量命名:

① 课程列表:request 中 ArrayList 类型的 courses。

② 课程名称:request 中 cou_name。

(5) 输入控件命名:无。

(6) 关联 Action:

① "布置作业"链接为 href="根路径/manage/hw/thwAddForm.action"。

② 传递的参数:

超链接传参:request 中 ArrayList 类型 courses 中的 cou_no。

2. M:模型层(JavaBean-Java 类)

课程列表功能的模型层涉及一个 Java 类 TeaHomeworkService:

(1) 命名为 tea.service.TeaHomeworkService。

(2) 父类为 tea.service.BaseService。

(3) getCourseList ()方法:

作用:获取当前登录教师所教的所有课程信息。

方法头声明:public List getCourseList(String user_no)。

实现说明:参照 8.4.2 节主业务验证——教师课程列表。

3. C:控制层(servlet-Java 类)

课程列表的功能涉及一个控制器 TeaCourseListAction。

(1) 命名为:tea.action.hw.TeaCourseListAction。

(2) 在 actions.properties 中的配置为 teaCourseList=tea.action.hw.TeaCourseListAction。

(3) 步骤:

① 获取参数:String 类型的 user_no,值从 session 中获取,键值(key)为 user_no。

② 调用模型 tea.service.TeaHomeworkService 的方法 public List getTeaCourseList(String user_no),得到结果 courses,它是 ArrayList 对象。

③ 处理结果,将 courses 放到 request 中,并命名为 courses,返回 courseList。

④ 在 urls.properties 中加入如下配置代码为 courseList=/manage/hw/courseList.jsp。

9.2.2 布置作业整体信息

教师在选课页面选择好课程以后,接下来进入该门课程的布置作业页面,首先进入布置作业整体信息页面添加作业的整体信息。

1. V:视图层(JSP)

布置作业整体信息涉及两个视图层文件:

1）布置作业整体信息页面

（1）文件名：thwAddForm. jsp(放在根路径/manage/hw/下)。

（2）文件作用：布置作业总体信息。

（3）显示效果图：图 7-5 布置作业整体信息页面。

（4）输出变量命名：

① 课程名：request 中的 cou_name。

② 布置日期：系统当前时间。

（5）输入控件命名如表 9-1 所示。

表 9-1 布置作业总体输入控件命名

控件类型	name	value	备注
Text	tea_hw_name	用户输入	作业名称
Text	tea_hw_expire	用户输入	应交日期,与日历控件同名
Select	tea_hw_diff_easy	用户输入	难易度
Radio	tea_hw_open	用户输入	是否开启

（6）关联控制器：

① 表单提交地址为 action="根路径/manage/hw/thwAdd. action"。

② 传递参数：参数名 cou_no，cou_name，值是 request 中的 cou_no，cou_name(用 hidden 控件传递)。

2）中间信息提示页

（1）文件名：message. jsp(位于根路径/common/下)。

（2）文件作用：显示提示或错误信息，并返回相应页面。

（3）显示效果图：图 7-6 信息提示页面。

（4）输出变量命名：request 中的 messageInfo。

（5）输入控件命名：无。

（6）"返回"链接为 href="request 中的 nextAddr 变量值"。

2．M:模型层(JavaBean-Java 类)

布置作业整体信息涉及一个模型层类：

（1）命名：tea. service. TeaHomeworkService。

（2）父类：tea. service. BaseService。

（3）getCourseName()方法：

作用：根据课程编号 cou_no 获取课程名称 cou_name。

方法头声明：public String getCourseName(String cou_no)。

实现说明：操作 course 表。

（4）thwAdd ()方法：

作用：添加作业整体信息。

方法头声明：public boolean thwAdd(HashMap thw)。

实现说明：参照 8.4.2 节主业务验证——布置作业总体信息。

(5) getMaxThwNo()方法：

作用：获取最大作业编号值。

方法头声明：public String getMaxThwNo()。

实现说明：操作 tea_hw 表。

3. C:控制层(servlet-Java 类)

布置作业整体信息涉及两个控制器：

1) ThwAddFormAction

(1) 命名：tea. action. hw. ThwAddFormAction。

(2) 在 actions. properties 中的配置：thwAddForm=tea. action. hw. ThwAddFormAction。

(3) 步骤：

① 获取参数：String 类型的 cou_no。

② 处理：调用 tea. service. TeaHomeworkService 类的 getCourseName 方法。

③ 结果保存：将结果 cou_name 保存到 request 中，并且命名为 cou_name。

④ 结果显示：返回 thwAddForm 将请求转发到 thwAddForm. jsp。

⑤ 在 urls. properties 加入如下配置代码：

```
thwAddForm = /manage/hw/thwAddForm.jsp
```

2) ThwAddAction

(1) 命名：tea. action. hw. ThwAddAction。

(2) 在 actions. properties 中的配置：thwAdd=tea. action. hw. ThwAddAction。

(3) 步骤：

① 获取输入参数：String 类型的 cou_no、cou_name、tea_hw_name、tea_hw_expire、tea_hw_diff_easy、tea_hw_open，从 request 中获取，并存入 m(Map 对象)，键值(key)和以上变量名字相同。

② 从 session 中获取当前登录教师编号，键值(key)为 user_no，存入 m。

③ 处理：调用 tea. service. TeaHomeworkService 类的 thwAdd (m)方法，添加作业整体信息。

④ 根据方法返回值，跳转到不同目的地：

若返回 true：

- 调用模型中的 getMaxThwNo 方法获取作业编号 tea_hw_no；
- 将作业编号保存到 request 中，并且命名为 tea_hw_no；
- 将课程名称保存到 request 中，并且命名为 cou_name；
- 返回 thwDetailAddFormAction；
- 在 urls. properties 加入如下配置代码：

```
thwDetailAddFormAction = /manage/hw/thwDetailAddForm.action
```

若返回 false：

- 将出错信息(tea. common. Const. ERROR)保存到 request 中，并且命名为 messageInfo；
- 将返回地址(JavaScript：history. back())保存到 request 中，并且命名为 messageAddr；
- 返回 messageAction。

9.2.3 布置作业详细信息

教师布置完作业整体信息以后，接下来进入布置作业详细信息页面添加作业的详细信息。

1. V:视图层(JSP)

布置作业详细信息功能仅需要一个视图层文件：

(1) 文件名：thwDetailAddForm.jsp(放在根路径/manage/hw/下)。

(2) 文件作用：布置作业详细信息。

(3) 显示效果图：图 7-7 布置作业详细信息页面。

(4) 输出变量命名：

① 课程名：request 中的 cou_name。

② 题号：request 中的 proNo。

(5) 输入控件命名如表 9-2 所示。

表 9-2 布置作业详细信息输入控件命名

控件类型	name	value	备注
Radio	thd_type	用户输入	题目类型
Textarea	thd_content	用户输入	题目内容
File	thd_file	用户输入	题目上传文件
Textarea	thd_prompt	用户输入	题目提示
Textarea	thd_answer	用户输入	题目答案
File	thd_ans_file	用户输入	答案上传文件
Select	thd_diff_easy	用户输入	题目难易度
Radio	thd_stu_type	用户输入	题目适用类型

(6) 关联控制器：

① 表单提交地址为 action="根路径/hw/thwDetailAdd.action"。

还需设置属性(用于上传)为 enctype="multipart/form-data"。

② 传递的参数：

- 传递作业编号和课程名，参数名为 tea_hw_no，cou_name，值是 request 中的 tea_hw_no，cou_name(用 hidden 控件传递)；
- 传递题目序号，参数名：proNo，值是 request 中的 proNo(用 hidden 控件传递)。

2. M:模型层(JavaBean-Java 类)

布置作业详细信息仅涉及一个模型层类：

(1) 命名：tea.service.TeaHomeworkService。

(2) 父类：tea.service.BaseService。

(3) thwDetailAdd()方法：

① 作用：添加作业详细信息。

② 方法头声明：public boolean thwDetailAdd(HashMap thd)。

③ 实现说明：参照 8.4.2 节主业务验证——布置作业详细信息。

3. C:控制层(servlet-Java 类)

布置作业详细信息功能需要两个控制器:

1) ThwDetailAddFormAction

(1) 命名:tea. action. hw. ThwDetailAddFormAction。

(2) 在 actions. properties 中的配置:

```
thwDetailAddForm = tea.action.hw.ThwDetailAddFormAction
```

(3) 步骤:

① 从 request 中获取当前题号 proNo,在当前题号基础上增 1,再存入 request。

② 转发请求到 thwDetailAddForm. jsp。

2) ThwDetailAddAction

(1) 命名:tea. action. hw. ThwDetailAddAction。

(2) 在 actions. properties 中的配置:

```
thwDetailAdd = tea.action.hw.ThwDetailAddAction
```

(3) 步骤:

① 创建 UploadUtil 对象 up:

```
UploadUtil up = new UploadUtil(this.getConfig(),request,response);
```

② 调用 up 对象的 upload 方法上传文件。

设置题目上传文件存放目录、答案上传文件存放目录:

```
String quePath = "/upload/hw/question/";          //题目上传文件存放目录
String ansPath = "/upload/hw/answer/";            //答案上传文件存放目录
String queFileName = up.upload(0,quePath);        //上传题目文件到服务器 quePath 处
String ansFileName = up.upload(1,ansPath);        //上传答案文件到服务器 ansPath 处
```

③ 根据 upload()方法返回值,做不同处理:

- 若上传成功(if(queFileName!=null&&ansFileName!=null)):

获取 tea_hw_no、表单的输入参数(用 up. getParameter(控件名)读取);获取题目内容和题目答案的上传文件原名和地址。

```
题目内容上传文件原名 = up.getFileOriginalName(0);
题目内容上传文件地址 = quePath + queFileName;
题目答案上传文件原名 = up.getFileOriginalName(1);
题目答案上传文件地址 = ansPath + ansFileName;
```

以上信息均存入 m(Map 对象)。

- 若上传失败:

将出错信息保存到 request 中,并且命名为 messageInfo;将返回地址(javascript: history. back())保存到 request 中,并且命名为 messageAddr;返回 messageAction。

④ 调用模型中的 thwDetailAdd(m)方法,添加作业详细信息。

⑤ 根据 thwDetailAdd()方法返回值:

- 若返回 true:

单击"下一题"按钮：

将作业编号、课程名称、题号存入 request 对象，命名为 tea_hw_no、cou_name、proNo；返回 thwDetailAddForm. action。

单击"结束"按钮：

将成功信息保存到 request 中，并且命名为 messageInfo；将返回地址("teaCourseList")保存到 request 中，并且命名为 messageAddr；返回 messageAction。

• 若返回 false：

将出错信息保存到 request 中，并且命名为 messageInfo；将返回地址(javascript：history. back())保存到 request 中，并且命名为 messageAddr；返回 messageAction。

9.2.4 调用流程与参数传递

前面对布置作业中各个子功能进行了 MVC 分层设计，下面具体说明其中的调用过程和参数传递，具体如图 9-1 所示。

调用过程中传递的参数如下：

(1) 单击"下一步"按钮的参考情况如表 9-3 所示。

表 9-3 单击"下一步"按钮传参

控件类型	name	value	备注
Text	tea_hw_name	用户输入	作业名称
Hidden	tea_hw_date	当前日期	布置日期
Text	tea_hw_expire	用户输入	应交日期
Select	tea_hw_diff_easy	用户输入	难易度
Radio	tea_hw_open	用户输入	是否开启
Hidden	cou_no	${param. cou_no}	课程编号
Hidden	cou_name	${cou_name}	课程名称

(2) 跳转到 ThwDetailAddFormAction 的传参情况如表 9-4 所示。

表 9-4 跳转到 ThwDetailAddFormAction 传参

数据类型	key	value	备注
String	messageInfo	Const. ERROR	错误提示信息
String	nextAddr	javascript：history. back()	返回地址

(3) 跳转到 MessageAction 的传参情况如表 9-5 所示。

表 9-5 跳转到 MessageAction 传参

数据类型	key	value	备注
String	tea_hw_no	getMaxThwNo()的返回值	刚添加作业的编号
String	cou_name	request. getParameter("cou_name")	课程名称

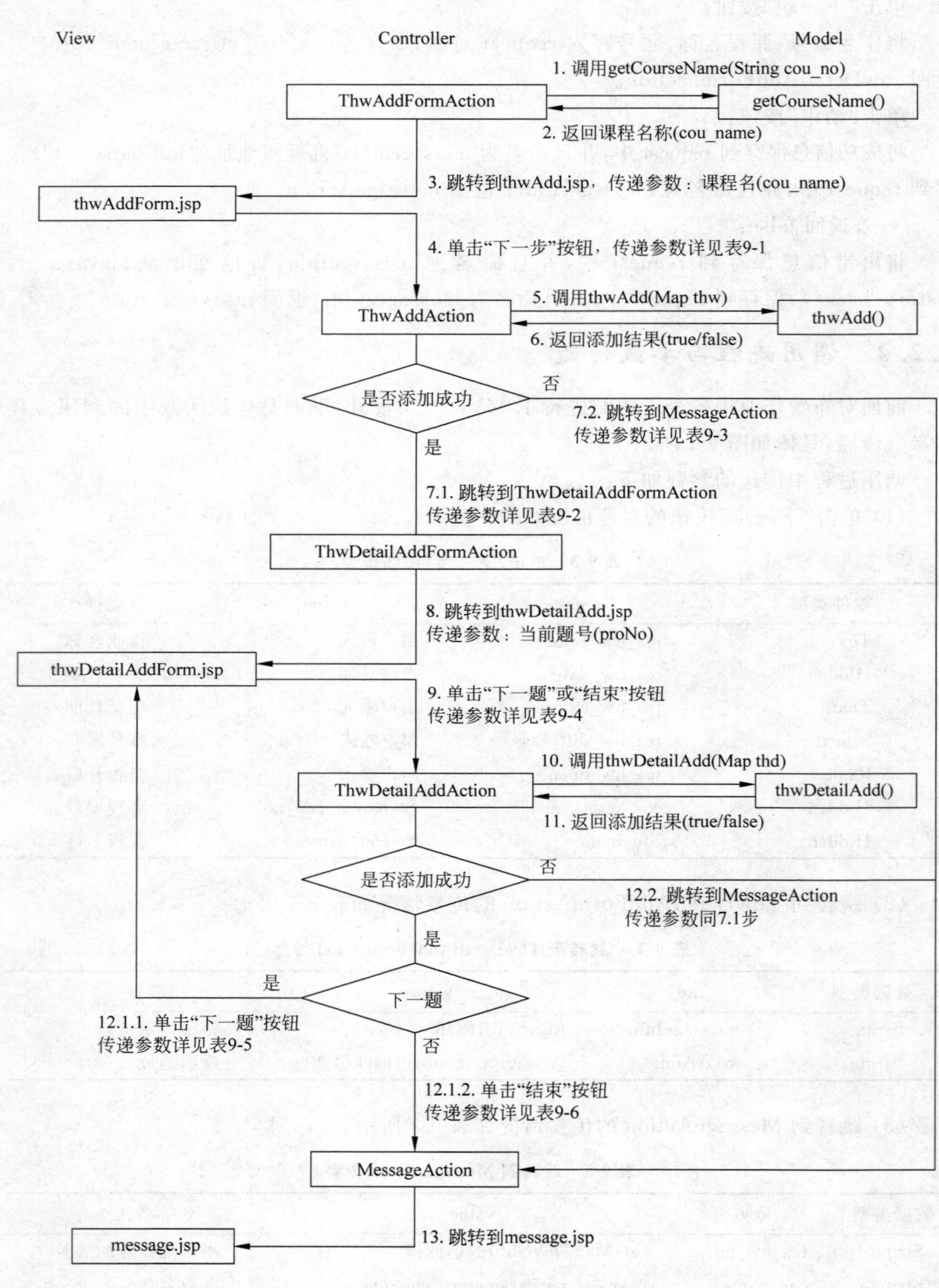

图 9-1　布置作业调用过程

(4) 单击“下一题”或“结束”按钮的传参情况如表 9-6 所示。

表 9-6 单击“下一题”或“结束”按钮传参

控件类型	name	value	备注
Radio	thd_type	用户输入	题目类型
Textarea	thd_content	用户输入	题目内容
File	thd_file	用户输入	题目上传文件
Textarea	thd_prompt	用户输入	题目提示
Textarea	thd_answer	用户输入	题目答案
File	thd_ans_file	用户输入	答案上传文件
Select	thd_diff_easy	用户输入	题目难易度
Radio	thd_stu_type	用户输入	题目适用类型
Submit	sub	用户单击	下一题/结束
Hidden	cou_name	${cou_name}	课程名称
Hidden	tea_hw_no	${tea_hw_no}	作业编号
Hidden	proNo	${proNo}	题号

(5) 单击“下一题”按钮的传参情况如表 9-7 所示。

表 9-7 单击“下一题”按钮传参

数据类型	key	value	备注
String	tea_hw_no	up.getParameter("tea_hw_no ")	刚添加的作业编号
String	cou_name	up.getParameter("cou_name")	课程名称
String	proNo	up.getParameter("proNo")	题号

(6) 单击“结束”按钮的传参情况如表 9-8 所示。

表 9-8 单击“结束”按钮传参

数据类型	key	value	备注
String	messageInfo	Const.SUCCESS	成功提示信息
String	nextAddr	TeaCourseListActon	返回地址

9.3 Tea Web 应用框架搭建

本书第 6 章中已经搭建可以重复使用的 WebFrame 框架，接下来可以基于 WebFrame 建立 Tea Web 应用。

(1) 在 Package Explorer 中复制 WebFrame 工程并粘贴，新工程命名为 tea(WebFrame 工程源代码可以在本书的配套软件 ch06 中找到)，如图 9-2 所示。

(2) 在 tea 工程上右击鼠标，选择 Properties 菜单项。

(3) 在弹出窗口左侧目录树中选择 Web Project Settings 项，修改其中的 Context root 的值，改为 tea，单击 OK 按钮结束，如图 9-3 所示。

(4) 将 manageHeader.jsp、homeHeader.jsp 和 footer.jsp 复制到 WebContent 中的

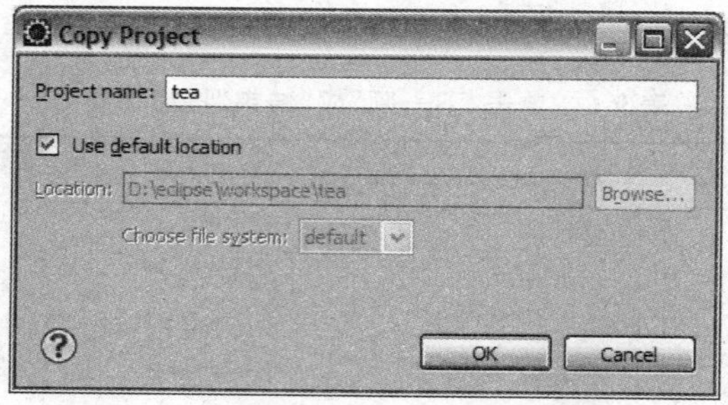

图 9-2　复制 WebFrame 工程

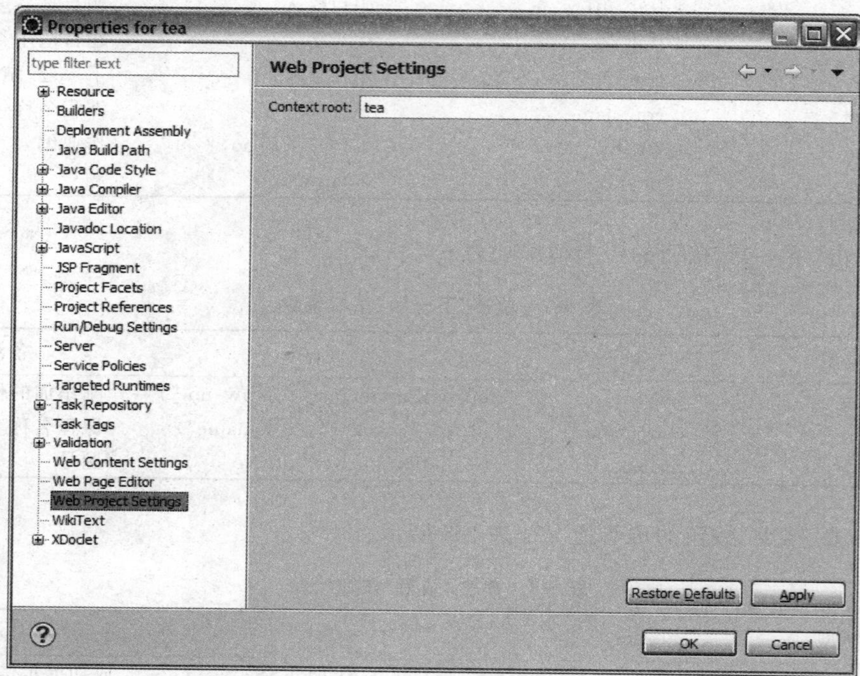

图 9-3　修改 Context root 属性

common 子目录下。其中，manageHeader.jsp 和 homeHeader.jsp 分别为本系统后台页面导航条和前台页面导航条，footer.jsp 为本系统所有页面的页脚。并且替换 manage 目录下的 manage.jsp 和 home 目录下的 index.jsp。这些文件在本书配套软件的 ch09 目录下可以找到。

(5) 在 Project Explorer 窗口中，展开 Servers 项目中的 Tomcat v7.0 Server at localhost-config 项，打开 context.xml 文件，加入如下代码：

```
<Resource name = "jdbc/tea" auth = "Container" type = "javax.sql.DataSource"
    maxActive = "100" maxIdle = "30" maxWait = "10000"
    username = "root" password = "root"
    driverClassName = "com.mysql.jdbc.Driver"
     url = "jdbc:mysql://localhost:3306/tea?useUnicode = true&amp;characterEncoding = 
gbk&amp;autoReconnect = true"/>
```

(6) 修改 tea.common.Const 类，将其中的 DATA_SOURCE 常量的值改为步骤(5)中配置的数据源名。修改后的代码如下：

```
public static final String DATA_SOURCE = "java:/comp/env/jdbc/tea";//数据源名字
```

(7) 修改 tea.service.UserService 类，修改其中的 LOGIN_SQL 常量，修改后的代码如下：

```
public static final String LOGIN_SQL_TEA = "select tea_no from teacher where tea_user = ? and
tea_pass = ?";                                    //用户类型值为 tea 对应的 SQL 语句
public static final String LOGIN_SQL_STU = "select stu_no from student where stu_user = ? and
stu_pass = ?";                                    //用户类型值为 stu 对应的 SQL 语句
```

这样，新工程 tea 就创建好，可以使用了。

9.4 布置作业模块的实现

布置作业模块针对教师用户，主要功能是教师用户登录系统后，可进行其所教授的一门课程的新作业的布置。

具体的操作过程是，教师用户登录系统，首先在课程列表页面选择一门课程布置作业，布置作业时，需要先输入本次作业的整体信息，包括作业名称、布置日期、应交日期、难易度和是否开启。当整体信息布置完毕后，进入下一步作业详细信息的布置，包括题目类型、题目内容及上传文件、题目提示、题目答案及上传文件、题目难易度和题目适用类型。一道题目布置完毕后，可选择继续布置下一题或结束。

本模块的实现仍采用 MVC 模式，下面，分别对涉及的每项子功能进行说明。

9.4.1 课程列表

课程列表功能的 MVC 三层实现如下。

1. V:视图层(JSP)

/manage/hw/courseList.jsp

课程列表功能的视图层文件 courseList.jsp 代码如下。

```
<%@ page language = "java" import = "java.util.*" pageEncoding = "UTF-8" %>
<%@ taglib prefix = "c" uri = "http://java.sun.com/jsp/jstl/core" %>
<html>
<head><title>课程列表</title>
<link rel = "stylesheet" type = "text/css" href = "${pageContext.request.contextPath}/css/
default.css">
<script language = "javascript" src = "${pageContext.request.contextPath}/js/common.js">
</script>
</head>
<body>
<%@ include file = "/common/manageHeader.jsp" %>
<center>
<table width = "80%" class = "default">
<tr align = "center">
<th>序号</th><th>课程名称</th><th colspan = "3">操作</th>
<c:forEach items = "${courses}" var = "course" varStatus = "vs">
```

```
<tr align="center">
    <td>${vs.count+1}</td>
    <td>${course.cou_name}</td>
    <td><a href="thwAddForm.action?cou_no=${course.cou_no}">布置作业</a></td>
    <td><a href="">维护作业</a></td>
    <td><a href="">批改作业</a></td>
</c:forEach>
</table>
</center>
<%@ include file="/common/footer.jsp"%>
</body>
</html>
```

注意:

(1) 页面字符集使用"UTF-8":

```
<%@ page language="java" pageEncoding="UTF-8"%>
```

(2) 导入 JSTL 核心标记库:

```
<%@ taglib prefix="c" uri="http://java.sun.com/jsp/jstl/core"%>
```

(3) 利用<c:forEach>循环标记输出课程列表内容:

```
<c:forEach items="${courses}" var="course" varStatus="vs">
```

(4) 在循环体内可以用${vs.count+1}访问当前循环次数。

(5) 在循环体内可以用${course.cou_name}访问当前循环到的元素中的信息。

(6) 布置作业超链接中,向目的地传递了参数 cou_no:

```
<a href="thwAddForm.action?cou_no=${course.cou_no}">布置作业</a>
```

2. M:模型层(JavaBean-Java 类)

接下来定义课程列表功能的模型层方法。

在 TeaHomeworkService 中定义 getCourseList()方法,代码如下:

```
public List getCourseList(String user_no) {
    String sql = "select cou_no,cou_name from course where cou_no in (select cou_no from tea_book where tea_no=?)";
    return this.getList(sql,new Object[]{user_no});
}
```

3. C:控制层(Servlet-Java 类)

最后实现控制层的类和方法。

在 TeaCourseListAction 中重写 execute 方法,execute 方法代码如下:

```
public String execute(HttpServletRequest request,
            HttpServletResponse response) throws ServletException, IOException {
    HttpSession session = request.getSession();
    String user_no = (String)session.getAttribute("user_no");
    TeaHomeworkService ths = new TeaHomeworkService();
    List courses = ths.getCourseList(user_no);
    request.setAttribute("courses",courses);
    return "courseList";
}
```

注意：

(1) 从 session 中获取当前登录用户的编号信息，赋值给 String 变量时需要强制类型转换：

```
String user_no = (String)session.getAttribute("user_no");
```

(2) 调用模型层的 getCourseList()方法时，需要使用当前用户编号(user_no)作为参数，并且方法的返回值是 List 类型：

```
List courses = ths.getCourseList(user_no);
```

(3) 将方法的返回值即查询出的课程列表信息存入 request 中，以便视图层文件读取：

```
request.setAttribute("courses",courses);
```

(4) 返回的字符串，需在配置文件 urls.properties 中配置相应的跳转 url 地址：

```
courseList = /manage/hw/courseList.jsp
```

(5) 在 Action 配置文件 actions.properties 中加入如下代码：

```
teaCourseList = tea.action.hw.TeaCourseListAction
```

教师用户登录后，单击“作业管理”超链接，显示页面效果如图 9-4 所示。

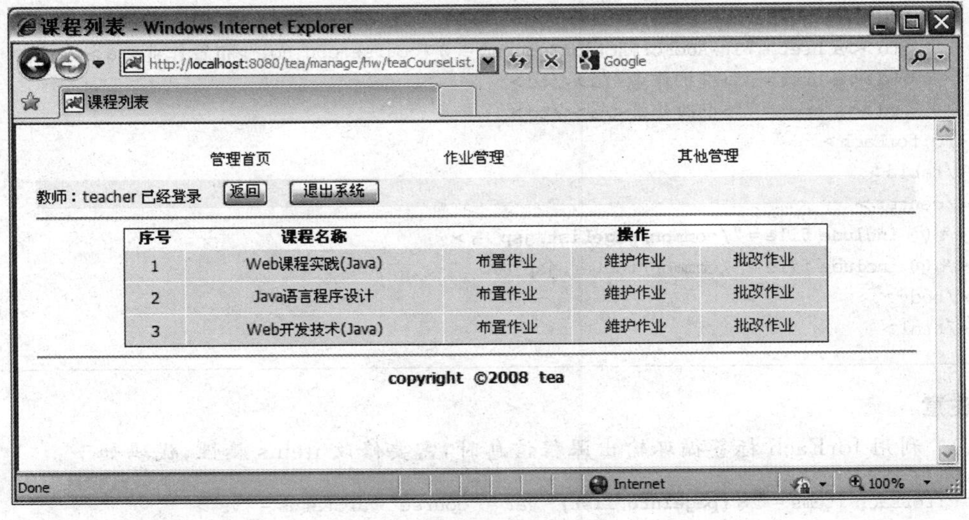

图 9-4　课程列表页面

9.4.2 分页显示的实现

本节以课程列表功能为例,演示 6.9 节中分页显示功能的具体实现。

由于在 WebFrame 框架中,已经提供了分页链接页面 pageList.jsp,并且在 BaseService 中提供了 getPage 方法用于返回当前页的记录集和总页数。因此,为课程列表页面添加分页显示功能就变得非常简单,只需对该功能涉及的视图、控制器和模型加以简单修改并添加少量代码即可实现分页显示。

下面是添加分页显示后的相关文件,其中黑体部分的代码为修改或新添加的部分。

1. V:视图层(JSP)

带分页显示功能的视图层文件 courseList.jsp 代码如下。

/manage/hw/courseList.jsp

```
<%@ page language = "java" import = "java.util.*" pageEncoding = "UTF-8" %>
<%@ taglib prefix = "c" uri = "http://java.sun.com/jsp/jstl/core" %>
<html>
<head><title>课程列表</title>
<link rel = "stylesheet" type = "text/css" href = "${pageContext.request.contextPath}/css/
default.css">
<script language = "javascript" src = "${pageContext.request.contextPath}/js/common.js">
</script>
</head>
<body>
<%@ include file = "/common/manageHeader.jsp" %>
<center>
<table width = "80%" class = "default">
<tr align = "center">
<th>序号</th><th>课程名称</th><th colspan = "3">操作</th>
<c:forEach items = "${pageInfo.list}" var = "course" varStatus = "vs">
<tr align = "center">
    <td>${vs.count + 1}</td>
    <td>${course.cou_name}</td>
    <td><a href = "ThwAddFormAction?cou_no = ${course.cou_no}">布置作业</a></td>
    <td><a href = "">维护作业</a></td>
    <td><a href = "">批改作业</a></td>
</c:forEach>
</table>
</center>
<%@ include file = "/common/pageList.jsp" %>
<%@ include file = "/common/footer.jsp" %>
</body>
</html>
```

注意:

(1) 利用 forEach 标签循环输出课程信息时,需要修改 items 属性,代码如下:

```
<c:forEach items = "${pageInfo.list}" var = "course" varStatus = "vs">
</c:forEach>
```

(2) 需要在页面尾部加入如下 include 指令,包含分页链接页面 pageList.jsp:

```
<%@ include file="/common/pageList.jsp" %>
```

2. M:模型层(JavaBean-Java 类)

在 TeaHomeworkService 中的 getCourseList 方法,修改如下:

```
public Map getCourseList(String user_no,String curPage) {
    String sql = "select cou_no,cou_name from course where cou_no in (select cou_no from tea_
book where tea_no = ?)";
    return this.getPage(sql,new Object[]{user_no},curPage);
}
```

注意:

(1) 将 getCourseList()方法的返回值类型修改为 Map 类型,并为方法添加一个 String 类型的参数 curPage。该参数代表当前要显示的页码。

(2) 方法体内,调用 BaseService()中实现的 getPage 方法得到当前页的记录集和总页数,代码如下:

```
return this.getPage(sql,new Object[]{user_no},curPage);
```

3. C:控制层(Servlet-Java 类)

在 TeaCourseListAction 中定义并实现 process 方法,并在 TeaCourseListAction 的 doGet()、doPost()中调用 process 方法,process 方法代码如下:

```
public void process(HttpServletRequest request, HttpServletResponse response)
        throws ServletException, IOException {
    String curPage = "1";
    if(request.getParameter("curPage")! = null)
      curPage = request.getParameter("curPage");

    HttpSession session = request.getSession();
    String user_no = (String)session.getAttribute("user_no");

    TeaHomeworkService ths = new TeaHomeworkService();
    Map courses = ths.getCourseList(user_no,curPage);

    request.setAttribute("pageInfo",courses);
    request.setAttribute("actionUrl",request.getServletPath());

    return "courseList";
}
```

注意:

(1) 需要使用 getParameter()方法获取用户请求的当前页号:

```
String curPage = "1";
if(request.getParameter("curPage")! = null)
```

```
curPage = request.getParameter("curPage");
```

(2) 调用模型层的 getCourseList 方法时,需要使用当前用户编号(user_no)以及当前页号(curPage)作为参数,并且方法的返回值现为 Map 类型:

```
Map courses = ths.getCourseList(user_no,curPage);
```

(3) 将方法的返回值存入 request 中,并且必须命名为 pageInfo。返回值(Map 类型的对象)中包含查询出的当前页的课程列表信息以及总页数信息,传回给视图层文件:

```
request.setAttribute("pageInfo",courses);
```

(4) 还需要额外向视图层传递一个参数 actionUrl。actionUrl 的值为当前控制器的 mapping url:

```
request.setAttribute("actionUrl",request.getServletPath());
```

加入分页显示功能之后的课程列表页面如图 9-5 所示。

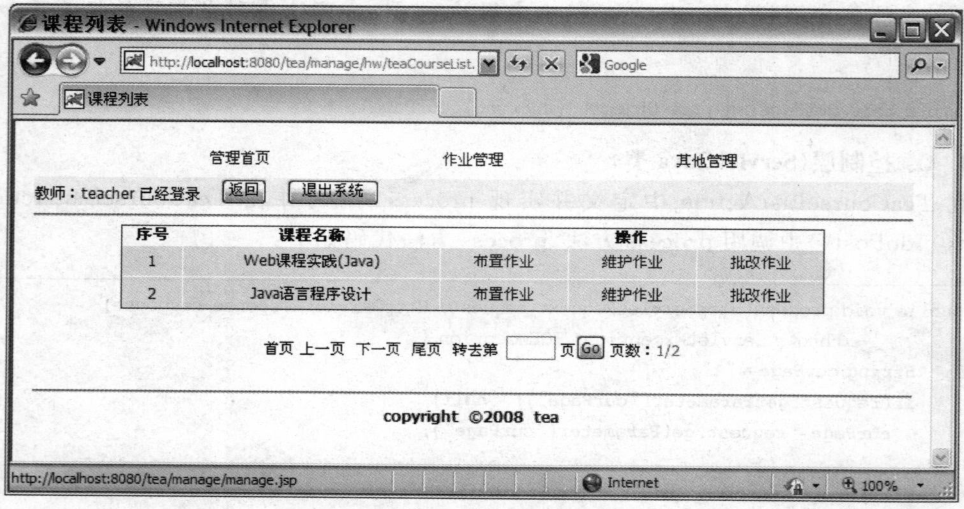

图 9-5　分页显示的课程列表页面

9.4.3　布置作业整体信息

1. V: 视图层(JSP)

/manage/hw/thwAddForm.jsp

```
<%@ page language = "java" pageEncoding = "UTF-8" %>
<%@ taglib prefix = "c" uri = "http://java.sun.com/jsp/jstl/core" %>
<%@ taglib prefix = "fmt" uri = "http://java.sun.com/jsp/jstl/fmt" %>
<jsp:useBean id = "now" class = "java.util.Date"/>
<html>
<head><title>布置作业</title>
<link rel = "stylesheet" type = "text/css"
```

```
href = " ${pageContext.request.contextPath}/css/default.css">
<script language = "javascript"
src = " ${pageContext.request.contextPath}/js/common.js"></script>
</head>
<body>
<%@ include file = "/common/manageHeader.jsp" %>
<center>${cou_name}课程    —— 布置作业<p>作业整体信息<p>
<form method = "post" action = "thwAdd.action" onSubmit = "return validateForm(this)">
<input type = "hidden" name = "cou_no" value = " ${param.cou_no}">
<input type = "hidden" name = "cou_name" value = " ${cou_name}">
<table width = "40 % " class = "default">
    <tr align = "center"><td>作业名称</td>
    <td><input name = "tea_hw_name" type = "text" size = "30" emptyInfo = "作业名称不能为
空!"></td></tr>
    <tr align = "center"><td>布置日期</td>
    <td><input type = "hidden" name = "tea_hw_date"
            value = "<fmt:formatDate value = " ${now}" pattern = "yyyy - MM - dd"/>">
        <fmt:formatDate value = " ${now}" pattern = "yyyy - MM - dd"/>
    </td></tr>
    <tr align = "center"><td>应交日期</td>
    <td><input type = "text" name = "tea_hw_expire" size = "25" emptyInfo = "请输入日期"
validatorType = "date" fieldName = "tea_hw_expire" format = "yyyy - MM - dd" errorInfo = "日期
格式不正确!正确格式为 yyyy - mm - dd!">     < img id = " cal0" src = "../../
components/calendar/skins/aqua/cal.gif" border = " 0" alt = " 选择日期" style = " cursor:
pointer"> <script language = "JavaScript"> var cal0 = calendar("tea_hw_expire", "cal0",
" % Y - % m - % d");</script>
    < input type = " hidden" validatorType = " timeCmp" startdate = " tea_hw_date" enddate =
"tea_hw_expire" errorInfo = "开始时间大于结束时间!"> </td> </tr>
    <tr align = "center"><td>难易度</td>
    <td> <select name = "tea_hw_diff_easy">
        <option value = "很难" selected>很难</option>
        <option value = "较难">较难</option>
        <option value = "中等">中等</option>
        <option value = "简单">简单</option>
    </select></td></tr>
<tr align = "center"> <td>是否开启</td>
<td><input type = "radio" name = "tea_hw_open" value = "1">是    
<input type = "radio" name = "tea_hw_open" value = "0" checked>否</td> </tr>
<tr align = "center">
<td colspan = "2">
    <input type = "submit" value = "下一步">      
    <input type = "reset" value = "重置">
</td></tr>
</table></form></center>
<%@ include file = "/common/footer.jsp" %>
</body></html>
```

注意：

(1) 页面字符集使用“UTF-8”：

```
<%@ page language = "java" pageEncoding = "UTF - 8" %>
```

(2) 导入 JSTL 格式标记库:

```
<%@ taglib prefix = "fmt" uri = "http://java.sun.com/jsp/jstl/fmt" %>
```

(3) 表单的提交地址:

```
<form method = "post" action = "ThwAddAction">
```

(4) 利用<fmt:formatDate>标记格式化输出系统当前时间:

```
<fmt:formatDate value = "${now}" pattern = "yyyy-MM-dd"/>
```

2. M:模型层(JavaBean-Java 类)

1) getCourseName()

在 TeaHomeworkService 中定义 getCourseName 方法用于根据课程编号获取课程名称,代码如下:

```
public String getCourseName(String cou_no) {
    String cou_name = "";
    String sql = "select cou_name from course where cou_no = ?";
    cou_name = this.getString(sql,new Object[]{cou_no});
    return cou_name;
}
```

2) thwAdd()

在 TeaHomeworkService 中定义 thwAdd 方法用于添加作业整体信息,代码如下:

```
public boolean thwAdd(HashMap thw) {
    String sql = "insert into tea_hw(tea_no,cou_no,tea_hw_name,tea_hw_date,tea_hw_expire,
tea_hw_diff_easy,tea_hw_open) values(?,?,?,?,?,?,?)";
    Object[] params = this.getObjectArrayFromMap(thw,"tea_no,cou_no,tea_hw_name,tea_hw_
date,tea_hw_expire,tea_hw_diff_easy,tea_hw_open");
    int i = this.update(sql,params);
    if(i == 1)
        return true;
    else
        return false;
}
```

3) getMaxThwNo()

在 TeaHomeworkService 中定义 getMaxThwNo 方法用于获取刚添加的作业的编号,代码如下:

```
public String getMaxThwNo() {
    String tea_hw_no = "1";
    String sql = "select max(tea_hw_no) from tea_hw";
    tea_hw_no = this.getInt(sql) + "";
    return tea_hw_no;
}
```

3. C：控制层(Servlet-Java 类)

1) ThwAddFormAction

控制器 ThwAddFormAction 用于显示作业整体信息输入页面。

在 ThwAddFormAction 中重写 execute 方法，execute 方法代码如下：

```
public String execute(HttpServletRequest request, HttpServletResponse response)
        throws ServletException, IOException {
    String cou_no = request.getParameter("cou_no");//读取课程编号
    TeaHomeworkService ths = new TeaHomeworkService();
    String cou_name = ths.getCourseName (cou_no); //获取课程名称
    request.setAttribute("cou_name",cou_name);
    return "thwAddForm";
}
```

注意：

(1) 获取通过超链接传递过来的参数 cou_no：

```
String cou_no = request.getParameter("cou_no");
```

(2) 调用模型层的 getCourseName ()方法时，需要使用课程编号(cou_no)作为参数，并且方法的返回值是 String 类型：

```
String cou_name = ths.getCourseName (cou_no);
```

(3) 将方法的返回值即查询出的课程名称存入 request 中，以便视图层文件读取：

```
request.setAttribute("cou_name",cou_name);
```

(4) 返回的字符串，需在配置文件 urls.properties 中配置相应的跳转 url 地址：

```
thwAddForm  = /manage/hw/thwAddForm.jsp
```

(5) 在 Action 配置文件 actions.properties 中加入如下代码：

```
thwAddForm = tea.action.hw.ThwAddFormAction
```

2) ThwAddAction

控制器 ThwAddAction 用于响应整体信息输入页面中的“下一步”按钮。

在 ThwAddAction 中定义并实现 execute 方法，execute 方法代码如下：

```
public String execute (HttpServletRequest request, HttpServletResponse response)
        throws ServletException, IOException {
    request.setCharacterEncoding("UTF - 8");
    HashMap thw = new HashMap();
    thw.put("cou_no",request.getParameter("cou_no"));
    thw.put("tea_hw_name",request.getParameter("tea_hw_name"));
    thw.put("tea_hw_date",request.getParameter("tea_hw_date"));
    thw.put("tea_hw_expire",request.getParameter("tea_hw_expire"));
    thw.put("tea_hw_diff_easy",request.getParameter("tea_hw_diff_easy"));
```

```
        thw.put("tea_hw_open",request.getParameter("tea_hw_open"));
        HttpSession session = request.getSession();
        thw.put("tea_no",(String)session.getAttribute("user_no"));
        TeaHomeworkService ths = new TeaHomeworkService();
        if(ths.thwAdd(thw)){
            String tea_hw_no = ths.getMaxThwNo();//获取刚刚成功添加的作业的作业编号
            request.setAttribute("tea_hw_no",tea_hw_no);
            request.setAttribute("cou_name",request.getParameter("cou_name"));
            return "thwDetailAddFormAction";
        }
        else{
            request.setAttribute(Const.MESSAGE_INFO,Const.ERROR);
            return "messageAction";
        }
    }
```

注意：

(1) 将调用 thwAdd 方法所需的参数都存入 Map 类型的对象 thw 中。例如：

```
thw.put("cou_no",request.getParameter("cou_no"));
```

(2) 调用模型层的 thwAdd 方法时，需要使用 Map 类型对象(thw)作为参数，并且方法的返回值是 boolean 类型，根据方法的返回值决定下一步的操作：

```
if(ths.thwAdd(thw)){
}
else{
}
```

(3) 若 thwAdd 方法的返回值为 true，则调用模型层 getMaxThwNo 方法获取刚刚成功添加的作业编号并传递给下一个控制器：

```
String tea_hw_no = ths.getMaxThwNo();
request.setAttribute("tea_hw_no",tea_hw_no);
```

(4) 要跳转到下一个控制器 ThwDetailAddFormAction，需在配置文件 urls.properties 中配置相应的跳转 url 地址：

```
thwDetailAddFormAction = /manage/hw/thwDetailAddForm.action
```

(5) 若 thwAdd 方法的返回值为 false，则将出错信息存入 requestScope，跳转到信息提示控制器 MessageAction：

```
request.setAttribute("messageInfo",Const.ERROR);
return "messageAction";
```

(6) 在 Action 配置文件 actions.properties 中加入如下代码：

```
thwAdd = tea.action.hw.ThwAddAction
```

9.4.4 布置作业详细信息

1. V：视图层(JSP)

布置作业详细信息的视图层文件 thwDetailAddForm.jsp 代码如下。

/manage/hw/thwDetailAddForm.jsp

```
<%@ page language="java" pageEncoding="UTF-8" %>
<%@ taglib prefix="c" uri="http://java.sun.com/jsp/jstl/core" %>
<html>
<head><title>布置作业</title>
<link rel="stylesheet" type="text/css" href="${pageContext.request.contextPath}/css/
default.css">
<script language="javascript" src="${pageContext.request.contextPath}/js/common.js">
</script>
</head>
<body>
<%@ include file="/common/manageHeader.jsp" %>
<center>${cou_name}课程   -- 布置作业<p>作业详细信息<p>第${proNo}题<p>
<form method="post" action="thwDetailAdd.action"
        enctype="multipart/form-data" onSubmit="return validateForm(this)">
<input type="hidden" name="cou_name" value="${cou_name}">
<input type="hidden" name="tea_hw_no" value="${tea_hw_no}">
<input type="hidden" name="proNo" value="${proNo}">
<table width="80%" class="default">
    <tr align="center">
      <td>题目类型</td>
      <td><input type="radio" name="thd_type" value="单选" checked>单选
        <input type="radio" name="thd_type" value="多选">多选
        <input type="radio" name="thd_type" value="填空">填空
        <input type="radio" name="thd_type" value="判断">判断
        <input type="radio" name="thd_type" value="简答">简答
        <input type="radio" name="thd_type" value="程序">程序
        <input type="radio" name="thd_type" value="综述">综述</td></tr>
<tr align="center">
      <td>题目内容</td>
      <td><textarea name="thd_content" cols="60" rows="6" emptyInfo="题目内容不能为
空!"></textarea></td></tr>
<tr align="center">
      <td>题目内容上传文件</td>
      <td><input type="file" name="thd_file"></td></tr>
<tr align="center">
      <td>题目提示</td>
      <td><textarea name="thd_prompt" cols="60" rows="6"></textarea></td></tr>
<tr align="center">
      <td>题目答案</td>
      <td><textarea name="thd_answer" cols="60" rows="6" emptyInfo="题目答案不能为
空!"></textarea></td></tr>
<tr align="center">
      <td>题目答案上传文件</td>
      <td><input type="file" name="thd_ans_file"></td></tr>
```

```
<tr align="center">
        <td>题目难易度</td>
        <td><select name="thd_diff_easy">
            <option value="很难" selected>很难</option>
            <option value="较难">较难</option>
            <option value="中等">中等</option>
            <option value="简单">简单</option>
          </select></td></tr>
<tr align="center">
        <td>题目适用类型</td>
        <td><input type="radio" name="thd_stu_type" value="0" checked>
          全部学生可见
          <input type="radio" name="thd_stu_type" value="1">
          掌握较好的学生可见
          <input type="radio" name="thd_stu_type" value="2">
          掌握不好的学生可见</td></tr>
<tr align="center">
        <td colspan="2">
          <input type="submit" name="sub" value="下一题">    
          <input type="submit" name="sub" value="结束">     
          <input type="reset" value="重置">
        </td></tr>
</table></form></center>
<%@ include file="/common/footer.jsp" %>
</body></html>
```

注意：

(1) 表单的提交地址以及 enctype 属性的设置：

```
<form action="thwDetailAdd.action" enctype="multipart/form-data">
```

(2) 使用文件框(type=file)选择本地上传文件：

```
<input type="file" name="thd_file ">
```

2. M：模型层(JavaBean-Java 类)

在 TeaHomeworkService 中定义 thwDetailAdd()方法用于添加作业详细信息，代码如下：

```
public boolean thwDetailAdd(HashMap thd) {
    String sql = "insert into tea_hw_detail(tea_hw_no,thd_type,thd_content,thd_file_name,
thd_file_addr,thd_prompt,thd_answer,thd_diff_easy,thd_stu_type,thd_ans_file_name,thd_ans_
file_addr) values(?,?,?,?,?,?,?,?,?,?,?)";
    Object[] params = this.getObjectArrayFromMap(thd,"tea_hw_no,thd_type,thd_content,thd_
file_name,thd_file_addr,thd_prompt,thd_answer,thd_diff_easy,thd_stu_type,thd_ans_file_
name,thd_ans_file_addr");
    int i = this.update(sql,params);
    if(i == 1)
        return true;
    else
        return false;
}
```

3. C：控制层(Servlet-Java 类)

1) ThwDetailAddFormAction

控制器 ThwDetailAddFormAction 用于显示作业详细信息输入页面。

在 ThwDetailAddFormAction 中重写 execute 方法，execute 方法代码如下：

```
public String execute (HttpServletRequest request, HttpServletResponse response)
            throws ServletException, IOException {
    int proNo = 0; //设置当前题号,初值为 0
    if(request.getAttribute("proNo")! = null)
        proNo = Integer.parseInt((String)request.getAttribute("proNo"));//获取当前题号
    proNo ++ ;
    request.setAttribute("proNo",proNo + "");
    return "thwDetailAddForm";
}
```

注意：

(1) 获取通过表单 hidden 控件传递过来的当前题号 proNo：

```
if(request.getAttribute("proNo")! = null)
    proNo = Integer.parseInt((String)request.getAttribute("proNo"));
```

(2) 将当前题号增 1 后再存入 request 中，以便视图层文件读取：

```
request.setAttribute("proNo",proNo + "");
```

(3) 返回的字符串，需在配置文件 urls. properties 中配置相应的跳转 url 地址：

```
thwDetailAddForm  = /manage/hw/thwDetailAddForm.jsp
```

(4) 在 Action 配置文件 actions. properties 中加入如下代码：

```
thwDetailAddForm = tea.action.hw.ThwDetailAddFormAction
```

2) ThwDetailAddAction

控制器 ThwDetailAddAction 用于响应详细信息输入页面中的“下一题”或“提交”按钮。

在 ThwDetailAddAction 中重写 execute 方法，execute 方法代码如下：

```
public String execute (HttpServletRequest request, HttpServletResponse response)
                        throws ServletException, IOException {
    request.setCharacterEncoding("UTF - 8");
    //创建上传工具类对象
    UploadUtil up = new UploadUtil(this.getConfig(),request,response);
    String quePath = "/upload/hw/question/";             //题目上传文件存放目录
    String ansPath = "/upload/hw/answer/";               //答案上传文件存放目录
    String queFileName = up.upload(0,quePath);           //上传题目文件
    String ansFileName = up.upload(1,ansPath);           //上传题目答案文件
    HashMap thd = new HashMap();
```

```
    if(queFileName! = null&&ansFileName! = null){ //若上传文件成功
        thd.put("tea_hw_no",up.getParameter("tea_hw_no"));
        thd.put("thd_type",up.getParameter("thd_type"));
        thd.put("thd_content",up.getParameter("thd_content"));
        thd.put("thd_prompt",up.getParameter("thd_prompt"));
        thd.put("thd_answer",up.getParameter("thd_answer").trim());
        thd.put("thd_diff_easy",up.getParameter("thd_diff_easy"));
        thd.put("thd_stu_type",up.getParameter("thd_stu_type"));
        thd.put("thd_file_name",up.getFileOriginalName(0));
        thd.put("thd_file_addr",quePath + queFileName);
        thd.put("thd_ans_file_name",up.getFileOriginalName(1));
        thd.put("thd_ans_file_addr",ansPath + ansFileName);
    }
    else{ //若上传文件失败
        request.setAttribute(Const.MESSAGE_INFO,Const.UPLOAD_ERROR);
        return "messageAction";
    }
    TeaHomeworkService ths = new TeaHomeworkService();
    if(ths.thwDetailAdd(thd)){ //若添加作业详细信息成功
        if(up.getParameter("sub").equals("下一题")){ //若单击"下一题"按钮
                request.setAttribute("tea_hw_no",up.getParameter("tea_hw_no"));
                request.setAttribute("cou_name",up.getParameter("cou_name"));
                request.setAttribute("proNo",up.getParameter("proNo"));
                return "thwDetailAddFormAction";
        }
        else{ //若单击"结束"按钮
                request.setAttribute(Const.MESSAGE_INFO,Const.SUCCESS);
                return "messageAction";
        }
    }
    else{ //若添加作业详细信息失败
        request.setAttribute(Const.MESSAGE_INFO,Const.ERROR);
        return "messageAction";
    }
}
```

注意：

(1) 创建上传工具类对象：

```
UploadUtil up = new UploadUtil(this.getServletConfig(),request,response);
```

(2) 上传文件时调用上传工具类对象的 upload 方法：

```
String quePath = "/upload/hw/question/";      //题目上传文件存放目录
String queFileName = up.upload(0,quePath);    //上传题目文件
```

(3) 确定保存上传文件的文件夹已经创建：
保存题目上传文件的文件夹为/upload/hw/question。
保存答案上传文件的文件夹为/upload/hw/answer。

(4) 读取表单提交过来的参数时，不能再使用 request.getParameter 方法，而是使用上传工具类对象的 getParameter 方法。例如：

```
up.getParameter("tea_hw_no")
```

(5) 根据单击的按钮进行不同的操作：

```
if(up.getParameter("sub").equals("下一题")){
}
else{
}
```

(6) 在 Action 配置文件 actions.properties 中加入如下代码：

```
thwDetailAdd = tea.action.hw.ThwDetailAddAction
```

9.5 完成作业模块的设计与实现要点

完成作业模块针对学生用户，主要功能是学生用户登录系统后，可选择完成或查看其所学的一门课程的作业。

具体的操作过程是，学生用户登录系统，首先在课程列表页面选择一门课程，课程选定后进入该门课的作业列表页面，根据作业的不同情况，学生可以完成作业或查看作业批改情况。当学生完成作业时，可以在完成页面中输入自己的答案或上传答案文件；当学生查看作业批改情况时，已批改的作业会在页面中显示该次作业的总得分、评语以及每道作业题的得分和正确答案。

本模块的实现仍采用 MVC 模式。下面，分别对其中的较难的功能点的设计和注意事项进行说明。

9.5.1 完成作业详细设计

1. V:视图层(JSP)

完成作业功能需要一个视图层文件：

(1) 命名：shwSubmit.jsp(放在根路径/home/hw 下)。

(2) 文件作用：完成作业输入页面。

(3) 显示效果图：图 7-10 完成作业的作业信息页面。

(4) 输出变量命名：

① 课程名——${cou_name}。

② 作业名——${tea_hw_name}。

③ 作业中的多道题目使用<c:forEach>标记循环输出：

```
<c:forEach items = "${hws}" var = "hw" varStatus = "vs"><! -- 题目信息 --></c:forEach>
```

(5) 输入控件命名如表 9-9 所示。

表 9-9　完成作业输入控件命名

控件类型	name	value	备注
Radio	shd_answer${vs.count}	用户输入	单选题(五个单选钮)
Checkbox	shd_answer${vs.count }	用户输入	多选题(五个复选框)
Textarea	shd_answer${vs.count }	用户输入	填空题
Radio	shd_answer${vs.count }	用户输入	判断题
Textarea	shd_answer${vs.count }	用户输入	简答题
Textarea	shd_answer${vs.count }	用户输入	程序题
Textarea	shd_answer${vs.count }	用户输入	综述题

(6) 关联控制器:

① 表单提交地址为 action="shwSubmit.action"。

② 传递参数:

每道题均传递题目编号和题目类型:

```
<input type="hidden" name="thd_no${vs.count }" value="${hw.thd_no}">
<input type="hidden" name="thd_type${vs.count}" value="${hw.thd_type}">
```

整个作业传递作业编号、题目个数和所属课程编号:

```
<input type="hidden" name="tea_hw_no" value="${param.tea_hw_no}">
<input type="hidden" name="proCount" value="${proCount}">
<input type="hidden" name="cou_no" value="${param.cou_no}">
```

2. C:控制层(servlet-Java 类)

完成作业功能需要两个控制器:

1) ShwSubmitFormAction

(1) 命名为 tea.action.hw.ShwSubmitFormAction。

(2) action.properties 的配置代码:

```
shwSubmitForm=tea.action.hw.ShwSubmitFormAction
```

(3) 步骤:

① 获取参数:String 类型的课程编号 cou_no、作业编号 tea_hw_no。

② 调用模型 tea.service.StuHomeworkService 类的 getCourseName 方法获取课程名称,调用 getHwName 方法获取作业名称。

③ 从 session 中获取当前登录学生编号。

④ 调用模型 tea.service.StuHomeworkService 类的 getHwDetail 方法获取本次作业的作业题目信息。

⑤ 将课程名、作业名、作业详细信息(List 对象)保存到 request 中,并且命名为 cou_name,tea_hw_name,hws;将题目个数(hws.size())保存到 request 中,命名为 proCount。

⑥ return "shwSubmit"(在 urls.properties 中进行配置)。

2) ShwSubmitAction

(1) 命名为 tea.action.hw.ShwSubmitAction。

(2) action.properties 的配置代码：

```
shwSubmit = tea.action.hw. ShwSubmitAction
```

(3) 步骤：

① 创建 UploadUtil 对象 up。

② 获取参数为 tea_hw_no ，proCount。

③ 从 session 中获取当前登录学生编号。

④ 调用模型方法 shwAdd()添加学生作业整体信息。

⑤ 设置标志变量 flag,初值为 true。

⑥ 根据 shwAdd 方法返回值：

• 若添加整体信息成功。

调用 getMaxShwNo()获取学生作业编号,存入 Map。

```
for(int i = 0;i < proCount;i++){
    若题目类型为主观题,上传文件
    若上传成功
        获取题目编号,题目答案,答案文件原名和地址,存入 Map
        调用模型的 shwDetailAdd()方法添加学生作业详细信息
        若添加失败,flag = false
    若上传失败,flag = false
}
```

若 flag=true,更新教学手册;若更新失败,标志变量 flag=false。

• 若添加整体信息失败。

标志变量 flag=false。

⑦ 根据标志变量 flag 的值：

• 若 flag==true：成功信息存入 request,命名为 messageInfo。

• 若 flag==false：出错信息存入 request,命名为 messageInfo。

• return "messageAction"。

3. M:模型层(JavaBean-Java 类)

完成作业功能涉及一个模型层类 StuHomeworkService：

(1) 命名：tea. service. StuHomeworkService。

(2) 父类：tea. service. BaseService。

(3) getCourseName 方法：

作用：根据课程编号 cou_no 获取课程名称 cou_name。

方法头声明：public String getCourseName(String cou_no)。

(4) getHwName()方法：

作用：根据作业编号 tea_hw_no 获取作业名称 tea_hw_name。

方法头声明：public String getHwName (String tea_hw_no)。

(5) getHwDetail ()方法：

作用：获取作业详细信息。

方法头声明：public List getHwDetail (String tea_hw_no, String user_no, String cou_no)。

(6) shwAdd()方法:

作用:添加学生作业整体信息。

方法头声明:public boolean shwAdd(String tea_hw_no, String user_no)。

(7) getMaxShwNo ()方法:

作用:获取学生作业最大编号值。

方法头声明:public String getMaxShwNo()。

(8) shwDetailAdd ()方法:

作用:添加学生作业详细信息。

方法头声明:public boolean shwDetailAdd(HashMap shd)。

(9) updateTeabook ()方法:

作用:更新电子教学手册中的提交作业次数。

方法头声明:public boolean updateTeabook(String user_no, String cou_no)。

9.5.2 完成作业实现要点

本节对完成作业功能的实现要点加以简要说明。

1. V:视图层(JSP)

视图层文件 shwSubmit.jsp 的实现要点:

(1) 显示作业完成页面时,利用<c:forEach>标记循环输出每道题的信息,并利用<c:if>标记判断当前题目类型,根据类型不同,提供不同的输入控件让用户输入该题答案。

```
<c:forEach items = "${hws}" var = "hw" varStatus = "vs">
    <c:if test = "${hw.thd_type == '单选'}"><! -- 提供单选钮 --></c:if>
    <c:if test = "${hw.thd_type == '多选'}"><! -- 提供复选框 --></c:if>
</c:forEach>
```

(2) 显示题目内容相关上传文件超链接时,其地址如下格式:

```
href = "${pageContext.request.contextPath}/common/downloadFile.action?file = ${hw.thd_
file_addr}"
```

其中,DownloadFileAction 用来来完成文件下载功能。调用时,需要传递一个名为 file 的参数,其值为要下载的文件的 url 地址。具体代码如下:

```
UploadUtil up = new UploadUtil(this.getServletConfig(),request,response);
up.download(file);
```

并且 DownloadFileAction 需要在 actions.properties 中进行配置,配置代码如下:

```
downloadFile = tea.common.DownloadFileAction
```

(3) 由于作业的题目个数可能不只一个,因此在给每道题对应的输入控件命名时,最好在末尾加编号来区分不同题目对应的不同组控件。

因此同一组输入控件的 name 属性值为 name="shd_answer${vs.count}"。

2. C:控制层(Servlet-Java 类)

控制器 ShwSubmitFormAction 用于显示完成作业输入页面。控制器 ShwSubmitAction 用

于响应完成页面中的提交按钮。

控制器 ShwSubmitAction 的实现要点：

(1) 先调用 shwAdd 方法添加学生作业整体信息。

(2) 整体信息成功添加后，需要调用 getMaxShwNo()获取刚添加成功的作业整体信息编号，稍后添加作业详细信息时需要使用。

(3) 添加作业详细信息时，需要利用 for 循环添加每道题的信息。

(4) 获取多选题答案时，需要使用 getParameterValues 方法：

```
String type = up.getParameter("thd_type" + i);
if(type.equals("多选"))  {
    String[] temp = up.getParameterValues("shd_answer" + i);
    if(temp!= null){
        String str = "";
        for(int k = 0;k < temp.length;k++)
            str += temp[k];
        shd.put("shd_answer",str);
    }
}
```

(5) 当整体信息和详细信息均成功添加后，需要调用 updateTeabook 方法更新教学手册中该名学生本门课的作业提交次数。

小　结

本章主要介绍了详细设计阶段需要明确的问题，并规定了相关设计文档的撰写规范。在实现功能之前，先按照文档中规定的内容确定文件名、类名、方法名以及输入输出参数名、数据类型、调用过程、转发地址等，只有明确了上述问题，才能在编码实现阶段少走弯路，并保证所实现的程序代码的合理性和正确性。在今后的项目开发中，也要养成先写设计文档，再根据文档的设计思路来编写代码的习惯。

另外，本章还介绍了如何利用已经搭建完毕的模板工程——WebFrame 框架来搭建 tea 工程。WebFrame 框架中提供的许多工具类及页面，在 tea 工程中同样也可以使用。例如，封装了模型层常用方法的 BaseService、转向公共提示页面控制器 MessageAction、上传工具类 UploadUtil、分页操作链接页面 pageList.jsp 等。将来如果需要创建其他的 Web 工程来实现不同的应用，都可以以 WebFrame 工程为模板，在它的基础上进行开发可以提高开发效率。

思　考

1. MVC 设计模式的优点。
2. requestScope 和 sessionScope 这两种对象作用范围的区别和应用场合。
3. 画出完成作业功能的调用流程和其中各步的参数传递情况。

练　　习

1. 根据完成作业的设计和实现要点,实现完成作业模块。
2. 根据批改作业的设计和实现要点,实现批改作业模块。

测　　试

1. 写出作业子系统——作业维护模块的设计文档。
2. 根据设计文档,实现作业子系统——作业维护模块。

第10章 Web应用开发调试

本章内容

- 对常见的错误分类；
- 分析常见的语法错误；
- 分析常见的运行时期错误；
- 分析特殊类型的错误；
- 逻辑错误的调试；
- 在集成开发环境 Eclipse 中的调试。

本章目标

- 了解常见的错误；
- 掌握常见错误的解决方法。

10.1 错误类型

如果一个人能够让他编写的所有程序不出任何问题，绝对是一个天才，实际上是不存在的。所以，编写程序的过程中不可避免的要出现问题，需要来解决这些问题，解决程序中出现的问题是一项非常重要的基本功。

本部分主要描述在 Java Web 开发中常见的一些错误，并介绍遇到这些错误时如何解决。

常见的错误有以下 4 种：

- 编译错误；
- 运行时错误；
- 逻辑错误；
- 特殊错误。

10.1.1 编译错误

编译错误主要是语法错误，发生这样的错误之后，程序根本没有办法运行，这些错误也是最容易解决的问题，刚开始编写程序容易犯这样的错误。

编译错误主要还可以分为 Java 文件中的错误和 JSP 文件中的错误两类。Java 文件中的错误可以在编译文件的时候发现；而 JSP 文件中的错误需要在运行的时候才知道，但是现在一些开发环境中也支持 JSP 文件中错误的动态提示。这些错误通常可以根据错误提示进行修改。例如，提示少了“;”号，把分号加上就可以了。还有一些错误不容易查找，因为 JSP 程序在运行的时候要转换成 Java 代码，而这些错误是转换成 Java 代码之后出现的，并不直接提示原来的错误,而是针对转换后的代码提示错误,这样的错误不容易查找。

10.1.2 运行时错误

运行时错误,是程序在运行的时候产生的错误,已经通过编译,并且没有语法错误。例如,运行的时候要访问的文件不存在,要连接的数据库不存在等。这些错误并不是每次运行都会产生,有时候产生,有时候不产生,错误产生本身需要有一些条件。这些错误通常是由于一些不好的编程习惯造成的,如果能够提前对各种可能的错误进行处理的话,将不会出现这种错误。解决的方法主要是进行提前防范和异常处理。

10.1.3 逻辑错误

当程序能够运行,但是执行的结果不是期望的结果,这时称为逻辑错误。这种错误通常都是因为编写的代码在逻辑上有问题,所以称为逻辑错误。逻辑错误比较难定位,多数时候需要根据程序编写人员的经验处理,另外可以使用集成开发环境提供的调试工具进行处理,后面主要介绍针对逻辑错误的调试方法。

10.1.4 特殊错误

一些比较特殊的错误,程序本身没有问题,但是不能运行,这时通常是程序运行的环境出了问题,需要根据浏览器的提示进行分别处理。

10.2 常见编译错误

下面介绍一些常见的编译错误,如果遇到的错误的提示信息与某一种情况匹配,可以直接根据这个方法去解决。

Java 文件和 JSP 文件都可能会出现编译错误。

10.2.1 Java 文件中的常见编译错误

1. 符号错误

典型的错误提示如下:

```
Cannot find symbol
symbol : variable XX
location : class XXX
```

这种类型的错误包括两个方面:变量名错误和类名错误。

1) 变量名错误

如果是变量名错误,可能的原因包括:

(1) 变量没有定义:没有定义直接使用。

(2) 变量名写错:虽然定义了,但是写的时候写错了。

(3) 变量的作用范围有问题:使用变量的地方已经超出了变量的作用范围。

2) 类名错误

如果是类名错误,可能的原因包括:

(1) 类名写错了。

(2) 没有使用 import 引入相应的类。

2. 方法调用错误

典型的错误提示如下：

```
Cannot find symbol
symbol : method XX
location : class XXX
```

这种错误属于方法调用错误，可能的原因：

(1) 方法名写错了。

(2) 参数个数不够。

(3) 参数类型不匹配。

3. 缺少符号

比较容易缺少的符号包括分号、大括号、小括号和双引号。

(1) 缺少分号，提示信息如下：

```
";"expected
```

在赋值语句比较复杂的时候，或者方法调用比较复杂的时候容易出错。

(2) 缺少大括号，提示信息如下：

```
"}"expected
```

在大括号嵌套比较多的时候，并且编程习惯不好容易产生这样的错误。

(3) 缺少小括号，提示信息如下：

```
")"expected
```

在同一行代码中嵌套多个方法调用的时候容易产生这样的错误。

(4) 缺少双引号，提示信息如下：

```
unclosed string literal
```

4. 缺少返回值类型或返回语句

在 Java 中大部分方法都需要返回值类型(构造方法不需要返回值)，并且如果返回值类型不是 void，应该有 return 语句。

如果方法没有定义返回值，并且也不是构造方法，则会提示下面的错误：

```
invalid method declaration; return type required
```

如果方法的返回值不是 void，方法中应该有返回值，如果没有 return 语句，提示信息如下：

```
missing return statement
```

有时，虽然有返回值类型，但是仍然提示。例如，下面的代码：

```
public int max(int a, int b){
```

```
    if(a > b)
        return a;
    if(a <= b)
        return b;
}
```


这时的错误主要是系统认为 return 语句不一定能执行到。

5. 类型不匹配

赋值的时候等号左右的对象或变量类型不匹配,并且不能进行自动转换,提示信息如下:

```
incompatible types
found : XXX
required:YYY
```

如果方法的返回值类型和 return 语句返回的对象的类型不匹配,报错信息是相同的。

6. 变量可能没有初始化

如果对一个没有初始化的局部变量进行操作,会提示下面的错误:

```
variable XX might not have been initialized
```

如果赋值过程在 try 语句中进行的,也可能会出现这样的错误。

7. 没有进行异常处理

如果要调用的方法可能会产生异常,则调用这个方法的时候应该进行异常处理,如果没有处理,会提示下面的信息:

```
unreported exception XXX; must be caught or declared to be thrown
```

可以使用 try-catch 进行处理,也可以在方法声明中使用 throws 声明。

8. 语句无法执行到

如果把要执行的代码放在方法的 return 语句之后,会提示下面的信息:

```
unreachable statement
```

9. 中文字符

如果在程序中使用了非法字符如中文字符(字符串中的常量可以使用中文字符),会提示下面的信息:

```
invalid character
```

这类错误通常都是出现了中文字符。常见的中文字符包括分号、单引号、双引号。

10.2.2 JSP 文件中的常见编译错误

在 JSP 2.0 之后,JSP 页面主要用于显示,一般不出现 Java 代码。在 JSP 页面中,主要就是对 JSP 的标签、表达式语言和 JSTL 的使用。所以多数错误都是与这些内容相关的。

1. 指令属性不正确

如果指令的属性错误,提示如下错误信息:

```
org. apache. jasper. JasperException: /exceptiontest. jsp (1, 1) Page directive has invalid
attribute: imports
```

产生错误的代码如下：

```
<%@ page imports = "java.util.*" %>
```

2. 指令没有正常结束

如果标签后面缺少结束符“%>”，错误提示如下：

```
org.apache.jasper.JasperException: /exceptiontest.jsp(2,0) Unterminated &lt; %@ page tag
```

产生错误的代码如下：

```
<%@ page imports = "java.util.*">
```

如果缺少前面的开始标志“<%”，则会把指令显示在页面上。

3. 标签属性不正确

如果标签的属性错误，会提示如下信息：

```
org.apache.jasper.JasperException: /exceptiontest.jsp(3,0) According to the TLD or the tag
file, attribute test is mandatory for tag if
```

产生错误的代码如下：

```
<c:if tesat = "empty x">
</c:if>
```

4. 标签没有正常结束

JSP 中的标签，不管是 JSP 提供的还是自定义的，都必须有结束标志。如果标签没有标签体，如<jsp:forward page="目标文件"/>，则标签应该以“/>”结束。

如果标签有标签体。例如：

```
<c:if test = "测试条件">
    标签体
</c:if>
```

则标签必须以“</标签名>”结束。

如果标签没有正常结束，会提示如下信息：

```
org.apache.jasper.JasperException: /exceptiontest.jsp(4,0) Unterminated &lt;c:if tag
```

5. JavaBean 属性错误

在表达式语言中主要是访问各种隐式对象，在访问这些对象的时候，如果访问了对象的不存在的属性，提示下面的信息：

```
javax.servlet.ServletException: Unable to find a value for "a" in object of class "java.lang.
String" using operator "."
```

产生错误的代码如下：

```
<c:forEach var = "i" items = "x,y">
    ${i.a}
</c:forEach>
```

10.3 特殊类型的错误

这类错误与程序没有关系,读者可以把遇到的错误与下面的进行比较,如果是相同的错误,可以对应解决。

10.3.1 该页无法显示

如果没有启动服务器就进行访问,会产生如图 10-1 所示的错误。

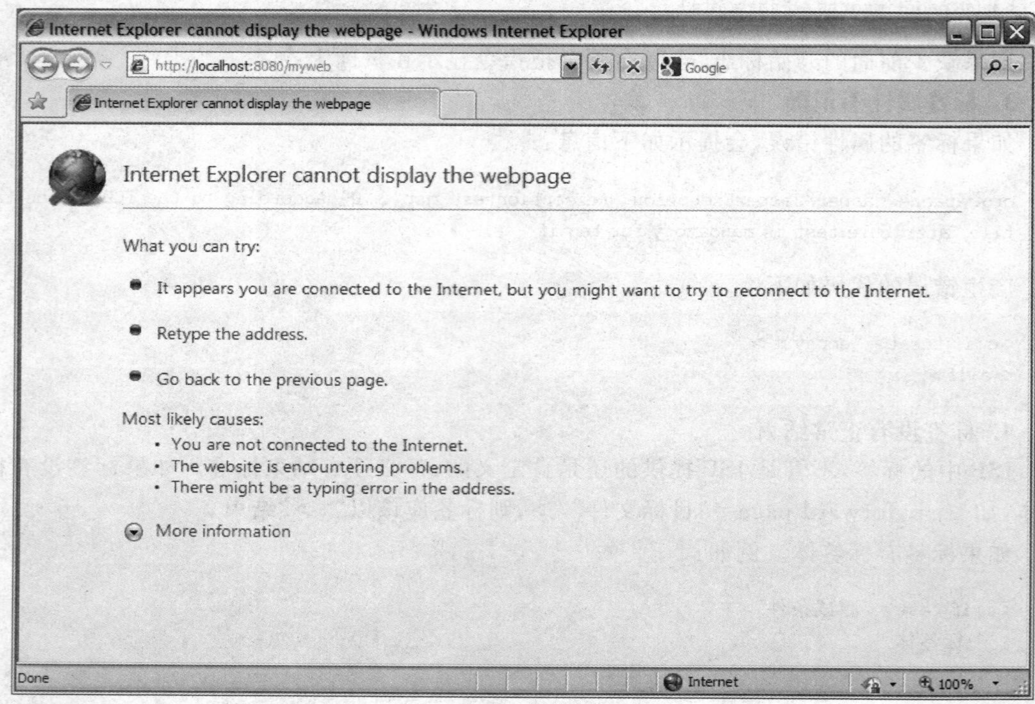

图 10-1 服务无法访问

遇到这样的错误启动服务器即可。

如果确定服务器已经打开,还是这样的错误,可能是 localhost 不能解析,可以试着使用 127.0.0.1 访问。

如果还是不能访问,可能是服务器启动失败,此时可以查看服务器的启动信息。如果有控制台,可以查看控制台信息,如果没有控制台,可以查看日志文件,日志文件位于 %TOMCAT_HOME%\logs 目录下,多数时候是因为端口被占用。如果是端口被占用,提示信息如下:

```
Address already in use: JVM_Bind:8080
```

在这种情况下,需要关闭使用这个端口的其他程序,或修改 Tomcat 的端口。可以在 %TOMCAT_HOME%下的 conf 子目录下的 server.xml 文件中修改端口。使用文本编辑器打开该文件,然后使用查找功能查找到 8080 端口所在的代码位置,如下面所示:

```
<Connector port = "8080" maxThreads = "150" minSpareThreads = "25"
    maxSpareThreads = "75" enableLookups = "false" redirectPort = "8443"
    acceptCount = "100" connectionTimeout = "20000" disableUploadTimeout = "true" />
```

把代码中的 8080 修改成其他端口号即可。

10.3.2 找不到文件

如果启动服务器之后，访问文件的时候出错信息包含下面的信息：

```
HTTP Status 404 …
```

该错误是因为找不到相应的资源造成的错误。造成这种错误可能有 3 种原因：

(1) Web 应用没有正常启动。

(2) 当前要访问的文件不存在。

(3) 当前访问的文件中又访问了其他文件，而要访问的文件不存在。

要解决这个问题，首先要判断是哪种原因造成的。遇到这样的问题，可以试一下这个 Web 应用中的其他文件是否能访问，如果都不能访问，说明 Web 应用出问题了。如果其他的文件能够访问，则有可能是当前文件名写错了或者要访问的文件不存在，通常文件名字比较长的时候容易写错。

如果是 Web 应用出问题了，通常是 web.xml 文件出问题，这时需要查看日志文件，通过日志文件可以查看到错误的原因。

日志文件存放在%TOMCAT_HOME%\logs 目录中。

10.3.3 文件修改后不起作用

文件修改后并没有看到想要的效果，这时候就是文件的修改没有起作用，可能是两个方面的原因。第一个可能的原因，运行时候使用的文件不是最新的文件，是内存中运行的对象。第二个可能的原因，浏览器缓存。浏览器为了提供访问速度，使用了本地的缓存文件，没有从服务器获取最新文件。

对于第一种情况，可以采用两种方法解决。第一种方法，删除编译后的临时文件，位置在%TOMCAT_HOME%\work\Catalina\localhost 目录下，删除相应的应用即可；第二种方法，重新启动服务器。

对于第二种情况，把浏览器关闭，重新打开一个浏览器窗口进行访问即可。

10.4 运行期错误和逻辑错误的调试

提示：调试程序前需要问一下自己“程序运行的过程是否清楚”，如果不清楚，先把程序的流程搞清楚再调试。

下面通过对一个案例的分析来介绍如何对逻辑错误进行调试。

10.4.1 描述问题

案例：登录处理。

功能：在登录处理中，由登录页面输入用户名和口令，然后提交给一个 Servlet 处理，

Servlet 接收到登录信息之后调用一个 JavaBean 进行处理,这个 JavaBean 访问数据库进行验证,Servlet 根据验证的结果进行转发,如果验证通过转向某个页面;如果验证失败,重新转向登录页面。

现象:输入的用户名和口令与数据库中的用户名和口令完全相同,但仍然跳转到登录页面。

10.4.2 分析问题

首先要清楚程序的运行过程,下面是涉及的文件及关键点:

- 登录页面:输入用户信息,单击提交按钮把信息提交给 Servlet 处理。
- Servlet:接收用户输入的信息,然后把得到的信息作为参数调用 JavaBean 进行处理。根据处理的结果选择页面对用户响应。
- JavaBean:根据参数指定的信息访问数据库,对用户信息进行验证。如果用户存在并且口令正确,返回 true;否则,返回 false。

这个过程清楚之后,分析可能出错的地方。本例中可能出错的地方如下:

- 输入页面中输入元素和提交按钮不在相同的表单中,这样用户输入的信息是无法传递到服务器的。如果这样,后续验证过程就没有办法进行。
- Servlet 接收信息的时候使用的变量名与表单元素的名字不一致,这时候是获取不到信息的。
- JavaBean 在完成验证过程的时候出错,本来应该返回 true,但是返回了 false。
- Servlet 在转向的时候发生错误,本来应该转向某个功能页面,但是写成登录页面了。

如果每一步都按照设计进行,结果应该不会出错。现在出错了,肯定是某个环节出错了。定位错误分两步完成:

(1) 认真分析上面说的几个地方,看看能不能发现问题,如果不能,进入第二步;

(2) 需要通过输出语句完成,使用输出语句输出中间的各种状态,这样就可以发现在什么地方与期望的结果不一样。

10.4.3 解决问题

针对这个案例,首先通过肉眼看,假设没有看出,这时需要使用输出语句进行调试。

输出信息可以使用 System. out. println 方法,如果在 DOS 窗口启动服务器,则信息应该输出到控制台窗口中。如果使用 Windows 窗口进行管理,信息会输出到日志文件中,通过查看日志文件可以查看信息。

接下来需要确定在什么地方加输出语句,Servlet 完成控制功能,通过在 Servlet 中添加输出语句可以确定问题在页面、在 JavaBean 还是在 Servlet 本身,根据上面的描述,可以输出如下信息:

- 在 Servlet 中获取的用户输入信息:用户名和口令;
- JavaBean 返回的验证结果;
- 最后要转向的文件。

在 Servlet 中添加这些输出语句之后,运行程序,并对输出结果进行分析:

- 如果显示的用户名和口令与输入的不一致，则可能是值没有传递过来，或者获取信息的时候的表单元素的名字有误。
- 如果用户输入信息正确，但是 JavaBean 返回结果不正确，则问题是 JavaBean。
- 如果返回结果正确，跳转不正确，就是 Servlet 本身的问题。

如果是第一种情况，自己检查页面表单和取值时候使用的名字。如果是第二种情况，继续在 JavaBean 中添加输出语句进行检查。如果是第三种情况，则检查转向的文件名是否正确。

不管遇到什么错误，一定要保持清醒的头脑。首先要明确程序的执行过程，然后分析这个过程中可能会出现的各种异常。在错误比较难找的时候，可以分开进行测试，先确定错误的位置，这样可以缩小错误的范围，然后再找具体的错误原因。

有时候，实在是调试不出来，可以休息一下，做一些其他的事情，也许回头再解决这个问题的时候就会很简单。一定不能害怕错误。

10.5 在集成开发环境 Eclipse 中的调试

作为编程人员，程序的调试是一项基本功。在不使用 IDE 的时候，程序的调试多数是通过日志或输出语句(System. out. println)的方式。可以把程序运行的轨迹或者程序运行过程中的状态显示给用户，用户据此对程序进行分析调试。实际上这样的调试并不是非常方便。

在多数 IDE 中都提供了 debug 功能，可以让用户单步执行程序，在执行的过程中来查看程序中的各变量的状态。并且在程序运行过程中还可以调整状态的值。

下面以 Eclipse 为例介绍如何使用 debug 调试程序。

注意：要使用 Eclipse 提供的 debug 功能，必须在 Eclipse 环境中启动服务器(对 Web 应用)或者运行程序(对 Application 应用)。

调试主要涉及如下几个方面。

10.5.1 设置断点

设置断点的目的是让程序运行到这个语句的时候停在这个地方。一般情况下，当怀疑某个地方可能发生错误的时候，可以在这个地方之前增加断点，通常断点添加在可执行代码上，而不是变量的声明语句上。

要添加断点，在代码行的左侧空白处双击即可。

10.5.2 单步跟踪

设置断点之后运行程序，程序运行到断点时会停留在断点所在行。然后可以单步执行。

注意：光标停留在某一行上的时候表示准备执行这一行。

要单步调试，按 F6 键执行下一行。

如果当前行是方法调用并且希望进入到方法中查看执行过程，可以按 F5 键。

如果想转向上一级方法，也就是跳出当前方法，可以按 F7 键。

如果想直接运行到下一个断点，按 F8 键，或绿色的箭头。如果没有后续断点，程序直接运行到结束的地方。

10.5.3 查看变量或者对象的状态

单步执行的主要目的是查看在执行过程中的变量或对象的状态。

在单步执行的过程中,可以随时查看变量的状态。可以有两种方式查看变量的状态:

(1) 把鼠标放在要查看的变量的上面(必须是已经执行到的代码),会显示变量的值。

(2) 通常使用 variable 窗口,如果这个窗口没有显示出来,可以通过 Window→Show View→Variable,这样会出现一个窗口,窗口中显示所有当前运行过程相关的变量,可以通过这个窗口查看变量的状态。

10.5.4 改变变量的值

在运行程序的过程中动态调整变量的值。调整的方法如下:

(1) 在 Variables 窗口中选择要修改的变量。

(2) 右击,选择 Change Value,会弹出窗口。

(3) 在窗口中输入修改后的值,确定即可。

然后可以继续执行程序。后续执行过程就会使用修改后的变量的值。

另外,在程序执行的过程中可以随时修改程序,修改程序之后会继续执行。

10.5.5 终止程序运行

如果在调试过程中已经发现错误,或者不希望程序继续向下执行,可以终止程序。

要终止程序,可以使用红色的方按钮。

注意:中止程序运行,会把当时运行的服务器停掉。

10.5.6 切换视图

debug 开始之后,会打开 debug 窗口。随时可以切换到开发视图。

要切换到其他视图,选择 Window→Open Perspective,然后从列表中选择,如果在列表中看不到相应的视图,可以选择 Others,然后从中选择相应的视图。

10.5.7 删除断点

在调试结束之后,需要删除断点。

要删除断点可以有如下方式:

- 在添加断点的地方双击,如果双击的地方有断点,可以取消断点,如果没有断点,可以添加断点。
- 在调试视图中的 BreakPoints 窗口中选择某个断点,然后右击鼠标,在弹出式菜单中选择【删除】项,或直接右击,在弹出的对话框中选择 Remove All BreakPoints 项。
- 在主菜单中的 run 子菜单中,选择 Remove All BreakPoints 菜单项。

小　　结

本章介绍了在开发 Web 应用过程中常见的错误，并对问题进行分类：编译错误、运行时错误、逻辑错误、特殊错误。

列出了常见编译错误，读者在开发过程中可以对照自己的问题进行解决。对于特殊类型的错误，有时候不是因为文件的错误，而是因为环境的错误，本章列出了常见特殊类型的错误，并分析了产生这种错误的原因，读者可以对照自己的问题进行解决。

因为 Web 应用运行过程比较特殊，运行时错误和逻辑错误比较难调，本章介绍了常用的调试方法，并通过实例介绍了调试过程。

集成开发环境可以大大提高开发效率，同时内嵌的调试工具能够提高调试程序的效率，本章的最后介绍了如何利用集成开发环境提供的调试工具调试 Web 应用。

思　　考

1. 列出几种常见的编译错误。
2. 列出几种常见的运行时期错误。
3. 如果不使用集成开发环境，如何查找程序中的逻辑错误？
4. 回想一下使用 Eclipse 时的几个主要操作是什么？

练　　习

1. 不使用集成开发环境找出下面代码中的错误。

```
public void sort(int a[]){
    for(int i = 0;i < a.length;i ++ ){
        for(int j = i;i < a.length;j ++ ){
            if(a[j]> a[j + 1]){
                int temp = a[j];
                a[j] = a[j + 1];
                a[j + 1] = temp;
            }
        }
    }
}
```

2. 使用单步跟踪的方式找出上面代码中的错误。

第 11 章　Web 应用开发专题

本章内容

- 数据验证；
- 数据转换；
- 国际化；
- 日志处理。

本章目标

- 掌握常用的数据验证；
- 掌握常用的数据转换；
- 掌握 Web 应用的国际化；
- 掌握 Web 应用中的日志处理。

11.1　数据验证

前面介绍过，对用户输入的信息必须进行验证，可以在客户端验证，也可以在服务器端验证。并且，不管是否在客户端进行验证，在服务器端的验证都是必须的，因为用户可能绕过客户端验证。关于客户端验证在前面介绍过，下面主要介绍服务器端的验证。

为了便于介绍，每个验证采用一个独立的方法。

11.1.1　非空验证

判断值是 null 或者为空字符串。参考代码如下：

```
public static boolean checkEmpty(String value){
    if(value == null||value.length() == 0)
        return false;
    else
        return true;
}
```

11.1.2　字符串长度验证

通过 String 的 length 方法进行处理，参考代码如下：

```
public static boolean checkLength(String value, int min, int max){
    if(value.length()> = min&&value.length()< = max)
        return true;
```

```
    else
        return false;
}
```

注意：在验证长度之前需要验证非空，如果只有最大值要求，把最小值设置为 0；如果只有最小值要求，把长度设置为数据库设置的该字段的长度。

11.1.3 整数验证

在应用中很多时候需要用户输入整数，对整数的验证可以采用下面的代码：

```
public static boolean checkInteger(String value){
    try{
        Integer.parseInt(value);
        return true;
    }catch(Exception e){ return false;}
}
```

这里通过 Integer 的 parseInt 方法进行转换，如果转换成功，说明值为整数。也可以取出字符串中的每个字符，然后判断是否为字符'0'～'9'。

11.1.4 浮点数验证

浮点数的验证与整数的验证类似，参考代码如下：

```
public static boolean checkFloat(String value){
    try{
        Float.parseFloat(value);
        return true;
    }catch(Exception e){ return false;}
}
```

11.1.5 判断字符串是不是由数字组成

有些信息并不作为数字使用，但是却由数字组成，如邮政编码和电话号码等。下面的方法完成这种类型的判断。

```
public static boolean checkNumber(String value){
    for(int i = 0;i < value.length();i ++ ){
        if(value.charAt(i)> = '0'&value.charAt(i)< = '9')
            continue;
        else
            return false;
    }
    return true;
}
```

11.1.6 数字范围验证

判断数字是否在特定的范围内，通常会确定最小值和最大值。验证的参考方法如下：

```
public static boolean checkNumberScope(String value,float min,float max){
```

```
        if(!checkEmpty(value))
            return false;
        try{
            float fValue = Float.parseFloat(value);
            if(fValue >= min&&fvalue <= max)
                return true;
            else
                return false;
        }catch(Exception e){ return false;}
    }
```

11.1.7 日期验证

日期验证的方式与整数验证以及浮点数验证非常类似,参考代码如下:

```
public static boolean checkDate(String value,String pattern){
    if(!checkEmpty(value))
        return false;
    try{
        SimpleDateFormat sdf = new SimpleDateFormat(pattern);
        Date d  =  sdf.parse(value);
        return true;
    }catch(Exception e){ return false;}
}
```

有时候需要判断输入的时候在某个时间之前或之后,可以参考下面的代码:

```
//判断是否在某个日期之前
public static boolean checkDateBefore(String value,String pattern,Date d){
    try{
        SimpleDateFormat sdf  =  new SimpleDateFormat(pattern);
        Date date =  sdf.parse(value);
        if(date.before(d))
            return true;
        else
            return false;
    }catch(Exception e){return false;}
}
//判断是否在某个日期之后
public static boolean checkDateAfter(String value,String pattern,Date d){
    try{
        SimpleDateFormat sdf  =  new SimpleDateFormat(pattern);
        Date date =  sdf.parse(value);
        if(date.after(d))
            return true;
        else
            return false;
    }catch(Exception e){return false;}
}
```

11.1.8 E-mail 格式验证

判断是否是合法的 E-mail 程序如下：

```
public static boolean checkEmail(String value){
    if(!checkLength(value,5,1000))
        return false;
    int temp1 = value.indexof('@');
    //看是否包含"@"符号
    int temp2 = value.indexof('.');
    //看是否包含"."符号
    if(temp1 < 0||temp2 < temp1)
        return false;
    else
        return true;
}
```

11.1.9 邮政编码验证

通常，需要进行邮政编码的验证，实际上包括两个方面的验证，长度为 6，并且由数字组成。参考代码如下：

```
public static boolean checkPostCode(String value){
    if(!checkLength(value,6,6))
        return false;
    if(checkNumber(value))
        return true;
    else
        return false;
}
```

11.2 数据转换

通常情况下，从客户端接收的数据都是字符串的形式，而在程序运行过程中需要使用其他类型，所以需要把字符串转换成其他类型，而在信息传递的时候需要把基本数据类型转换成封装类型或者相反地操作，下面分别介绍。

11.2.1 基本数据类型与封装类型之间的转换

在很多应用中，需要把基本数据类型的值以对象的形式存储，将基本数据类型转换成对象时，Java 提供了对基本数据类型的封装类：

- byte 的封装类是 Byte；
- short 的封装类是 Short；
- int 的封装类是 Integer；
- long 的封装类型是 Long；
- float 的封装类型是 Float；

• double 的封装类型是 Double;
• char 的封装类型是 Character;
• boolean 的封装类型是 Boolean。

使用时,如果需要使用对象可以把基本数据类型的变量封装成对象,同样可以把对象转换成基本数据类型。下面的代码描述了这个过程。

```
//基本数据类型的定义
byte b = 1;
short s = 2;
int i = 3;
long l = 4;
float f = 3.1f;
double d = 4.5;
char c = 'c';
boolean bool = false;

//把基本数据类型封装成对象
Byte b1  = new Byte(b);
Short s1  = new Short(s);
Integer i1  = new Integer(i);
Long l1  = new Long(l);
Float f1  = new Float(f);
Double d1  = new Double(d);
Character c1  = new Character(c);
Boolean bool1  = new Boolean(bool);

//把基本数据类型的封装类的对象转换成基本数据类型的变量
b  = b1.byteValue();
s  = s1.shortValue();
i  = i1.intValue();
l  = l1.longValue();
f  = f1.floatValue();
d  = d1.doubleValue();
c  = c1.charValue();
bool  = bool1.booleanValue();
```

实际上,可以把封装类的对象直接赋值给基本数据类型,也可以把基本数据类型直接赋值给封装类的对象。看下面的代码:

```
//基本数据类型的定义
byte b = 1;
short s = 2;
int i = 3;
long l = 4;
float f = 3.1f;
double d = 4.5;
char c = 'c';
boolean bool = false;

//把基本数据类型封装成对象
```

```
Byte b1 = b;
Short s1 = s;
Integer i1 = i;
Long l1 = l;
Float f1 = f;
Double d1 = d;
Character c1 = c;
Boolean bool1 = bool;

//把基本数据类型的封装类的对象转换成基本数据类型的变量
b = b1;
s = s1;
i = i1;
l = l1;
f = f1;
d = d1;
c = c1;
bool = bool1;
```

注意：上面这种直接赋值的方式在 JDK 5 之后才支持。如果使用 JDK 5 之前的版本，需要进行转换。

11.2.2 String 与基本数据类型之间的转换

不管采用什么方式，用户输入的数据都是以字符串的形式存在，但是在处理的过程中可能需要把输入信息作为数字或者字符来使用，另外不管信息以什么方式存储，最终都必须以字符串的形式展示给用户，所以需要各种数据类型与字符串类型之间的转换。

首先，基本数据类型与 String 类型对象之间的转换。

从字符串转换成其他类型：

```
//字符串与其基本数据类型之间的转换，以 int 为代表
//下面的代码把字符串转换成数字
String input = "111";
int i = Integer.parseInt(input);     //比较常用
int i2 = new Integer(input).intValue();
int i3 = Integer.valueOf(input);
int i4 = new Integer(input);
//下面的代码把数字转换成字符串
String out = new Integer(i).toString();
String out2 = String.valueOf(i);
```

其他对象向字符串转换可以使用每个对象的 toString 方法，所有对象都有 toString 方法，如果该方法不满足要求，可以重新实现该方法。

注意：在把字符串转换成数字的时候可能会产生异常，所以需要对异常进行处理。

11.2.3 String 与日期之间的转换

要想把一个日期字符串转换成一个时间，如把“2006-2-6”转换成日期，可以使用下面的代码。

```
//ParseDateTest.java
import java.util.Date;
import java.text.DateFormat;
import java.text.SimpleDateFormat;
public class ParseDateTest {
    public static void main(String[] args) {
        //定义日期字符串
        String dates = "2006 - 2 - 6";
        //定义日期字符串的格式
        DateFormat df2 = new SimpleDateFormat("yyyy - MM - dd");
        //声明日期对象
        Date d2;
        try {
            //把日期字符串转换成日期
            d2 = df2.parse(dates);
            System.out.println(df2.format(d2));
        }
        catch (Exception ex) {
        }
    }
}
```

注意：在转换的时候需要进行异常处理，因为在转换时可能会产生异常。

11.2.4 把接收到的信息封装为对象

控制器接收到的信息可能包含多个字符串，而在使用时需要使用对象，这时候需要把多个字符串封装成对象。例如，在注册用户时会输入用户的各种信息，在控制器获取这些信息之后需要把这些对象封装成用户对象，直接传递给业务层进行处理，而不是把零散的信息传入业务层。下面以用户信息的封装为例进行介绍，假设用户类为 User，成员为 username、userpass 和 age 等。

封装为对象，可以采用两种方式：第一种通过构造方法；第二种通过 set 方法。

第一种方法：在 User 中添加构造方法，根据多个属性来构造对象，例如：

```
public User(String username,String userpass, int age){
    this.username = username;
    this.userpass = userpass;
    this.age = age;
}
```

然后在控制器中可以通过 User user =new User(username,userpass,age)把多个字符串封装成对象。

第二种方式：在 User 类中提供对每个属性进行操作的 set 方法，然后在控制器中使用下面的代码：

```
User user = new User;
user.setUsername(username);
user.setUserpass(userpass);
user.setAge(age);
```

这两种方式，第一种方式使用更多一些。

11.2.5 复选框与布尔类型值的转换

用户对于某一项信息的选择在界面上通常是通过复选框表示的，控制器在接收这个信息之后需要把它转换为布尔类型的值，如在用户注册界面上要选择"是否要接收电子信息"。

在控制器会接收这个复选框的值，接收的过程与普通复选框的接收方式完全相同，区别在于其他的选择是在多个选项中选择部分，而这里只有一个复选框，选中或不选中。如果选中它会有值，如果没有选中就没有值，所以可以根据这个判断这个布尔值。

11.2.6 框架中的转换器

信息转换是控制器的一项很重要的工作，而大多数 Web 框架的重点也在控制层，所以在很多框架中提供了对信息转换的支持。

首先，看看 Struts2 中提供的支持。在 Struts2 中，用户通过在 Action 中编写成员变量接收视图数据，并向视图传递数据。在 Action 中定义的成员变量可以是各种类型，而界面中的信息都是字符串，涉及字符串到各种数据类型之间的转换，这个转换工作是由框架提供的，当然在转换失败时会提示异常信息。另外，在 Struts2 中还提供了 ModelDriven 模式把用户输入的信息转换为对象，具体内容可以参考本系列教材的框架篇。

在 JSF 中也提供了对信息转换的支持，对于基本类型的数据可以直接转换，如果涉及对象封装或比较复杂的转换可以使用 JSF 提供的转换器，转换器中主要描述如果把分散的信息封装成对象，以及相反的过程。编写的转换器需要进行配置，具体内容可以参考本系列教材的框架篇。

11.3 国　际　化

随着全球经济的国际化，很多公司的业务都涉及多个国家和多种语言，这就要求公司的 Web 应用同时支持多种语言，系统会根据用户所使用的语言来确定使用哪种语言进行服务，称为国际化。例如，使用的操作系统是中文的，用户看到的网站将是中文版的。如果使用的操作系统是英文版的，用户看到的网站将是英文版的。

要想使网站同时支持中文和英文，最直接的想法可能就是编写两个网站，一个使用英文；另一个使用中文。从实现上来说，没有任何问题。在完成这两个网站时，会发现两个网站的大部分内容是相同的，如格式、功能、信息等，只有少数信息是不同的，就是给用户的提示信息。例如，在用户管理页面上，基本格式完全相同，用户信息也是相同的，上面的功能也完全相同，不同的是给用户的提示信息不同，中文可能会使用"用户名"，英文可能会使用 Username。

从软件的开发和维护上来说，如果能够共享这些相同的功能是最好了，然后把不同的信息放在不同的文件中，需要的时候从这些文件中调用不相同的部分。这样维护起来就非常方便，一旦某一天网站需要支持日文，只需要编写一个存储日文信息的文件即可。如果功能发生改变，只需要修改一个版本即可。这就是国际化的基本思路。

从上面的分析，可以看出要完成国际化，需要做以下几件事情：

- 编写资源文件：把网站中需要使用不同语言显示的信息单独提取出来，然后按照语言把它们写在不同的文件中，中文信息写在中文文件中，英文信息写在英文文件中。
- 设置语言：当用户选择中文或者英文时，可以根据用户的选择进行设置。
- 调用资源文件：在完成功能的过程中，如果需要中文信息，从中文文件中读取，如果使用英文信息，从英文资源文件中读取。

在 JSP 的标准标签库中提供了多个标签，这些标签可以用于完成网站的国际化。

11.3.1 编写资源文件

在使用 JSP 提供的标准标签库中的国际化相关的标签的时候，对资源文件有一些要求。下面通过编写资源文件的过程来学习这些要求。

1. 资源文件内容的确定

首先要提取网站中需要使用不同语言显示的信息，在用户管理页面中，包括如下信息：

1) 页面提示信息

- 中文：所有用户信息。
- 英文：All User Info。

2) 分页显示

- 中文：共有 X 页，这是第 Y 页。第一页、上一页、下一页、最后一页。
- 英文：Total：X pages，current：Y . first previous next last。

其中 X 和 Y 是变量。

3) 表头信息

- 中文：用户编号、用户名、用户类型、生日、学历、地区、E-mail 和地址。
- 英文：userid、username、type、birthday、degree、local、E-mail 和 address。

4) 按钮信息

- 中文：删除和修改。
- 英文：delete 和 modify。

2. 资源文件的格式

资源文件可以采用属性文件的形式也可以采用 Java 文件的形式。

1) 采用属性文件

在属性文件中每一行表示一条信息。每一行的基本格式如下：

```
信息名 = 信息的值
```

信息名用于标识这条信息，在属性文件中不能有两条信息的名字是相同的，为了调用方便，在不同语言的属性文件中相同信息的名字是相同的。等号后面是这条信息的内容，在页面上显示的就是这个内容，中文文件中信息的内容是中文，英文文件中信息的内容是英文。例如，页面上的删除按钮上的文字在不同语言的属性文件中的实现如下：

中文：userinfo. delete＝删除。

英文：userinfo. delete＝delete。

注意：*名字相同，都是 userinfo. delete，但值不相同，分别是“删除”和 delete。*

在信息中也可以使用变量，如果要在信息中使用变量，可以使用“{数字}”，如果有多个变量，可以使用多个不同的数字表示。例如，要显示当前用户，可以使用下面的格式：

```
pageinfo = 共有 {0} 页,这是第 {1} 页.
```

该信息中就包含了两个变量，分别用{0}和{1}表示。在调用这个信息的时候会使用总页数和当前页数代替信息中的变量。

2) 采用 Java 文件

使用 Java 文件，首先这个类必须继承 java. util. ListResourceBundle。系统在读取资源文件的时候会使用这个类提供的一些方法。

对于资源文件中的信息的描述，采用静态的二维对象数组，也就是对象数组的数组，在文件中定义静态成员变量。下面是一个例子：

```
private static Object contents[][] = {
    {"userinfo.delete","delete"},
    {"userinfo.modify","modify"},
    {"pageinfo"," Total: {0} pages,current:  {1} . "},
    ...
}
```

数组的每一个元素就是一条信息。每个元素又是一个数组，第一个元素是信息的名字，第二个元素是信息的值。如果信息中存在变量，用法与在属性文件中的用法相同。

除了定义这个成员变量之外，需要再定义一个获取该成员变量信息的方法，定义如下：

```
public Object [][] getContents(){
    return contents;
}
```

3) 转换成 Unicode 编码

如果属性文件是中文，并且采用资源文件，需要转换成 Unicode 编码才可以；否则系统会出现乱码。可以使用 JDK 中的 native2ascii 命令进行转化，命令格式如下：

```
native2ascii 原文件 转换后文件
```

下面是一个转换的例子：

```
native2ascii userinfo.properties userinfo_zh.properties
```

resource. properties 是原来的资源文件，resource_zh 是转换后的文件，实际使用的是后面的文件。

3. 资源文件的名字

首先是文件的扩展名，如果使用属性文件，文件的扩展名是 properties。如果使用 Java 文件，使用编译后的 Java 文件。

不管使用 Java 文件还是使用属性文件，文件都由两部分组成：第一部分是文件的名字，通常根据作用命名；第二部分是文件的语言类型，需要根据所使用的语言确定，这个采用国际标准，也可能遇到要区分使用同一种语言的多个国家和地区，在文件的后面需要增加国家和地区代码。

下面是一个资源文件的名字，采用属性文件的方式：

```
resource_en.properties
```

其中,resource 是资源文件的名字,en 表示英语,中间使用下划线连接。

下面是采用 Java 文件的资源文件:

```
resource_en.java
```

其中,Resource 是资源文件的名字,en 表示语言,中间使用下划线连接。

下面的例子的资源文件名中包含了国家和地区信息:

```
resource_es_MX.properties
```

表示采用西班牙语,国家为墨西哥。

如果文件名中不包括第二部分,也就是不包含国家和语言,这个文件就是默认资源文件,如果系统找不到相应的语言对应的资源文件,系统会使用默认资源文件。

如果想了解常用的语言和国家代码,可以通过浏览器的语言设置功能查看。要进行语言设置,选择【工具】中的【Internet 选项】,弹出一个设置对话框,在该对话框中选择【常规】中的【语言】,弹出语言的查看和设置对话框,单击【添加语言】按钮弹出如图 11-1 所示的对话框,在该对话框中可以看到所有的国家和语言。

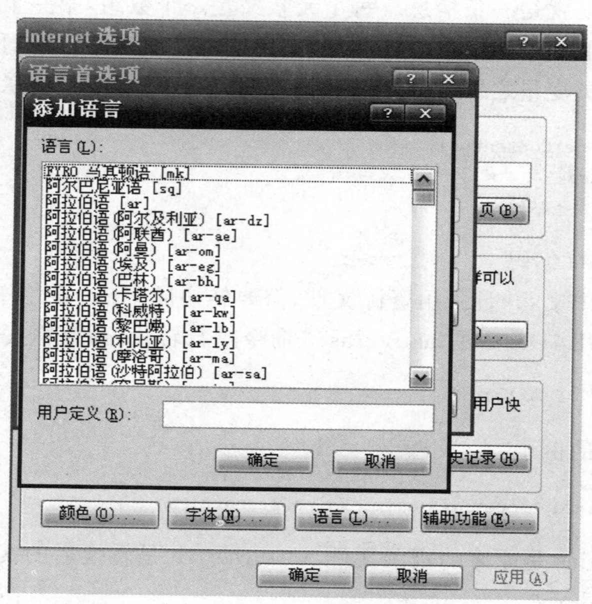

图 11-1 浏览器中语言选择

4. 资源文件的部署

资源文件的部署位置与类文件的部署位置相同,如果采用 Java 文件作为资源文件,该 Java 文件与普通的 Java 文件没有任何区别。如果使用属性文件,可以在 classes 中创建文件夹存放属性文件,并且可以创建多层文件夹。如果使用多层文件夹存放属性文件,在访问的时候需要写出文件夹的名字,就像访问类的时候,要写包的名字一样。

5. 资源文件实例

1）中文属性文件

文件名：userinfo.properties。

文件内容如下：

```
title = 所有用户信息
…
delete.confirm = 删除该用户?
```

2）编码转换后的文件

转换后的文件名：userinfo_zh.properties。

文件内容如下：

```
title = \u6240\u6709\u7528\u6237\u4fe1\u606f
…
delete.confirm = \u5220\u9664\u8be5\u7528\u6237
```

3）英文属性文件

文件名：userinfo_en.properties。

文件内容如下：

```
title = All User Info
…
delete.confirm = Delete the selected user?
```

4）中文 Java 资源文件

文件名：userinfo_zh.java。

文件内容如下：

```
package myresource;
import java.util.ListResourceBundle;
public class userinfo_zh extends ListResourceBundle{
    public Object [][] getContents(){
        return contents;
    }
    private static Object contents[][] = {
        {"title","所有用户信息"},
        …
        {"delete.confirm","删除该用户?"}
    };
}
```

5）英文 Java 资源文件

文件名：userinfo_en.java。

文件内容如下：

```
package myresource;
import java.util.ListResourceBundle;
public class userinfo_en extends ListResourceBundle{
```

```
    public Object [][] getContents() {
        return contents;
    }
    private static Object contents[][] = {
        {"title","All User Info"},
        …
        {"delete.confirm","Delete the selected user?"}
    };
}
```

11.3.2 添加语言选择功能

在页面上添加两个超链接,内容分别是"中文"和 English。然后添加处理文件,当用户单击某一个超链接的时候应该把用户的选择设置成当前用户使用的语言。

超链接如下:

```
<a href = "findAllUser?language = zh">中文</a>|
<a href = "findAllUser?language = en"> English </a>
```

处理代码要获取用户的选项,然后使用<fmt:setLocale>标签赋值。代码如下:

```
<c:if test = " $ {! empty param. language}">
    <fmt:setLocale value = " $ {param. language}" scope = "session" />
</c:if>
```

先判断有没有用户选择,如果没有就不需要设置了,采用默认值;如果有,则根据用户的选择进行设置。

11.3.3 调用资源文件

用户管理页面的国际化需要完成如下功能:

1. 设置所使用的语言

国际化使用的是标准标签库中的 fmt 标签库,要设置当前用户使用的语言可以使用该标签库中的<fmt:setLocale>标签。

该标签的格式如下:

```
<fmt:setLocale value = "语言国家代码" [scope = "{page|request|session|application}"]/>
```

value 属性指出所使用的语言和国家,可以只有语言,如果同时有语言和国家,中间使用下划线连接。语言代码由 ISO639 标准定义,国家代码由 ISO3166 标准定义。例如,使用英文可以使用 en,使用中文可以使用 zh,如果是中国大陆地区的中文可以使用 zh_CN。

scope 指出该设置的作用范围。通常情况下,该设置只对当前用户有效,也就是使用 session,并且某个用户在整个访问过程中所使用的语言也应该是相同的。

要设置使用英文,可以使用下面的代码:

```
<fmt:setLocale value = "en"/>
```

如果当前用户希望使用简体中文,可以使用下面的代码:

```
<fmt:setLocale value = "zh_CN" scope = "session"/>
```

如果没有设置语言和地区，系统会采用用户请求时候使用的默认值。这个默认值与用户的浏览器设置相关，要设置浏览器的语言，可以参考11.2.4节。

也可以为应用设置默认的地区和语言，通过web.xml文件设置，在web.xml文件中添加如下代码：

```
<context-param>
    <param-name>javax.servlet.jsp.jstl.fmt.locale</param-name>
    <param-value>en</param-value>
</context-param>
```

注意：在有些网站中，网站会根据用户的IP地址，确定用户所处的地理位置，然后为用户选择一个默认语言。

2. 确定要访问的资源文件

Web应用中可能存在多个资源文件，在使用的时候需要确定使用哪一个资源文件。可以使用<fmt:setBundle>标签来确定使用哪个资源文件。

<fmt:setBundle>标签的基本格式如下：

```
<fmt:setBundle [var = "变量名"]
                [scope = "{page|request|session|application}"]
                basename = "资源文件的名字"/>
```

var属性和scope属性与前面介绍的其他标签中var属性和scope属性的作用是相同的。basename指出要使用的资源文件的名字，必须是完整的名字。如果是Java文件应该包含包的信息，如果是属性文件，应该包含属性文件所在文件夹的信息。另外，在文件中不需要写出文件的后缀名以及资源文件的文件名中标识国家和语言的部分。

例如，要使用前面编写好的资源文件，可以使用下面的代码：

```
<fmt:setBundle var = "userinfo_re"
                basename = "myresource.userinfo"/>
```

这个标签的作用是把basename属性指出的资源文件中的信息保存到var指定的变量userinfo中。注意basename中的格式，myresource是存放资源文件的文件夹，userinfo是资源文件的名字，不包含后缀名properties，也不包含_en或_zh等信息。

在使用这个标签时，如果不使用var指定一个变量，则这个资源文件将成为默认的资源文件，如果在访问资源文件中的内容的时候，不指定资源文件就会访问这个默认的资源文件。

<fmt:setBundle>的作用是先确定资源文件，然后通过其他标签使用。可以采用另外一种方式，在使用资源文件的时候确定资源文件，这时可以使用<fmt:bundle>标签。

<fmt:bundle>标签的格式如下：

```
<fmt:bundle basename = "资源文件的名字" [prefix = "前缀"]>
    <fmt:message>标签
</fmt:bundle>
```

该标签的属性主要是basename，作用与<fmt:setBundle>标签中的basename属性的作用完全相同。标签中的<fmt:message>标签用于读取资源文件中的信息，接下来会介绍。

可以使用 prefix 属性指出资源文件中的多条消息的相同部分。例如,资源文件中的 userinfo. delete 和 userinfo. modify,它们具有相同的前缀"userinfo."。为了访问方便,可以在使用<fmt:bundle>标签的时候指出这个前缀,这样在访问这两条消息的时候,就可以直接写 delete 和 modify,而不用写 userinfo. delete 和 userinfo. modify 了。

3. 访问资源文件中的内容

访问资源文件可以使用<fmt:message>标签。该标签的基本格式如下:

```
<fmt:message key="消息名"
                        [bundle="bundle名字"]
                        [var="变量名"]
                        [scope="{page|request|session|application}"]
/>
```

标签的基本作用是在页面上显示资源文件中的信息。

该信息从哪个资源文件中读取,可以通过 bundle 属性确定,bundle 属性确定的值是在前面通过<fmt:setBundle>设置好的。如果该标签出现在<fmt:bundle>标签内部,<ftm:message>标签不再需要 bundle 属性。

要访问资源文件中的哪条信息,由 key 属性确定。如果<fmt:bundle>标签使用 prerfix 属性指定了前缀,则实际的消息名字是 prefix 指定的前缀加上 key 属性指定的名字。

该标签的默认作用是输出,如果该标签使用了 var 属性,则消息会存储在 var 属性指定的变量中,而不是显示在页面上,也可以使用 scope 属性指定变量的作用范围。

下面的三段代码的作用相同。

代码段 1:

```
<!--设置资源文件-->
<fmt:setBundle var="userinfo_re"
               basename="myresource.userinfo"/>
<!--访问资源文件-->
<fmt:message key="userinfo.delete"
             bundle="userinfo_re"
/>
```

代码段 2:

```
<!--在使用资源文件的同时,设置资源文件-->
<fmt:bundle basename="myresource.userinfo">
    <!--访问资源文件-->
    <fmt:message key="userinfo.delete"/>
</fmt:bundle>
```

代码段 3:

```
<!--在使用资源文件的同时,设置资源文件-->
<fmt:bundle basename="myresource.userinfo" prefix="userinfo.">
    <!--访问资源文件-->
```

```
    <fmt:message key="delete"/>
</fmt:bundle>
```

如果想把资源文件中的信息存储在变量中,可以使用下面的代码:

```
<fmt:bundle basename="myresource.userinfo" prefix="userinfo.">
    <!-- 访问资源文件 -->
    <fmt:message key="delete"
                 var="delete"
    />
</fmt:bundle>
```

如果要访问的消息中包含变量则需要提供变量的值,可以使用<fmt:param>标签完成。<fmt:param>标签的基本格式如下:

```
<fmt:param value="参数的值"/>
```

或

```
<fmt:param>
    参数的值
</fmt:param>
```

如果在消息中使用了多个参数,则需要使用多个<fmt:param>标签,参数的顺序与消息中的变量的顺序应该保持一致。

前面编写的资源文件中的用户信息中包含了变量,要访问这个信息可以使用下面的代码:

```
<!-- 在使用资源文件的同时,设置资源文件 -->
<fmt:bundle basename="myresource.userinfo">
    <!-- 访问资源文件 -->
    <fmt:message key="pageinfo">
        <!-- 传递第一个参数: 总页数 -->
        <fmt:param value="${pageCount}"/>
        <!-- 传递第二个参数: 当前页数 -->
        <fmt:param value="${pageNo}"/>
    </fmt:message>
</fmt:bundle>
```

11.4 日志处理

在开发应用的过程中,日志可以用于调试程序、跟踪程序的运行轨迹。在程序运行过程中,可以记录程序的运行状态,并用于审计。

日志有多种实现,Log4j 是一种比较流行的实现。本文介绍 Log4j 日志的使用。

Log4j 日志的使用过程如下。

11.4.1 获取日志实现

日志实现通常位于压缩包中,压缩包的名字为 log4j-1.2.15.jar,存放的位置为 WEB-INF/lib 下面。最新版本可以从官方网站下载。

11.4.2 配置

要使用 Log4j 需要先进行配置,日志的配置需要使用配置文件,可以采用属性文件也可以采用 XML 文件,本文介绍的实例采用属性文件。属性文件的位置为 WEB-INF 下面,名字为 log4j.properties。

日志文件的主要内容如下:

1. 设置根记录器

设置根记录器的基本格式如下:

```
log4j.rootLogger = debug,R
```

等号后面包括两个信息:日志级别和日志目的。

日志级别包括 OFF、FATAL、ERROR、WARN、INFO、DEBUG、ALL。

日志目的可以是任意的名字,可以有多个。

2. 设置日志的类型

日志的类型包括:

- org.apache.log4j.ConsoleAppender(控制台);
- org.apache.log4j.FileAppender(文件);
- org.apache.log4j.DailyRollingFileAppender(每天产生一个日志文件);
- org.apache.log4j.RollingFileAppender(文件大小到达指定尺寸的时候产生一个新的文件);
- org.apache.log4j.WriterAppender(将日志信息以流格式发送到任意指定的地方)。

设置日志的类型可以使用下面的代码:

```
log4j.appender.R = org.apache.log4j.RollingFileAppender
```

3. 设置日志文件的相关属性

如果日志的类型是文件,需要指出文件的位置,通过如下方式指出:

```
log4j.appender.R.File = ${catalina.home}/logs/my.log
```

日志文件的大小通过如下方式制定:

```
log4j.appender.R.MaxFileSize = 10MB
```

日志文件重复数设置如下:

```
log4j.appender.R.MaxBackupIndex = 10
```

4. 日志文件的输出方式

常用日志的输出方式如下:

- org.apache.log4j.HTMLLayout;
- org.apache.log4j.PatternLayout;
- org.apache.log4j.SimpleLayout;
- org.apache.log4j.TTCCLayout。

下面的代码用于设置文件输出方式:

```
log4j.appender.R.layout = org.apache.log4j.PatternLayout
```

5. 日志文件的输出格式

如果使用 PatternLayout,可以使用下面的格式符号。

- %r：自程序开始后消耗的毫秒数。
- %t：表示日志记录请求生成的线程。
- %p：表示日志语句的优先级别。
- %r：与日志请求相关的类别名称。
- %c：日志信息所在的类。
- %m%n：表示日志信息的内容。

例如：

```
log4j.appender.R.layout.ConversionPattern = %p %t %c - %m%n
```

下面是一个完整的配置文件的内容(#表示注释)：

```
# debug 表示日志的级别,R 表示其中一个日志,名字可以随便取
log4j.rootLogger = debug, R
#日志的类型
log4j.appender.R = org.apache.log4j.RollingFileAppender
#日志的文件
log4j.appender.R.File = ${catalina.home}/logs/my.log
#日志文件的大小
log4j.appender.R.MaxFileSize = 10MB
#日志文件的
log4j.appender.R.MaxBackupIndex = 10
#输出方式
log4j.appender.R.layout = org.apache.log4j.PatternLayout
#具体输出方式
log4j.appender.R.layout.ConversionPattern = %p %t %c - %m%n
```

11.4.3 初始化

可以使用多种方式进行初始化,过程基本相同。下面是采用 Servlet 进行初始化的例子,参考代码如下。

Servlet 源文件：

```
package bookstore.servlet;
import javax.servlet.*;
import javax.servlet.http.*;
import java.io.*;
import java.util.*;
import org.apache.log4j.PropertyConfigurator;
public class Log4JServlet extends HttpServlet{
    public void init() throws ServletException{
        String path = getServletContext().getRealPath("/");
        String filename = path + "/WEB-INF/log4j.properties";
        PropertyConfigurator.configure(filename);
```

```
    }
}
```


为了让 Web 应用启动时加载该 Servlet,需要在 web.xml 中配置<load-on-startup>元素。参考代码如下:

web.xml 中的声明:

```
<?xml version = "1.0" encoding = "ISO - 8859 - 1"?>
< web - app xmlns = "http://java.sun.com/xml/ns/j2ee"
    xmlns:xsi = "http://www.w3.org/2001/XMLSchema - instance"
    xsi:schemaLocation = "http://java.sun.com/xml/ns/j2ee
http://java.sun.com/xml/ns/j2ee/web - app_2_4.xsd"
    version = "2.4">
    < servlet >
        < servlet - name > log4j </servlet - name >
        < servlet - class > bookstore.servlet.Log4JServlet </servlet - class >
        < load - on - startup > 1 </load - on - startup >
    </servlet >
    < servlet - mapping >
        < servlet - name > log4j </servlet - name >
        < url - pattern >/log4j </url - pattern >
    </servlet - mapping >
</web - app >
```

11.4.4 调用

日志配置完并初始化之后,就可以使用了。使用过程主要就是获取日志器,然后调用相应的方法即可。

获取日志器的方法如下:

```
Logger Logger.getLogger(String str)
```

参数相当于指出日志的类别,返回值是 Logger 对象。

Logger 对象用于输出日志信息的方法如下:

```
fatal(String info)
error(String info)
warn(String info)
info(String info)
debug(String info)
```

注意:在使用的时候需要导入 org.apache.log4j.Logger。

下面是一个使用 Log4j 的例子:

```
<%@ page contentType = "text/html;charset = gb2312" %>
<%@ page import = "org.apache.log4j.Logger" %>
<%
    Logger log = Logger.getLogger("testLogger");
    log.debug("debug message");
    log.error("error message");
```

```
    log.warn("warn message");
    log.info("info message");
    log.fatal("fatal message");
%>
```

运行结果如下(格式为%p %t %c-%m%n):

```
DEBUG http-8080-1 testLogger - debug message
ERROR http-8080-1 testLogger - error message
WARN http-8080-1 testLogger - warn message
INFO http-8080-1 testLogger - info message
FATAL http-8080-1 testLogger - fatal message
```

11.4.5 扩展知识

正常日志的使用不是在 JSP 文件中,而是在业务层或控制层,并且使用日志的文件会有很多,所以通常在基类中创建 Logger 对象,然后在各个子类中直接使用各个输出信息的方法即可。

小　　结

服务器端在接收到客户端的请求信息之后,在使用这些数据之前,需要对数据进行验证,格式正确之后才可以使用,常用的验证包括非空验证、字符串长度验证、整数验证、浮点数验证、数字验证、数字范围验证、日期验证、E-mail 格式验证和邮政编码验证。

从客户端接收的数据都是以字符串的形式存在的,而程序在运行过程中可能需要数字、日期等类型,需要进行转换,第 2 节对数据转换进行了介绍。

本章第 3 节介绍了应用的国际化,应用的国际化涉及 3 个方面:把需要国际化的信息写在资源文件中;根据用户所在的地区或者用户的选择设置语言;在页面中使用国际化信息,实际上是从不同资源文件中读取信息来显示。

思　　考

1. 想想之前完成的应用中是否都进行了验证。
2. 想想之前完成的应用中在传递参数的时候是否封装成对象了。

练　　习

1. 从网上查找一下身份证号码有什么规律?然后编写能对身份证号码进行验证的方法。
2. 在自己之前完成的应用中找出一个模块来实现国际化。
3. 在自己之前完成的应用中找出一个模块,为这个模块添加日志功能。

第 12 章 Web 应用设计模式与框架

本章内容

- 设计模式和架构模式；
- J2EE 中的层架构模式；
- J2EE 模式简介；
- Advanced MVC 前端控制器实例；
- S2SH 框架搭建实例。

本章目标

- 了解企业级应用的架构模式；
- 掌握前端控制器的设计与实现；
- 掌握 S2SH 框架的搭建。

12.1 设计模式和架构模式

在实际应用中，需求分为功能性需求(Functional Requirement，FR)和非功能性需求(Non-functional Requirement，NFR)。NFR 一般包括可靠性、可用性、服务性 RAS(Reliability、Availability、Serviceability)，可伸缩性、可维护性以及安全性等。一般，系统设计不仅应该能够支持功能性需求，而且应该通过创建一个系统架构(架构模型)，以支持非功能性需求。如何构建一个可靠、可维护、可扩展、易用的系统架构是开发成功的企业级应用所不可或缺的。通过使用模式创建体系架构，是解决开发中遇到的一系列问题的关键。

在企业级应用中，设计模式(Design Pattern)着重于解决底层问题，是对问题和解决方案进行抽象的普遍适用的方法。GoF 的著作把设计模式划分为三类：

- 创建型模式 (Creational Patterns)：这一类型的模式，用于隐藏对象的创建细节。
- 结构型模式 (Structural Patterns)：这一类的模式关心类和对象之间的组织结构。
- 行为型模式 (Behavioral Patterns)：这一类的模式着重于算法以及类之间的任务分配。

企业应用中的架构模式(Architectural Pattern)着重于解决方案的高层复合结构，通常一个架构模式中会使用多个设计模式，并在整个解决方案中定义每个子系统的角色。架构模式通常可以划分为如下 4 种类型：

- From Mud to Structure 型：帮助架构师将系统合理划分，避免形成一个对象的海洋；包括：Layers(分层)模式、Blackboard(黑板)模式、Pipes/Filters(管道/过滤器)模式等。

- Distributed Systems 型：为分布式系统提供完整的架构设计，包括如 Broker(中介)模式等。
- Interactive Systems 型：支持包含有人机互动界面的系统的架构设计，包括 MVC (Model-View-Controller)模式、PAC(Presentation-Abstraction-Control)模式等。
- Adaptable Systems 型：支持应用系统适应技术的变化、软件功能需求的变化，如 Reflection(反射)模式、Microkernel(微核)模式等。

对于设计模式和架构模式感兴趣的读者可以参考模式相关的书籍或资料。

12.2 J2EE 中的层架构模式

企业级应用的软硬件比较复杂，数据一般是分布式存储的。企业级应用的系统架构设计相对非分布式的应用要复杂得多。幸运的是已经有许多人使用 J2EE 平台解决了问题。许多企业级应用中重复出现的问题已经找到了解决方案。这些解决方案都是经过使用、证实和反复实践改进的，也就是所谓的 J2EE 设计模式。借鉴这些已经成文的并且得到证实的设计经验，应用设计人员可以利用设计模式的优势，解决企业级应用中共性的问题，并集中精力于具体业务逻辑的设计和实现。

J2EE 平台为设计、开发、集成和部署企业级应用提供了基于组件的方法。J2EE 平台提供了多层分布式应用模型，能重用组件，能为用户提供统一的安全模型和灵活的事务处理控制。在 J2EE 规范中进行了以下的分层：

- 客户层：该层代表访问系统的人员，应用程序，或系统的客户端。它是整个系统的对外接口，可以是 Web 浏览器、Java 应用程序、Java Applet、WAP (Wireless Application Protocol)或其他设备。
- 表示层：该层封装了用来服务访问本系统的所有客户端的表示层逻辑。该层解释客户端的请求，提供单次登录，实现会话管理，控制对业务的访问，构造页面响应，以及把响应传递给客户端。一般 Servlet 和 JSP 处于表示层。
- 业务逻辑层：该层提供业务服务，包括业务数据和业务逻辑。通常应用程序的大多数业务处理集中在本层。同时它管理事务。EJB 处于业务逻辑层。
- 资源层：该层包括业务数据源和外部系统资源，如数据库管理系统和企业信息系统等。

应用分层模式的优点：

- 各层次可以复用；
- 各层次是松散耦合的，可以分别对其进行开发和维护；
- 无需重写其他层次就可以改变各层次的实现。

分层模式的缺点：

- 添加新功能可能会对每个层次都造成影响；
- 各层次的分离可能会增加通信的开销。

关于 J2EE 中的分层，可以参照软件工程中 cube 模型的定义。

12.3 J2EE 模式简介

J2EE 模式分为表现层、业务层和集成层模式。表现层模式,用于 Web 组件层;业务层模式,用于业务逻辑层;数据集成层模式,连接 DB 或 EIS。

表现层模式:涉及组织应用程序的表现组件,如下。

- 拦截过滤器(Intercepting Filter):管理客户请求的预处理和后续处理工作。
- 前端控制器(Front Controller):提供对用户请求进行集中管理的机制。包括应用控制器:将动作调用管理和视图调度转发管理从控制器组件中分离出来。
- 视图助手(View Helper):将构建视图所需的逻辑与视图的内容检索分离开。
- 复合视图(Composite View):根据多个不同的子视图构造一个视图。
- 调度器视图(Dispatcher View):将前端控制器和视图助手模式组合在一起。
- 工作者服务(Service to Worker):与调度器视图模式相似,不同之处在于前端控制器在视图选择和业务处理调用方面承担了更多的职责。

业务层模式:管理业务处理过程和业务数据如下。

- 服务定位器(Service Locator):提供一个用于服务查找的接口。
- 会话外观(Session Facade):用一个比较简单的接口隐藏业务组件的细节。
- 业务代表(Business Delegate):分别表示客户和业务服务。
- 传输对象(Transfer Object):通过将返回值数据封装到一个对象中来减少远程调用。
- 传输对象装配器(Transfer Object Assembler):根据多个业务对象装配传输对象的数据。
- 复合实体(Composite Entity):将大量相关的细粒度持久化对象包装在一个实体中,用来表示包含这些对象的结构化组织。
- 值列表处理器(Value List Handler):提供一个有效的机制,用于执行可能返回大量对象的查询,并浏览整个结果。

集成层模式:与其他类型应用程序或遗留系统的集成,如下。

- 服务激活器(Service Activator):通过使用 JMS API,允许客户异步调用 EJB 组件。
- 数据访问对象(Data Access Object):将与数据库相关的代码分隔到只暴露面向业务接口的类中。

在实现上述分层时一般需要结合实际情况进行分解。涉及人机交互的情况,可以使用 MVC 模式。如 Web 层使用 MVC 模式并结合过滤器(Filter)、前端控制器(Front Controller)和视图助手(View Helper)等模式。如果需要进行复杂的业务逻辑处理并且已经有后台实现(如 EJB 等),一般经过业务代理(Business Delegate)层,访问后端业务逻辑。业务逻辑可以使用 Facade 模式进行封装成统一的接口。如果需要访问资源层,则经过数据访问对象访问资源(目前多数是 RDBMS,有时是遗留系统如 CORBA、JMS 或 WebService 等)。

关于以上 J2EE 中的模式,读者可以参考 Core J2EE Pattern 等文献。

12.4 AdvancedWebFrame 前端控制器实例

使用 J2EE 规范以及其他的设计模式可以简化开发。其中，MVC 模式是 Web 应用开发中最重要的设计模式。

MVC 模式包括 3 部分：

- 模型：包含业务数据、处理及规则。不应当包含任何用户界面的详细信息。
- 视图：为用户显示包含模型组件数据的图形用户界面(GUI)，通常将 GUI 事件传递给控制器组件。
- 控制器：接收用户的请求，调用模型组件的处理，并确定需要显示的视图组件。

MVC 模式的目的是从数据表示中将数据分离出来。如果应用程序有多种表示，可以仅替换视图层而重用控制器和模型代码。类似的，如果需要改变模型，可以在很大程度上不改变视图层。控制器处理用户动作，用户动作可能造成模型改变和视图更新。使用 MVC 模式可以消除视图和模型之间的耦合。

12.4.1 前端控制器模式设计实例

回顾本书第 6 章搭建的 WebFrame 框架实例，已经是一个简单的 MVC 模式开发框架的雏形。根据 12.3 中讲述的 J2EE 中表现层的设计模式，本节会在之前的基础上做进一步的改进，增加统一的调度器进行请求转发管理，增加一个属性设置器专门进行参数设置、数据验证和数据类型转换，并将配置文件改为 XML 文件格式。

前端控制器模式包含一个总控制器，提供了一个集中处理请求的点(在 Java 的 Web MVC 实现中，通过 Servlet 来实现总控制器)。使用一个调度器进行动作管理：调度器将请求 URL 映射至需要被执行的命令实例。命令实例在 WebWork 或 Struts 中就是 Action。由调度器调用相应的命令实例与系统后端的服务进行交互，并在处理完业务逻辑之后返回一个码值，而这个返回码会映射到某一个视图(通常是一个 Web 页面模板，如 JSP)。控制器根据调度器调用业务处理的返回值决定将请求转发到哪个视图，最后该视图将会呈现给用户。

针对控制器的主要作用：获取参数、数据验证转换、调用模型和转发请求，初步设计如下。

- 获取参数和数据验证与转换：这个工作由一个独立的调度器完成。实际上调度器将这个工作交给了一个属性设置器。属性设置器会对由调度器获取的请求参数进行非空验证和数据类型转换。最后，将转换后的数据赋值给 Action 中与参数同名的属性。
- 调用模型：这个工作也是由调度器完成。并且将模型的调用设计成可以配置的，即把请求访问地址与对应的可以调用的模型写到一个自定义的配置文件中，调度器通过读取这个配置文件，决定什么时候应该调用哪个模型。
- 转发请求：同样设计成可以配置的。将视图地址写在配置文件中。控制器根据这个配置文件以及调度器调用模型返回的码值决定将请求转发到哪个视图。

根据以上的思路，对前端控制器模式中各个类或接口设计如图 12-1 所示。

- Controller 类：提供了一个统一的位置来封装公共请求处理。它的任务相当简单：执行公共的任务，然后把请求转交给相应的调度器。它的 init 方法解析配置文件 webframe-config. xml。配置文件中，每一个 Action 标签封装成一个 ActionModel 对象(如表 12-1 所示)。每一个 forward 标签封装成一个 ActionForward 对象(如表 12-2 所示)。ActionModel 中的 Map＜String，ActionForward＞对象 forwards，结构如表 12-3 所示。文件解析结果：所有 ActionModel 构成一个 Map＜String，ActionModel＞对象(如表 12-4 所示)，并存储在 ServletContext 中，供整个框架使用。Controller 的 process 方法接受每个请求，得到发起请求的 path，并简单地把请求委托给调度器(Dispatcher)，由调度器执行相应的动作(Action)。调度器把执行 Action 返回的下一个页面的 URL 返回给 Controller，Controller 负责转发。

```
<action path="/user/login" class="tea.action.user.LoginAction">
    <forward name="manage" url="/manage/manage.jsp"/>
    <forward name="home" url="/home/index.jsp"/>
    <forward name="login" url="/login.jsp"/>
    <forward name="message" url="/common/message.action"/>
</action>
```

图 12-1　前端控制器自定义配置文件的 action 标签部分

表 12-1　ActionModel

属　性	类　型	值
path	String	action 标签中的 path 属性值，表示 Action 的请求路径
className	String	action 标签中的 class 属性值，表示对应的可以调用的 Action 类
forwards	Map＜String，ActionForward＞	多个 forward 标签

表 12-2　ActionForward

属　性	类　型	值
name	String	forward 标签中的 name 属性值，表示调度器调用 Action 的返回值
viewUrl	String	forward 标签中的 url 属性值，表示控制器转发请求的页面地址

表 12-3　ActionModle 中的 Map 对象

Key	Value
forward 标签中的 name 属性值	ActionForward 对象

表 12-4　ServletContext 中的 Map 对象

Key	Value
action 标签中的 path 属性值	ActionModel 对象

- Action 接口：Command 模式很好的例子，它是一个命令接口。Action 接口中只有一个 execute 方法，任何一个 Action 只需要实现此接口，并实现相应的业务逻辑，最后返回一个 url，提供给调度器使用。

- Dispatcher 接口：调度器，负责调用相应的 Action 去执行业务逻辑并向控制器提供相应的页面选择。由调度器选择页面和 Action，去除了应用行为和前端控制器间的耦合。调度器服务于前端控制器，把 Model 的更新委托给 Action，又提供页面选择给 FrontController。接口中声明了 setServletContext 方法和 getNextUrl 方法。setServletContext 方法，用于为 ServletContext 对象赋值。getNextUrl 方法根据请求的 path，访问相应的 Action，并返回一个转发请求的地址。
- ActionDispathcer 类：默认的调度器，实现了 Dispathcer 接口及相应的方法。
- ValuesSetter 类：其 setValues 方法对请求参数进行一般的数据验证，并根据 Action 中与其同名的属性的类型，进行相应的数据类型转换，然后将转换后的参数值赋值给 Action 中与其同名的属性。
- ActionForward 类：封装了转发请求操作所需要信息的一个模型，属性包括 name 和转发请求的 url。
- ActionModel：封装了 Action 的信息，属性包括 Action 的 name、className 以及转发请求相关的一个 Map 对象，Map 对象中的 key 值是 forward 标签中的 name 属性值，Map 对象中的 value 值是 ActionForward 对象。

以下将给出一个使用前端控制器模式的 Web 应用程序。该应用程序分为两部分，一部分是前端控制器模式的实现；另一部分是基于前端控制器实现的一个登录功能实例。最后实现的整个应用的工程文档结构如图 12-2 所示。

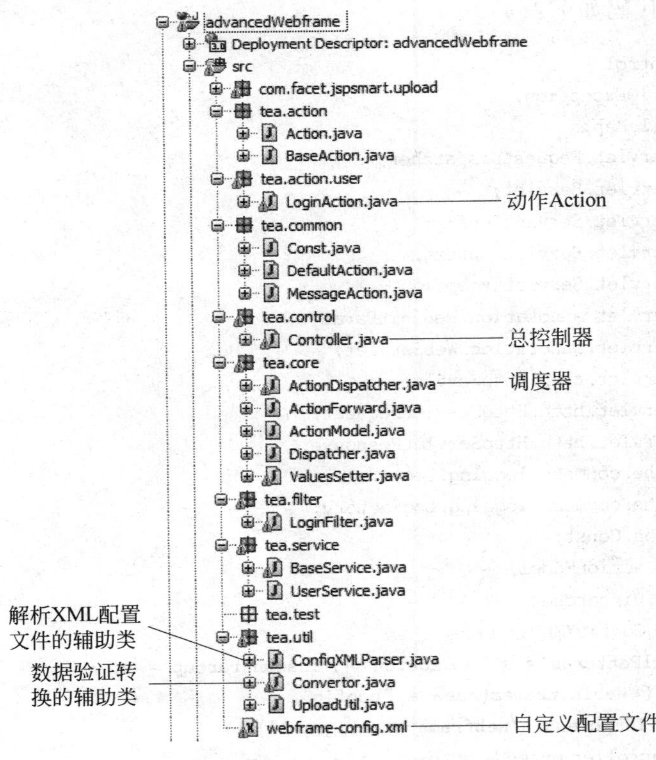

图 12-2　工程 AdvancedWebFrame 的文档结构图

12.4.2 前端控制器模式部分的实现

实现 Web 应用的前端控制器模式部分。首先，要创建控制器 Controller，它是一个 Servlet。并在 src 下创建一个名为 webframe-config. xml 的配置文件。完成解析 XML 配置文件的工具类 ConfigXMLParser，以及封装页面转发与请求的类 ActionForward 和 ActionModel，还有一个常量类 Const。然后，创建调度器 Disptcher 接口和默认的调度器 ActionDispatcher，它实现了 Dispatcher 接口。接着，实现属性设置器 ValuesSetter 及相关的转换验证类 Convertor。最后，完成 Action 接口，供其他的 Action 类实现。

具体操作如下：

(1) 创建一个 Web 应用，应用的名字是 advancedWebframe。

(2) 导入 commons-logging. jar。

由于工程代码中使用了日志功能，因此需要导入 commons-logging. jar。这个包可以在 apache 网站下载也可以在本书的配套软件 ch12 目录下找到。将 commons-logging. jar 复制到 WEB-INF 文件夹的 lib 下即可。

(3) 创建前端控制器 Controller。

创建 tea. control 包，在包中创建一个 Servlet，名为 Controller，Mapping url 为 *. action，初始化参数设为 config，其值为/WEB-INF/classes/webframe-config. xml 的参数，并且设置成服务器启动的时候最先加载。

Controller 的代码如下：

```
package tea.control;
import java.io.IOException;
import java.util.Map;
import javax.servlet.RequestDispatcher;
import javax.servlet.Servlet;
import javax.servlet.ServletConfig;
import javax.servlet.ServletContext;
import javax.servlet.ServletException;
import javax.servlet.annotation.WebInitParam;
import javax.servlet.annotation.WebServlet;
import javax.servlet.http.HttpServlet;
import javax.servlet.http.HttpServletRequest;
import javax.servlet.http.HttpServletResponse;
import org.apache.commons.logging.Log;
import org.apache.commons.logging.LogFactory;
import tea.common.Const;
import tea.core.ActionModel;
import tea.core.Dispatcher;
import tea.util.ConfigXMLParser;
@WebServlet(urlPatterns = { "*.action" }, loadOnStartup = 0,
initParams = { @WebInitParam(name = "config",
value = "/WEB-INF/classes/webframe-config.xml") })
public class Controller extends HttpServlet {
    private static final long serialVersionUID = 1L;
    private static final Log log = LogFactory.getLog(Controller.class);
```

```
    private ServletConfig config;
    public void init(ServletConfig config) throws ServletException {
        this.config = config;
        ServletContext context = config.getServletContext();
        //config_file 即/WEB-INF/classes/webframe-config.xml
        String config_file = config.getInitParameter("config");
        String dispatcher_name = config.getInitParameter("dispatcher");
        if (config_file == null || config_file.equals(""))
        config_file = "/WEB-INF/classes/webframe-config.xml";
    //Const.DEFAULT_DISPATCHER 即 am.core.ActionDispatcher
    if (dispatcher_name == null || dispatcher_name.equals(""))
        dispatcher_name = Const.DEFAULT_DISPATCHER;
    try {
        //通过配置解析工具,得到配置文件中的信息
        //封装成一个 Map 对象 resources,即 ActionModel 对象的集合
        //Map<String,ActionModel>代表 Map 中 key 的类型为 String 类
        //型,value 类型为 ActionModel 类型
        Map<String, ActionModel> resources = ConfigXMLParser.newInstance()
                .parse(config_file, context);
        //将 resources 对象保存到 ServletContext 中
        //属性的名字为 Const.ACTIONS_ATTR 即 Actions
        context.setAttribute(Const.ACTIONS_ATTR, resources);
        log.info("初始化配置文件成功");
    } catch (Exception e) {
        log.error("初始化配置文件失败");
        e.printStackTrace();
    }
    try {
        //加载默认的调度器 am.core.ActionDispatcher 并创建实例
        Class c = Class.forName(dispatcher_name);
        Dispatcher dispatcher = (Dispatcher) c.newInstance();
        //将调度器实例对象保存在 ServletContext 中
        //属性的名字是 Const.DISPATCHER_ATTR
        context.setAttribute(Const.DISPATCHER_ATTR, dispatcher);
        log.info("初始化 Dispatcher 成功");
    } catch (Exception e) {
        log.error("初始化 Dispatcher 失败");
        e.printStackTrace();
    }
}
protected void doGet(HttpServletRequest request,
        HttpServletResponse response) throws ServletException, IOException {
    process(request, response);
}
protected void doPost(HttpServletRequest request,
        HttpServletResponse response) throws ServletException, IOException {
    process(request, response);
    }
    protected void process(HttpServletRequest request,
            HttpServletResponse response) throws ServletException, IOException {
        ServletContext context = config.getServletContext();
```

```
            //获取 action 的 path
            String reqURI = request.getRequestURI();
            int i = reqURI.lastIndexOf(".");
            String contextPath = request.getContextPath();
            String path = reqURI.substring(contextPath.length(), i);
            //将转发路径保存到 request 中名字为 Const.REQUEST_ATTR 的属性中
            request.setAttribute(Const.REQUEST_ATTR, path);
            //从 ServletContext 中得到调度器实例
            Dispatcher dispatcher = (Dispatcher) context
                    .getAttribute(Const.DISPATCHER_ATTR);
            //调度器执行 action 代码后,返回转发页面的访问地址
            String nextPage = dispatcher.getNextUrl(request, response, config);
            //RequestDispatcher 转发请求
            RequestDispatcher forwarder = request.getRequestDispatcher("/"
                    + nextPage);
            forwarder.forward(request, response);
        }
    }
```

(4) 在 src 下建立一个文档,命名为 webframe-config.xml,默认配置了 MessageAction(统一信息提示 Action)和 DefaultAction(默认 Action),代码如下:

```
<?xml version = "1.0" encoding = "UTF - 8"?>
< actions >
    < action path = "/common/default" class = "tea.common.DefaultAction">
        < forward name = "message" url = "/common/message.jsp"/>
    </action >
    < action path = "/common/message" class = "tea.common.MessageAction">
        < forward name = "message" url = "/common/message.jsp"/>
    </action >
</actions >
```

注意:如果创建了其他 Action,也需要在此处进行相应的配置。

(5) 创建解析 XML 配置文件的辅助类。

新建 tea.util 包,在包中创建类 ConfigXMLParser,具体代码如下:

```
package tea.util;
import java.io.InputStream;
import java.util.HashMap;
import java.util.Map;
import javax.servlet.ServletContext;
import javax.xml.parsers.DocumentBuilder;
import javax.xml.parsers.DocumentBuilderFactory;
import org.apache.commons.logging.Log;
import org.apache.commons.logging.LogFactory;
import org.w3c.dom.Document;
import org.w3c.dom.Element;
import org.w3c.dom.NodeList;
import tea.core.ActionForward;
import tea.core.ActionModel;
public class ConfigXMLParser {
```

```
    //得到日志对象
    private static final Log log = LogFactory.getLog(ConfigXMLParser.class);
    private String file_path;
    //单例模式
    protected static final ConfigXMLParser single = new ConfigXMLParser();
    private ConfigXMLParser(){}
    public static ConfigXMLParser newInstance(){
        return single;
    }
    public String getFile_path() {
        return file_path;
    }
    public void setFile_path(String file_path) {
        this.file_path = file_path;
    }
    public Map < String, ActionModel > parse(String file_path, ServletContext context) throws
Exception{
        this.file_path = file_path;
        //根据指定的相对于 Context 的文件路径得到一个 InputStream
        InputStream is = context.getResourceAsStream(file_path);
        log.info("正在读取配置文件: " + file_path);
        return parseXML(is);
    }

    private Map < String, ActionModel > parseXML(InputStream is)throws Exception{
        DocumentBuilderFactory factory = DocumentBuilderFactory.newInstance();
        DocumentBuilder builder = factory.newDocumentBuilder();
        Document doc = builder.parse(is);
        //根据对 InputStream 解析得到一个结点列表 actions,可包含多个 action 结点
        NodeList actions = doc.getElementsByTagName("action");
        int size = actions.getLength();
        Map < String, ActionModel > result = new HashMap < String, ActionModel >();
        ActionModel actionModel = null;
        Map < String, ActionForward > forwards = null;
        log.info("正在解析配置文件: " + file_path);
        for(int i = 0;i < size;i ++ ){
            //xml_action 表示结点列表 actions 中的每一个 action 结点
            Element xml_action = (Element)actions.item(i);
            actionModel = new ActionModel();
            //actionModel 中保存 action 的访问 path 和 className
            actionModel.setClassName(xml_action.getAttribute("class"));
            actionModel.setPath(xml_action.getAttribute("path"));
            /* 针对每一个 action 得到一个 xml_forwards 结点列表,可以包含多个 forward 的
name 和 url 的映射 */
            NodeList xml_forwards = xml_action.getElementsByTagName("forward");
            forwards = new HashMap < String, ActionForward >();
            for(int j = 0;j < xml_forwards.getLength();j ++ ){
                //forward 表示每一个 forward 的 name 和 url 映射
                Element forward = (Element)xml_forwards.item(j);
                /* forwards 表示一个 Map 对象,key 是 forward 的 name,value 是一个 ActionForward
对象 */
```

```
                forwards.put(forward.getAttribute("name"),
                        new ActionForward(forward.getAttribute("name"),
                                    forward.getAttribute("url")));
            }
            //actionModel 中保存 forwards 对象
            actionModel.setForwards(forwards);
            //配置文件最终解析的结果是一个 Map 对象 result
            //result 中的 key 是 ActionModel 对象的 path 值
            //result 中的 value 是一个 ActionModel 对象
            //包含 path,className 和 forwards 属性
            result.put(actionModel.getPath(), actionModel);
        }
        return result;
    }
}
```

(6) 创建封装转发请求的类 ActionForward。

新建 tea.core 包,在包中创建类 ActionForward,具体代码如下:

```
package tea.core;
/**
 * 封装了转发页面的名字和对应的访问路径
 */
public class ActionForward {
    private String name;      //转发页面的名字
    private String viewUrl;   //转发页面的访问路径
    public ActionForward(String name){
        this.name = name;
    }
    public ActionForward(String name, String viewUrl) {
        this.name = name;
        this.viewUrl = viewUrl;
    }
    public String getName() {
        return name;
    }
    public void setName(String name) {
        this.name = name;
    }
    public String getViewUrl() {
        return viewUrl;
    }
    public void setViewUrl(String viewUrl) {
        this.viewUrl = viewUrl;
    }
}
```

(7) 创建封装 Action 请求的类 ActionModel。

在 tea.core 包中创建类 ActionModel,具体代码如下:

```
package tea.core;
```

```
import java.util.Map;
/**
 * 封装了 action 的访问路径与相应的类名
 * 以及转发页面的名字与访问路径的映射
 */
public class ActionModel {
    private String path;
    private String className;
    //action 的 forward 映射
    private Map<String, ActionForward> forwards;
    public ActionModel(){}
    public ActionModel(String path, String className,
            Map<String, ActionForward> forwards) {
        this.path = path;
        this.className = className;
        this.forwards = forwards;
    }
    public String getClassName() {
        return className;
    }
    public void setClassName(String className) {
        this.className = className;
    }
    public Map<String, ActionForward> getForwards() {
        return forwards;
    }
    public void setForwards(Map<String, ActionForward> forwards) {
        this.forwards = forwards;
    }
    public String getPath() {
        return path;
    }
    public void setPath(String path) {
        this.path = path;
    }
}
```

(8) 创建封装常量类 Const。

新建 tea.common 包，在包中创建类 Const，具体代码如下：

```
package tea.common;
public class Const {
    //Dispatcher 在 ServletContext 中保存的属性名字
    public static final String DISPATCHER_ATTR = "Dispatcher";
    //ActionModel 组成的 Map 对象在 ServletContext 中保存的属性名字
    public static final String ACTIONS_ATTR = "Actions";
    //默认的 Dispatcher
    public static final String DEFAULT_DISPATCHER = "tea.core.ActionDispatcher";
    //访问请求地址在 requestScope 中保存的属性名字
    public static final String REQUEST_ATTR = "RequestPath";
    //默认 Action
```

```
        public static final String DEFAULT_ACTION = "/common/default";
        //统一信息提示 Action
        public static final String MESSAGE_ACTION = "/common/message";
        //统一信息提示 url 映射
        public static final String MESSAGE_URL = "message";
        //统一信息提示在 request 中的属性名字
        public static final String MESSAGE_INFO = "messageInfo";
        //分页显示,每页显示的行数
        public static final String PAGE_REC_NUM = "2";
        public static final String ERROR = "操作失败";
        public static final String SUCCESS = "操作成功";
        public static final String EXCEPTION_INFO = "操作异常";
        public static final String LOGIN_PROMPT = "请先登录";
        public static final String LOGIN_ERROR = "用户名或密码错误";
        public static final String ACTION_ERROR = "请求的资源无效";
        public static final String URL_ERROR = "跳转地址无效";
        public static final String UPLOAD_ERROR = "上传文件失败";
        public static final String INPUT_REQUIRED_ERROR = "请输入数据";
        public static final String INPUT_FORMAT_ERROR = "数据类型不正确,设置属性失败";
        public static final String INPUT_ERROR = "数据输入不正确";
        public static final String DATA_SOURCE = "java:/comp/env/jdbc/mytest";
}
```

(9) web.xml 文件配置。

在 Servlet 2.x 规范中,前端控制器 Controller 需要在 web.xml 中进行如下配置:

```
<?xml version = "1.0" encoding = "UTF-8"?>
<web-app version = "2.4"
    xmlns = "http://java.sun.com/xml/ns/j2ee"
    xmlns:xsi = "http://www.w3.org/2001/XMLSchema-instance"
    xsi:schemaLocation = "http://java.sun.com/xml/ns/j2ee
    http://java.sun.com/xml/ns/j2ee/web-app_2_4.xsd">
  <servlet>
    <servlet-name>Controller</servlet-name>
    <servlet-class>tea.control.Controller</servlet-class>
    <!--为 Controller 配置初始化参数,即需要加载的配置文件的地址-->
    <init-param>
        <param-name>config</param-name>
        <param-value>/WEB-INF/classes/webframe-config.xml</param-value>
    </init-param>
    <!--说明容器在启动的时候最先加载 Controller-->
    <load-on-startup>0</load-on-startup>
  </servlet>
  <!--将所有.action 请求都发送给 Controller 处理-->
  <servlet-mapping>
    <servlet-name>Controller</servlet-name>
    <url-pattern>*.action</url-pattern>
  </servlet-mapping>
</web-app>
```

(10) 创建 Dispatcher 调度器接口。

在 tea. core 包中创建接口 Dispatcher，具体代码如下：

```
package tea.core;
import javax.servlet.ServletConfig;
import javax.servlet.http.HttpServletRequest;
import javax.servlet.http.HttpServletResponse;
/**
 * 供 Controller 使用
 * 负责流程转发的接口
 */
public interface Dispatcher {
    public String getNextUrl(HttpServletRequest request, HttpServletResponse response,
                             ServletConfig config);
}
```

(11) 创建默认的调度器 ActionDispatcher。

在 tea. core 包中创建类 ActionDispatcher，实现了 Dispatcher 接口，具体代码如下：

```
package tea.core;
import java.util.Map;
import javax.servlet.ServletConfig;
import javax.servlet.ServletContext;
import javax.servlet.http.HttpServletRequest;
import javax.servlet.http.HttpServletResponse;
import org.apache.commons.logging.Log;
import org.apache.commons.logging.LogFactory;

import tea.action.BaseAction;
import tea.common.Const;
/**
 * 默认实现的 Dispacher 根据请求命令加载 action 并执行 得到一个转发页面的访问路径,返回给
控制器
 */
public class ActionDispatcher implements Dispatcher {
    private static final Log log = LogFactory.getLog(ActionDispatcher.class);
    public String getNextUrl(HttpServletRequest request,
            HttpServletResponse response, ServletConfig config) {
        ServletContext context = config.getServletContext();
        Map<String, ActionModel> actions = (Map<String, ActionModel>) context
                .getAttribute(Const.ACTIONS_ATTR);
        String reqPath = (String) request.getAttribute(Const.REQUEST_ATTR);
        //根据访问地址,从 Map 中得到一个 ActionModel 对象
        ActionModel actionModel = actions.get(reqPath);
        if (actionModel == null)
            actionModel = actions.get(Const.DEFAULT_ACTION);
        String forward_name = "";
        ActionForward actionForward;
        try {
            //加载 ActionModel 对象中 className 所对应的类
            Class c = Class.forName(actionModel.getClassName());
```

```
            //创建 action 实例对象
            BaseAction action = (BaseAction) c.newInstance();
            //自动调用 action 中的 set 方法
            //将 request 中的参数值对应赋值给 action 中的属性
            if (ValuesSetter.setValues(request, action)) {
                action.setConfig(config);
                //执行 action 的 execute 方法,并得到一个转发页面的名字
                forward_name = action.execute(request, response);
            } else {
                //若参数设置发生错误,跳转到 message.jsp 提示错误信息
                actionModel = actions.get(Const.MESSAGE_ACTION);
                forward_name = Const.MESSAGE_URL;
            }
        } catch (Exception e) {
            log.error("can not find action " + actionModel.getClassName());
        }
        //根据返回的名字,从 ActionModel 对象中得到一个转发请求的 url
        actionForward = actionModel.getForwards().get(forward_name);
        if (actionForward == null) {
            log.error("can not find page for forward " + forward_name);
            request.setAttribute(Const.MESSAGE_INFO, Const.URL_ERROR);
            return actions.get(Const.MESSAGE_ACTION).getForwards()
                    .get(Const.MESSAGE_URL).getViewUrl();
        } else
            //返回转发页面对应的访问路径
            return actionForward.getViewUrl();
    }
}
```

(12) 创建属性设置器。

在 tea.core 包中创建 ValuesSetter,具体代码如下:

```
package tea.core;
import java.lang.reflect.Field;
import java.lang.reflect.Method;
import java.util.Enumeration;
import javax.servlet.http.HttpServletRequest;
import tea.action.Action;
import tea.common.Const;
import tea.util.Convertor;
public class ValuesSetter {
    //根据传入类型,转换为其他类型,只能是 String 与基本数据类型转换及其包装类
    public static boolean setValues(HttpServletRequest request, Action action){
        Enumeration params = null;      //请求参数名称的枚举对象
        String paramName = null;        //请求参数名称
        String[] values = null;         //请求参数值数组
        Field fields[] = null;          //属性对象数组
        Field field = null;             //属性对象
        String fieldName = null;        //属性名称
        String setMethodName = null;    //方法名称
        Method setMethod = null;        //方法对象
```

```
        Object fieldValue = null;       //Object 类型的属性值
        if (request == null)
            return true;
        params = request.getParameterNames();
        if (params == null)
            return true;
        //获得对象的类型
        Class<?> classType = action.getClass();
        //获得对象的所有属性
        fields = classType.getDeclaredFields();
        while (params.hasMoreElements()) {
            paramName = (String) params.nextElement();
            for (int i = 0; i < fields.length; i++) {
                field = fields[i];
                fieldName = field.getName();
                if (fieldName.equals(paramName)) {
                    values = request.getParameterValues(paramName);
                    if (!Convertor.checkEmpty(values[0]))
                        continue;
                    //获得和属性对应的 set 方法的名字
                    setMethodName = "set"
                            + fieldName.substring(0, 1).toUpperCase()
                            + fieldName.substring(1);
                    try{
                    //获得和属性对应的 set 方法
                    setMethod = classType.getMethod(setMethodName, field
                            .getType());
                    }catch(Exception e){
                        continue;
                    }
                    //将字符串转换为属性对应类型的值,如果返回 null 说明数据类
                    //型转换异常
                    fieldValue = Convertor.checkObjectType(values,field.getType());
                    //调用复制对象的 setXXX()方法
                    try{
                        setMethod.invoke(action, fieldValue);
                    }catch(Exception e){
                        //数据类型转换异常,不能进行属性设置
                        request.setAttribute(Const.MESSAGE_INFO,
                                paramName + Const.INPUT_FORMAT_ERROR);
                        return false;
                    }
                }
            }
        }
        return true;
    }
}
```

(13) 创建数据转换的辅助类 Convertor。

在 tea.util 包中创建类 Convertor,具体代码如下:

```
package tea.util;
public class Convertor {
    //字符串非空验证
    public static boolean checkEmpty(String value) {
        if (value == null)
            return false;
        else
            return true;
    }
    //其他数据类型的验证方式类似
    public static boolean checkInteger(String value) {
        try {
            Integer.parseInt(value);
            return true;
        } catch (Exception e) {
            return false;
        }
    }
    //将参数类型(String 或 String[])转换为相应的属性类型,如 int 或 int[]
    //如果能转换,返回转换后的类型值,如果不能转换,则返回 null
    //代码中仅给出了从 String 或 String[]向 int 或 int[]以及 Integer 或 Integer[]的转换
    //其他类型的转换,处理方法相似,这里不作一一列举.
    public static Object checkObjectType(String[] values, Class type) {
        Object objValue = null;
        if(values.length == 1){//参数数组中只有一个元素,即 values[0]
            //如果属性是 String 类型的则无须转换
            if (type == String.class){
                objValue = values[0];
            }else if(type == int.class) {
                if (checkInteger(values[0])) {
                    objValue = Integer.parseInt(values[0]);
                }
            }else if(type == Integer.class) {
                if (checkInteger(values[0])) {
                    objValue = new Integer(values[0]);
                }
            }
            //其他数据类型转换方法相似
            return objValue;
        }else{//参数是字符串数组
            //如果属性是 String 类型的数组则无须转换
            if(type == String[].class){
                return values;
            }
            if(type == int[].class){
                int[] intArray = new int[values.length];
                for(int i = 0;i < values.length;i ++ ){
                    if (checkInteger(values[i])) {
                        intArray[i] = Integer.parseInt(values[i]);
                    }else{
                        return null;
```

```java
                }
            }
            return intArray;
        }
        if(type == Integer[].class) {
            Integer[] integerArray = new Integer[values.length];
            for(int i = 0;i < values.length;i ++ ){
                if (checkInteger(values[i])) {
                    integerArray[i] = new Integer(values[i]);
                }else{
                    return null;
                }
            }
            return integerArray;
        }
        //其他数据类型转换方法相似
    }
    return null;
  }
}
```

(14) 创建命令接口 Action 和基类 BaseAction。

在 tea.action 包中创建接口 Action,具体代码如下:

```java
package tea.action;
import java.io.IOException;
import javax.servlet.ServletException;
import javax.servlet.http.HttpServletRequest;
import javax.servlet.http.HttpServletResponse;
/**
  * Action 接口
  */
public interface Action {
    public String execute(HttpServletRequest request,
            HttpServletResponse response) throws ServletException, IOException;
}
```

在 tea.action 包中创建类 BaseAction,具体代码如下:

```java
package tea.action;
import java.io.IOException;
import javax.servlet.ServletConfig;
import javax.servlet.ServletException;
import javax.servlet.http.HttpServletRequest;
import javax.servlet.http.HttpServletResponse;
import tea.common.Const;
/**
  * 所有 Action 基类
  */
public abstract class BaseAction implements Action {
    private ServletConfig config;
```

```
    public void setConfig(ServletConfig config) {
        this.config = config;
    }
    public ServletConfig getConfig() {
        return config;
    }
    public String execute(HttpServletRequest request,
            HttpServletResponse response) throws ServletException, IOException {
        return Const.MESSAGE_URL;
    }
}
```

12.4.3 前端控制器模式登录功能实现

下面使用前端控制器模式实现一个登录功能实例。其运行效果与第6章实现的登录功能相同,运行效果截图请参见第6章内容。

登录实例中,视图层包括 login.jsp、manage.jsp 和 index.jsp。控制层的应用控制器是 LoginAction 类,继承了基类 BaseAction,并重写了 execute 方法。控制层的控制功能由前端控制器完成,不需要再为每一个功能制作一个控制器。配置文件是 webframe-config.xml。

登录实例实现如下:

(1) 创建视图层的 login.jsp、manage.jsp 和 index.jsp。

这些视图层文件与第6章搭建 WebFrame 框架时登录功能所使用的视图层文件完全相同,代码在此不再赘述。

(2) 创建应用控制器 LoginAction。

创建包 tea.action.user,在包中创建类,类的名字是 LoginAction,其父类为 BaseAction,具体代码如下:

```
package tea.action.user;
import java.util.HashMap;
import java.util.Map;
import javax.servlet.http.HttpServletRequest;
import javax.servlet.http.HttpServletResponse;
import javax.servlet.http.HttpSession;
import tea.action.BaseAction;
import tea.common.Const;
import tea.service.UserService;
public class LoginAction extends BaseAction {
    private String user_id;
    private String user_pass;
    private String type;
    public String getUser_id() {
        return user_id;
    }
    public void setUser_id(String user_id) {
        this.user_id = user_id;
    }
    public String getUser_pass() {
```

```
        return user_pass;
    }
    public void setUser_pass(String user_pass) {
        this.user_pass = user_pass;
    }
    public String getType() {
        return type;
    }
    public void setType(String type) {
        this.type = type;
    }
    public String execute(HttpServletRequest request,
            HttpServletResponse response) {
        if (user_id == null || user_pass == null) {
            request.setAttribute(Const.MESSAGE_INFO,
                    Const.INPUT_REQUIRED_ERROR);
            return Const.MESSAGE_URL;
        }
        //调用模型层方法,判断用户是否合法
        UserService us = new UserService();
        int no = -1;
        String forward = "";
        if (type.equals("tea")) {
            no = us.checkTeacher(user_id, user_pass);
            forward = "manage";
        } else {
            no = us.checkStudent(user_id, user_pass);
            forward = "home";
        }
        /**
         * 根据模型层的判断结果,跳转到不同的目的地
         * 合法用户: 教师→manage.jsp; 学生→index.jsp
         * 非法用户: login.jsp
         */
        HttpSession session = request.getSession();
        if (no > 0) {                         //用户合法
            //合法登录用户的编号存入 session
            session.setAttribute("user_no", no + "");
            session.setAttribute("user_id", user_id);
            return forward;
        } else {                              //用户非法
            Map user = new HashMap();
            user.put("user_id", user_id);
            user.put("user_pass", user_pass);
            user.put("type", type);
            session.setAttribute("user", user);
            session.setAttribute("loginErr", Const.LOGIN_ERROR);
            return "login";
        }
    }
}
```

(3) 完成 src 下的 webframe-config. xml 文件的配置。

webframe-config. xml 的代码如下：

```
<?xml version = "1.0" encoding = "UTF - 8"?>
<actions>
    <action path = "/user/login" class = "tea.action.user.LoginAction">
        <forward name = "manage" url = "/manage/manage.jsp"/>
        <forward name = "home" url = "/home/index.jsp"/>
        <forward name = "login" url = "/login.jsp"/>
        <forward name = "message" url = "/common/message.action"/>
    </action>
</actions>
```

(4) 测试使用前端控制器的登录实例。测试步骤和运行效果和第 6 章的登录功能相同,在此不再赘述。

12.4.4 前端控制器模式 Web 应用流程

最后通过上面的登录功能实例,对前端控制器模式 Web 应用流程说明如下：

(1) 服务器启动,加载 Controller。Controller 初始化的时候设置了 ServletContext 对象 context,里面包含一个 Map 对象,每一个 Map 对象的 Key 值是请求路径 path 的值,Map 对象的 value 值是 ActionModel 类型的对象。还加载了一个默认的调度器,并实例化。

(2) 客户端发出对 login. jsp 的请求。

(3) login. jsp 从 request 作用域中获取相应的出错提示信息(如果首次进入 login. jsp,从 request 中是获取不到出错提示信息的),并形成响应页面。

(4) 容器将响应页面发送给 Client。

(5) Client 发出对 LoginAction 的请求,包括请求参数 user_id、user_pass 和 type。

(6) Controller 获取请求,并将请求以及 config 对象发送给调度器 ActionDispatcher。

(7) ActionDispatcher 从请求中获取 path,根据 path 从 Context 中取出对应的 ActionModel 对象。从而调用 ActionModel 中 className 属性值对应的 Action 类：LoginAction。

(8) ActionDispatcher 调用 ValuesSetter 的 setValues 方法对 LoginAction 的属性调用 set 方法并通过 Convert 类进行验证和类型转换。

(9) 如果 setValues 过程中出现异常,将错误提示信息保存在 request 中,并将请求转发到 MessageAction 所对应的统一信息提示页面。

(10) 如果 setValues 过程中没有出现异常,ActionDispatcher 接着调用 LoginAction 的 execute 方法。

(11) LoginAction 的 execute 方法继续调用业务方法对用户名和密码进行了验证,根据不同的情况,返回不同的字符串。

(12) ActionDispatcher 得到 LoginAction 返回的字符串,根据 Context 中的 ActionModel 得到转发请求的页面的 url。

(13) Controller 得到 ActionDispathcer 返回的 url,并将请求转发到相应的页面。

(14) 相应的页面从 request 中获取信息,并形成响应页面。

(15) 容器将响应页面发送给 Client。

12.5　S2SH 框架搭建实例

本书 6.10 节中已经对 Web 开发的流行框架技术进行了介绍。本节将使用 3 种受欢迎的开源框架完成一个整合框架的实例。表示层使用 Struts；业务层使用 Spring；而持久层则使用 Hibernate。其中，Struts 的版本是 2.3.4，Hibernate 的版本是 3.1，Spring 的版本是 3.1.2。所使用的开发工具是 Eclipse 3.7(Indigo)，Web 应用服务器采用 Tomcat 7.0.6，数据库服务器采用 MySQL 5.0。

12.5.1　Struts2＋Spring＋Hibernate

1. 表示层框架 Struts2

Struts2 是基于 WebWork 进行开发的 Web 框架，和 Struts1 相比有了许多变化。Struts2 的体系结构如图 12-3 所示。

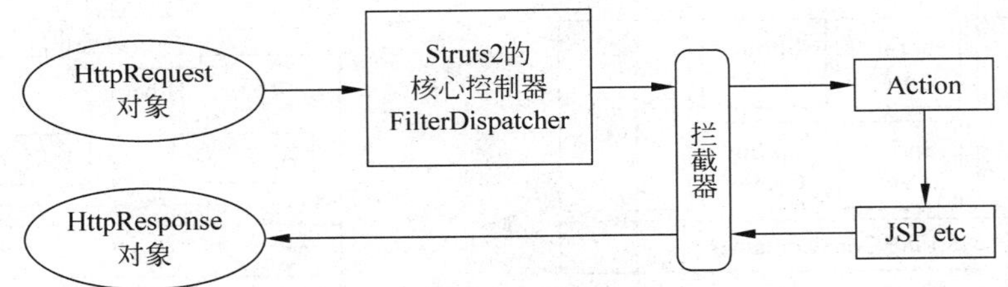

图 12-3　Struts2 的体系结构

Struts2 框架的一般处理流程如下：

(1) 客户端浏览器发送一个请求。

(2) 核心控制器 FilterDispatcher 根据请求决定调用合适的 Action。

(3) 调用 Action 之前，经过一系列拦截器。

(4) 执行 Action 的 execute 方法，并返回一个结果码 result。

(5) 控制器根据 result，将请求转发到相应的 JSP 页面。

(6) 页面形成响应。

(7) 一系列拦截器再次被执行，顺序和开始相反。

(8) 响应被输出到浏览器中。

2. 业务逻辑层框架 Spring

Spring 是技术集成的管理平台。它提供了众多优秀开源项目的集成，包括与各种优秀的 Web 框架集成、与优秀的开源持久层 ORM 系统集成以及与其他企业级应用的集成等。Spring 框架的核心是控制翻转 IoC(Inversion of Control)/依赖注入 DI(Dependence Injection)机制。IoC 是指由容器控制组件之间的关系而非传统实现中由程序代码直接操控，这种将控制权由程序代码到外部容器的转移，称为"翻转"。DI 是对 IoC 更形象的解释，即由容器在运行期间动态地将依赖关系(如构造参数、构造对象或接口)注入到组件之中。Spring 采用设置注入(Setter 方法实现依赖)和构造注入(构造方法实现依赖)的机制，通过配置文件管理组件的协作对象。这样，不需要编写工厂模式、单例模式或者其他构造的方法,就可以通过容器直接获取所需的业务组件。Spring 框架的模块组成如图 12-4 所示。

Spring 框架由 7 个模块组成,且每个模块或组件都可以单独存在,或与其他一个或多个模块联合实现。Spring Core Container 是一个用来管理业务组件的 IoC 容器是 Spring 应用的核心;Spring DAO 和 Spring ORM 不仅提供数据访问的抽象模块,还集成了对 Hibernate、JDO 和 iBatis 等流行的 O/R mapping 框架的支持模块,并且提供了缓冲连接池、事务处理等重要的服务功能,保证了系统的性能和数据的完整性;Spring Web 模块提供了 Web 应用的一些抽象封装,可以将 Struts、WebWork 等 Web 框架与 Spring 整合成为适用于实际应用的解决方案。

3. 数据持久层框架 Hibernate

Hibernate 是开源的 Java 对象和关系数据库映射的引擎,在关系型数据库和 Java 对象之间做了一个自动映射,使得程序员可以以非常简单的方式实现对数据库的操作。Hibernate 工作原理如图 12-5 所示。

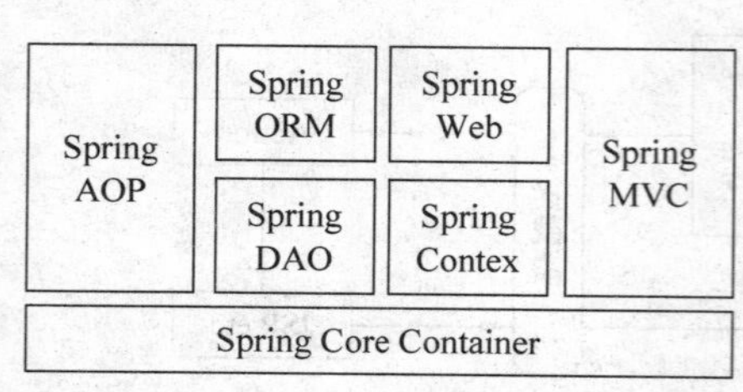

图 12-4　Spring 框架的模块组成

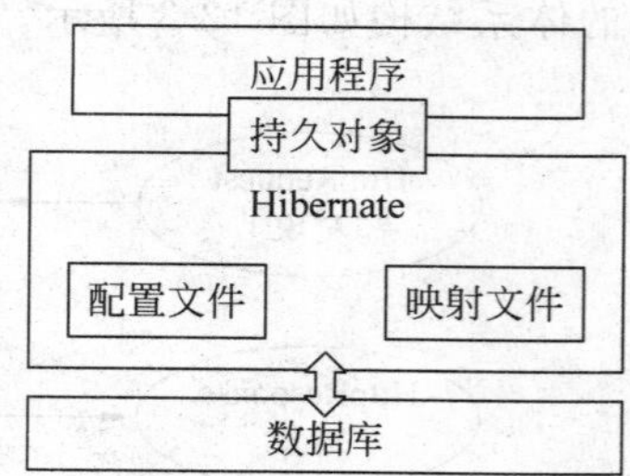

图 12-5　Hibernate 的工作原理

Hibernate 通过对 JDBC 的封装,向程序员屏蔽了底层的数据库操作,使程序员专注于面向对象程序的开发,有助于提高开发效率。程序员访问数据库所需要做的就是为持久化对象编制 XML 映射文件。底层数据库的改变只需要简单地更改初始化配置文件即可,不会对应用程序产生影响。

Hibernate 有自己的面向对象的查询语言 HQL(Hibernate Query Language),HQL 功能强大,支持目前大部分主流的数据库,如 Oracle、DB2、MySQL、Microsoft SQL Server 等。Hibernate 是目前应用最广泛的 O/R 映射工具。

4. 应用程序的分层

集成 SSH 框架的系统框架如图 12-6 所示。框架图中包括 4 层:表示层(Presentation)、持久层(Persistence)、业务层(Business)和域模块层(Domain Model)。其中,使用 Struts 作为系统的整体基础架构,负责 MVC 的分离。在 Struts 框架的模型部分,利用 Spring 框架提供对业务层的支持,利用 Hibernate 框架提供对持久层的支持。具体做法是:首先,用面向对象的分析方法根据需求提出一些模型,将这些模型实现为基本的 Java 对象;其次,采用 Hibernate 架构实现 DAO 类来完成 Java 类与数据库之间的转换和访问;然后,在 Service 中实现业务,并由 Spring 管理这些 Service Object 和相关的会话、事务对象等;最后,在 Struts 中配置 Action,并在 Action 中调用 Service Object。

系统的基本业务流程是:在表示层中,首先通过 JSP 页面实现交互页面,负责传送请求(Request)和接收响应(Response),然后 Struts 根据配置文件(struts.xml)将 FilterDispatcher 接

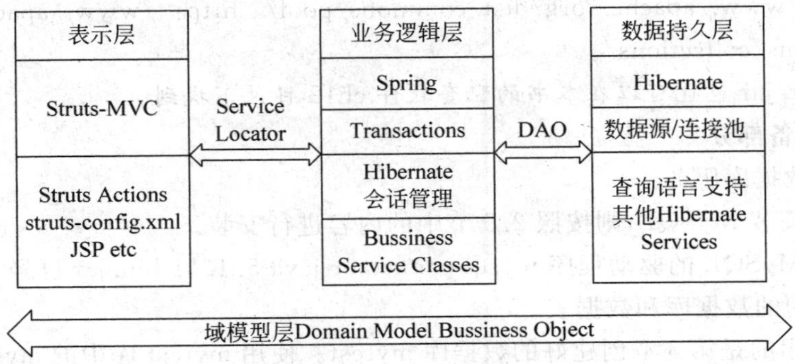

图 12-6　SSH 的系统框架

收到的 Request 委派给相应的 Action 处理。Action 中调用 Spring 提供的 Service 对象。Service 对象负责业务逻辑，通过 DAO 完成对域模块层即持久化类的持久化工作。在业务层中，Spring 把程序中所涉及的对象，如事务管理控制(Transaction Management Handler)、对象工厂(Object Factories)、服务组件(Service Objects)和 DAO 等，都通过 XML 来配置联系起来。而在持久层中，则依赖于 Hibernate 的对象化映射和数据库交互，处理 DAO 组件请求的数据，并返回处理结果。

采用上述开发模型，不仅实现了视图、控制器与模型的彻底分离，而且还实现了业务逻辑层与持久层的分离。

12.5.2　S2SH 开发准备工作

1. 搭建运行环境和开发环境

如果没有进行环境安装，请参照本书的第 2 章完成运行环境和开发环境的搭建。

2. 准备需要的 jar 包

- Struts2 的 jar 包。Struts2 的 jar 包可以从 Struts 的官方网站上下载。本例中用到的是 struts2-2.3.4。具体下载地址是 http://struts.apache.org/download.cgi#struts234。
- Spring 的 jar 包。Spring 的 jar 包可以从 Spring 的官方网站上下载。本例中用到的是 spring-framework-3.1.2。具体下载地址是 http://www.springsource.org/download/community。
- Hibernate 的 jar 包。Hibernate 的 jar 包可以从 Hibernate 的官方网站上下载。本例中用到的是 hibernate-release-4.1.5.Final，下载地址是 http://www.hibernate.org/downloads。
- MySQL 驱动程序的 jar 包。这里采用本书中使用的驱动程序 mysql-connector-java-5.1.11-bin.jar。具体下载地址是 http://dev.mysql.com/downloads/connector/j。
- 使用 DBCP 需要的 jar 包。Spring 整合 Hibernate 中使用了 DBCP，需要 3 个包：commons-dbcp.jar、commons-pool.jar、commons-collections.jar。commons-dbcp.jar 和 commons-pool.jar 是 Apache Commons 提供的为 DBCP 的数据库连接池所使用的包。commons-collections.jar 是 Apache Commons 提供的比 java.util.* 功能更强的集合类。其下载地址是 http://www.apache.org/dist/commons/dbcp/、

http://www.apache.org/dist/commons/pool/、http://www.apache.org/dist/commons/collections/。

注意：以上 jar 包也可以在本书的配套软件 ch12 目录下找到。

3. 数据准备部分

(1) 安装数据库服务。

如果没有安装 MySQL,则按照 2.5 节中的内容进行安装。

(2) 确保 MySQL 的驱动程序 mysql-connector-java-5.1.11-bin.jar 已经下载。

(3) 测试用的数据库和数据表。

本例中使用的是第 5 章创建好的数据库 mytest。使用 mytest 库中的 myuser 表作为测试用数据表。

12.5.3 整合 Struts2 部分

本节将按以下步骤整合 Struts2 框架。

(1) 创建 Web 工程,工程名为 s2sh。修改工程的字符集为 UTF-8,并将 JSTL 的类库 jstl.jar 和 standard.jar 放到 s2sh 工程的 WebContent/WEB-INF/lib 目录中。

(2) 将 s2sh 工程发布到本地 Server 上。

(3) 向工程中添加 Struts 的类库。

这里使用了 Struts2 所必需的 9 个 jar 文件,如图 12-7 所示。这 9 个 jar 文件可以从本书的配套软件 ch12 目录中找到。把它们放到 s2sh 工程的 WebContent/WEB-INF/lib 目录中即可。

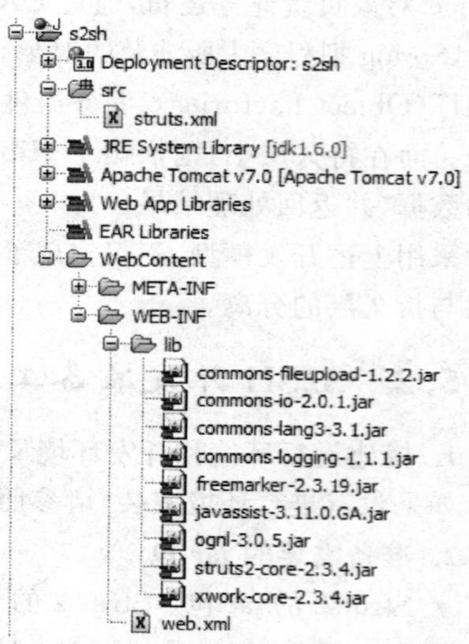

图 12-7 Struts2 所必需的 9 个 jar 包

(4) 在 web.xml 中配置 struts 的核心控制器 FilterDispatcher。

web.xml 配置文件代码如下,黑体部分是 Struts 相关的配置:

```
<?xml version = "1.0" encoding = "UTF - 8"?>
< web - app xmlns:xsi = "http://www.w3.org/2001/XMLSchema - instance"
xmlns = "http://java.sun.com/xml/ns/javaee"
xmlns:web = "http://java.sun.com/xml/ns/javaee/web - app_2_5.xsd"
xsi:schemaLocation = "http://java.sun.com/xml/ns/javaee
http://java.sun.com/xml/ns/javaee/web - app_3_0.xsd" id = "WebApp_ID" version = "3.0">
    < filter >
        < filter - name > struts2 </filter - name >
        < filter - class >
            org.apache.struts2.dispatcher.FilterDispatcher
        </filter - class >
    </filter >
    < filter - mapping >
        < filter - name > struts2 </filter - name >
        < url - pattern >/ * </url - pattern >
```

```
    </filter-mapping>
    …
</web-app>
```

注意：按照以上的配置，所有的请求将首先交给 struts2 的过滤器 org. apache. struts2. dispatcher. FilterDispatcher 进行处理。

(5) 创建 struts. xml 文件。

在 src 下创建 struts. xml 文件，代码如下：

```
<?xml version="1.0" encoding="UTF-8" ?>
<!DOCTYPE struts PUBLIC
    "-//Apache Software Foundation//DTD Struts Configuration 2.3//EN"
    "http://struts.apache.org/dtds/struts-2.3.dtd">
<struts>
</struts>
```

注意：struts. xml 的<struts>标签中没有配置任何信息。以后在框架上进行二次开发的时候，可以在这个文件中配置 Action 的访问地址格式、全路径名和返回页面的地址映射等信息，也可以直接使用注解的方式在 Action 的源文件中进行声明。

(6) 启动 Tomcat 服务，观察控制台是否有异常信息。

至此，Struts 部分已经整合完毕。可以在此基础上进行 Web 开发。视图层采用 JSP 页面，控制层由 Struts 提供。编写 Action，并在 struts. xml 中对 action 及返回页面等信息进行配置。

12.5.4 整合 Spring 部分

本节将按以下步骤整合 Spring 框架。

(1) 加入 Struts 整合 Spring 的插件。

在本书的配套软件 ch12 目录下找到 Struts 整合 Spring 的插件：struts2-spring-plugin-2.3.4. jar。将其放到 s2sh 工程的 WebContent/WEB-INF/lib 目录中即可。

(2) 如果出现如图 12-8 所示的错误提示，可以继续下一步的添加。因为加入 Spring 相关的类库后，这个错误就会消失。

```
Caused by: java.lang.NoClassDefFoundError: org/springframework/context/ApplicationContextAware
	at java.lang.ClassLoader.defineClass1(Native Method)
	at java.lang.ClassLoader.defineClass(ClassLoader.java:620)
	at java.security.SecureClassLoader.defineClass(SecureClassLoader.java:124)
	at org.apache.catalina.loader.WebappClassLoader.findClassInternal(WebappClassLoader.java:2775)
	at org.apache.catalina.loader.WebappClassLoader.findClass(WebappClassLoader.java:1115)
	at org.apache.catalina.loader.WebappClassLoader.loadClass(WebappClassLoader.java:1610)
	at org.apache.catalina.loader.WebappClassLoader.loadClass(WebappClassLoader.java:1488)
	at java.lang.ClassLoader.loadClassInternal(ClassLoader.java:319)
	at java.lang.ClassLoader.defineClass1(Native Method)
	at java.lang.ClassLoader.defineClass(ClassLoader.java:620)
	at java.security.SecureClassLoader.defineClass(SecureClassLoader.java:124)
	at org.apache.catalina.loader.WebappClassLoader.findClassInternal(WebappClassLoader.java:2775)
	at org.apache.catalina.loader.WebappClassLoader.findClass(WebappClassLoader.java:1115)
	at org.apache.catalina.loader.WebappClassLoader.loadClass(WebappClassLoader.java:1610)
	at org.apache.catalina.loader.WebappClassLoader.loadClass(WebappClassLoader.java:1488)
	at com.opensymphony.xwork2.util.ClassLoaderUtil.loadClass(ClassLoaderUtil.java:144)
	at com.opensymphony.xwork2.config.providers.XmlConfigurationProvider.register(XmlConfigurationProvider.java:214)
	... 18 more
2012-7-26 2:42:26 org.apache.catalina.core.StandardContext startInternal
严重: Error filterStart
```

图 12-8 未添加 Spring 类库的提示信息

(3) 添加 Spring 的类库。

这里使用了 Spring 所需的以下 9 个类库：

- org. springframework. core-3. 1. 2. RELEASE. jar；
- org. springframework. context-3. 1. 2. RELEASE. jar；
- org. springframework. web-3. 1. 2. RELEASE. jar；
- org. springframework. beans-3. 1. 2. RELEASE. jar；
- org. springframework. asm-3. 1. 2. RELEASE. jar；
- org. springframework. orm-3. 1. 2. RELEASE. jar；
- org. springframework. expression-3. 1. 2. RELEASE. jar；
- org. springframework. jdbc-3. 1. 2. RELEASE. jar；
- org. springframework. transaction-3. 1. 2. RELEASE. jar。

这些 jar 文件可以从本书的配套文件 ch12 目录中找到，把它们放到 s2sh 工程的 WebContent/WEB-INF/lib 目录中即可。

(4) 添加支持注解的类库。

本章均使用注解的方式对 bean 对象进行声明，这样可以省略很多原本需要在 applicationContext. xml 中编写的<bean></bean>的配置代码。这时需要加入一个支持注解的 jar 包：common-annotations. jar，在本书的配套软件 ch12 目录中可以找到该文件，该文件也需要放到 s2sh 工程的 WebContent/WEB-INF/lib 目录中。

(5) 创建 Spring 的 Bean 配置文件 applicationContext. xml。

在 src 目录中创建 Spring 的配置文件 applicationContext. xml，将来在二次开发中可以在 applicationContext. xml 中是<bean></bean>标签进行 bean 的声明，也可以使用注解的方式直接在源文件中对 bean 进行声明。

applicationContext. xml 的具体代码如下所示：

```
<?xml version = "1.0" encoding = "UTF - 8"?>
< beans xmlns = "http://www.springframework.org/schema/beans"
     xmlns:xsi = "http://www.w3.org/2001/XMLSchema - instance"
     xmlns:context = "http://www.springframework.org/schema/context"
     xsi:schemaLocation = "
          http://www.springframework.org/schema/beans
          http://www.springframework.org/schema/beans/spring - beans - 3.0.xsd
          http://www.springframework.org/schema/context
          http://www.springframework.org/schema/context/spring - context - 3.0.xsd">

</beans >
```

(6) 配置 web. xml 文件。

web. xml 代码如下，黑体部分是 spring 相关的配置：

```
<?xml version = "1.0" encoding = "UTF - 8"?>
< web - app xmlns:xsi = http://www.w3.org/2001/XMLSchema - instance
xmlns = "http://java.sun.com/xml/ns/javaee"
xmlns:web = "http://java.sun.com/xml/ns/javaee/web - app_2_5.xsd"
xsi:schemaLocation = "http://java.sun.com/xml/ns/javaee
http://java.sun.com/xml/ns/javaee/web - app_3_0.xsd" id = "WebApp_ID" version = "3.0">
```

```
<filter>
    <filter-name>struts2</filter-name>
    <filter-class>
        org.apache.struts2.dispatcher.FilterDispatcher
    </filter-class>
</filter>
<filter-mapping>
    <filter-name>struts2</filter-name>
    <url-pattern>/*</url-pattern>
</filter-mapping>
<context-param>
    <param-name>contextConfigLocation</param-name>
<param-value>classpath*:applicationContext*.xml</param-value>
</context-param>
<listener>
    <listener-class>
        org.springframework.web.context.ContextLoaderListener
    </listener-class>
</listener>
<welcome-file-list>
    <welcome-file>index.jsp</welcome-file>
</welcome-file-list>
</web-app>
```

注意：<context-param>标签配置 Spring 的配置文件 applicationContext.xml 的位置，*是通配符。<listener>标签配置加载 Spring Web 容器的类 org.springframework.web.context.ContextLoaderListener。

(7) 重启 Tomcat，观察控制台是否有异常信息。

至此，Spring 的整合也已经完成。将来可以利用 Spring 的 IoC 机制，可以在运行时获取已经配置的 bean 的实例，如 Action 对象、Service 对象或 DAO 对象。

12.5.5 整合 Hibernate 部分

整合 Hibernate 技术，是为了进行 O/R 映射，并自动生成数据库访问的 DAO。整合 Hibernate 的步骤如下：

(1) 添加 Hibernate 的类库。

这里使用了 Hibernate 所需的以下 7 个类库：

- antlr-2.7.7.jar；
- dom4j-1.6.1.jar；
- hibernate-commons-annotations-4.0.1.Final.jar；
- hibernate-core-4.1.5.Final.jar；
- hibernate-jpa-2.0-api-1.0.1.Final.jar；
- jboss-logging-3.1.0.GA.jar；
- jboss-transaction-api_1.1_spec-1.0.0.Final.jar。

这些 jar 文件可以从本书的配套软件 ch12 目录中找到，把它们放到 s2sh 工程的 WebContent/WEB-INF/lib 目录中即可。

(2) 在 applicationContext. xml 文件中配置数据源和 sessionFactory。

在 applicationContext. xml 文件中添加的代码如下所示(黑体部分):

```
<?xml version = "1.0" encoding = "UTF - 8"?>
<beans xmlns = "http://www.springframework.org/schema/beans"
    xmlns:xsi = "http://www.w3.org/2001/XMLSchema - instance"
    xmlns:context = "http://www.springframework.org/schema/context"
    xsi:schemaLocation = "
        http://www.springframework.org/schema/beans
        http://www.springframework.org/schema/beans/spring - beans - 3.0.xsd
        http://www.springframework.org/schema/context
        http://www.springframework.org/schema/context/spring - context - 3.0.xsd">
    <bean id = "datasource"
        class = "org.apache.commons.dbcp.BasicDataSource"
        destroy - method = "close">
        <property name = "driverClassName" value = "com.mysql.jdbc.Driver">
        </property>
        <property name = "url"
                value = " jdbc: mysql://localhost: 3306/mytest? useUnicode = true&amp;
characterEncoding = gbk">
        </property>
        <property name = "username" value = "root"></property>
        <property name = "password" value = "root"></property>
    </bean>
    <bean id = "sessionFactory"
        class = "org.springframework.orm.hibernate4.LocalSessionFactoryBean">
        <property name = "dataSource">
            <ref bean = "datasource" />
        </property>
        <property name = "hibernateProperties">
            <props>
                <prop key = "hibernate.dialect">
                    org.hibernate.dialect.MySQL5Dialect
                </prop>
                <prop key = "hibernate.hbm2ddl.auto"> update </prop>
                <prop key = "show_sql"> true </prop>
            </props>
        </property>
    </bean>
</beans>
```

applicationContext. xml 文件中增加了对 datasource 和 sessionFactory 的配置。并且在 sessionFactory 的属性 dataSource 中引用了之前配置好的 datasource。

(3) 出现如图 12-9 所示的错误,是由于 Hibernate 需要使用的 jar 包没有全部加入,因此可以进行下一步的 DBCP 相关包的添加。

```
严重: Error listenerStart
2012-7-26 5:42:06 org.apache.catalina.core.StandardContext startInternal
严重: Context [/s2sh] startup failed due to previous errors
```

图 12-9 提示 Web 应用 S2SH 没有加载

注意：出现 Error listenerStart 一般是 applicationContext. xml 中的 bean 加载有问题。从日志信息看是 applicationContext. xml 的 datasource 问题，有些相关的 jar 或文件并没有加载到工程中。

(4) 添加 DBCP 相关的 jar 包。

为了使用 DBCP 的功能，必须加入 commons-dbcp. jar，commons-pool. jar 和 commons-collections. jar。它们都可以在本书的配套软件 ch12 目录下找到，把它们放到 s2sh 工程的 WebContent/WEB-INF/lib 目录中即可。

(5) 重启 Tomcat 访问，观察控制台是否有异常信息。

至此，Struts2＋Spring＋Hibernate 的整合初步完成。

12.5.6 基于 S2SH 的开发实例

下面将通过一个简单的实例来展示如何进行基于 S2SH 框架的 Web 应用开发。该实例同样完成了用户登录功能，和第 6 章实现的登录效果相同，仍然使用第 5 章创建好的 mytest 库中的 myuser 表作为用户表。

下面将按照数据持久层、业务逻辑层、表示层的顺序说明实例的开发实现过程。数据持久层包括持久化类和 DAO 的创建以及 Hibernate 的映射配置等；业务逻辑层包括 Service 类的创建和 Spring 的 applicationContext. xml 的配置等；表示层包括 Action 的创建，struts. xml 的配置，以及 Action 相应的验证文件和属性文件的创建等；视图层层包括视图文件的创建。

本章实例使用 Spring 对 Action、Service 和 DAO 对象进行管理，并且采用注解的方式对 bean 对象进行声明和注入，因此 hibernate 的配置文件 hibernate. cfg. xml 和实体与表的映射文件 *. hbm. xml 不再需要，而且也不用再在 Spring 的配置文件中编写大量的配置代码。

整个工程的文档结构如图 12-10 所示。

1. 数据持久层实现

数据持久层由 Java 对象持久化类（实体类）、数据访问对象（DAO）和 Hibernate 的映射文件等组成。每个数据库表都对应着一个持久化类。这里所使用的表是第 5 章创建好的 myuser 表。

下面根据已经建好的数据库表 myuser 编写持久化类 tea. dao. MyUser 和数据访问对象 tea. dao. MyUserDAO，并且在 Spring 的配置文件中对 Hibernate 所需的 SessionFactory 对象进行配置。通过 SessionFactory 对象，Hibernate 可以缓冲一些 SQL 语句和映射数据以及一些可能会重复使用的数据，并且通过它可以获得用于缓冲持久层对象的 session 对象。

(1) 创建持久化类 MyUser。

MyUser 是对应于 myuser 表的一个持久化类，使用注解@Entity 声明该类是一个持久化类，注解@Table 声明该类与数据表 myuser 的映射关系。具体代码如下：

```
package tea.dao;
import javax.persistence.Column;
import javax.persistence.Entity;
```

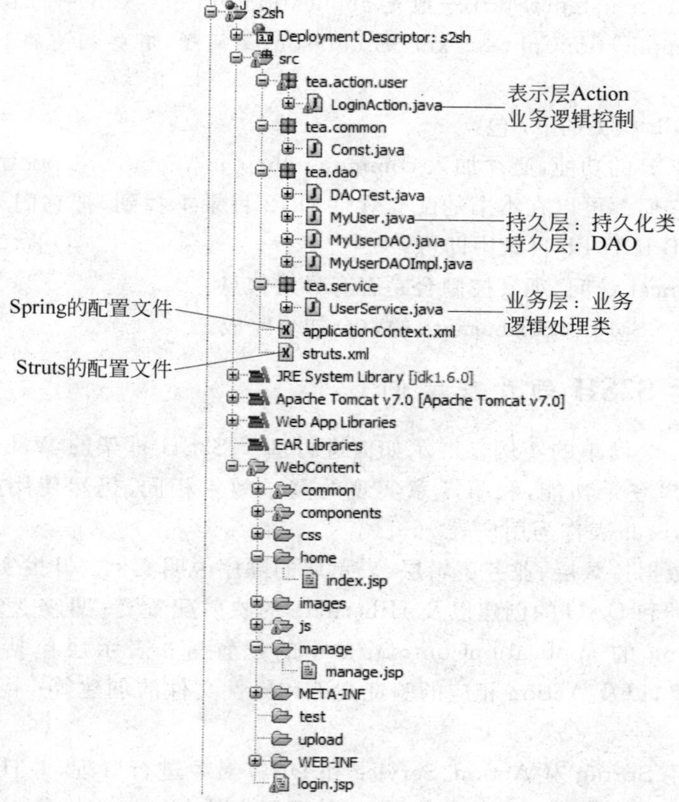

图 12-10　S2SH 的工程文档结构

```
import javax.persistence.GeneratedValue;
import javax.persistence.GenerationType;
import javax.persistence.Id;
import javax.persistence.Table;
/**
 * MyUser entity.
 */
@Entity
@Table(name = "myuser")
public class MyUser implements java.io.Serializable {
    private static final long serialVersionUID = 1L;
    private int user_no;
    private String user_id;
    private String user_name;
    private String user_pass;
    private String user_email;
    /** default constructor */
    public MyUser() {
    }
    @Id
    @Column(length = 4)
    @GeneratedValue(strategy = GenerationType.AUTO)
```

```
    public int getUser_no() {
        return user_no;
    }
    public void setUser_no(int user_no) {
        this.user_no = user_no;
    }
    public String getUser_id() {
        return user_id;
    }
    public void setUser_id(String user_id) {
        this.user_id = user_id;
    }
    public String getUser_name() {
        return user_name;
    }
    public void setUser_name(String user_name) {
        this.user_name = user_name;
    }
    public String getUser_pass() {
        return user_pass;
    }
    public void setUser_pass(String user_pass) {
        this.user_pass = user_pass;
    }
    public String getUser_email() {
        return user_email;
    }
    public void setUser_email(String user_email) {
        this.user_email = user_email;
    }
}
```

(2) 创建数据访问接口 MyUserDAO 和实现类 MyUserDAOImpl。

MyUser 是一个数据访问接口，为 MyUser 实体提供了持久化和查询等支持。MyUserDAO 具体代码如下：

```
package tea.dao;
import java.util.List;
public interface MyUserDAO {
    /**
     * 添加一个用户
     * @param MyUser
     */
    public void save(MyUser user) ;
    /**
     * 更新一个用户
     * @param MyUser
     */
    public void update(MyUser user) ;
    /**
     * 删除一个用户
```

```
    * @param MyUser
    */
   public void delete(MyUser user) ;
   /**
    * 得到所有的用户
    * @return
    */
   public List < MyUser > findAll() ;
   /**
    * 根据名为 propertyName 的属性值 value 查找用户
    * @return
    */
   public List < MyUser > findByProperty(String propertyName, Object value) ;
}
```

MyUserDAOImpl 是 MyUserDAO 的一个实现类,使用注解@component 声明了由 Spring 来创建该 DAO 对象,使用注解@Resource 对 sessionFactory 属性进行注入。

这里仅实现了添加和查找用户的方法,其余方法可以由读者自行完成,具体代码如下:

```
package tea.dao;
import java.util.List;
import javax.annotation.Resource;
import org.apache.commons.logging.Log;
import org.apache.commons.logging.LogFactory;
import org.hibernate.Query;
import org.hibernate.SessionFactory;
import org.springframework.stereotype.Component;
@Component("myDAO")
public class MyUserDAOImpl implements MyUserDAO{
    private static final Log log = LogFactory.getLog(MyUserDAOImpl.class);
    @Resource(name = "sessionFactory")
    private SessionFactory sessionFactory;
    @SuppressWarnings("unchecked")
    @Override
    public List < MyUser > findAll() {
        log.debug("findAll");
        List < MyUser > list = null;
        try{
            Session session = sessionFactory.openSession();
            String hql = "from MyUser";
            list = session.createQuery(hql).list();
            session.close();
        }catch(Exception e){
            e.printStackTrace();
        }
        return list;
    }
    @SuppressWarnings("unchecked")
    @Override
    public List < MyUser > findByProperty(String propertyName, Object value) {
        log.debug("finding MyUser instance with property: " + propertyName
```

```
                + ", value: " + value);
        List<MyUser> list = null;
        try {
            Session session = sessionFactory.openSession();
            String hql = "from MyUser where " + propertyName + " = :user_id";
            Query query = session.createQuery(hql);
            query.setParameter("user_id", value.toString());
            list = query.list();
            session.close();
        } catch (RuntimeException e) {
            log.error("find by property name failed", e);
            e.printStackTrace();
        }
        return list;
    }
    @Override
    public void save(MyUser myuser) {
        log.debug("saving MyUser instance");
        try {
            Session session = sessionFactory.openSession();
            session.save(myuser);
            session.close();
            log.debug("save successful");
        } catch (RuntimeException e) {
            log.error("save failed", e);
            e.printStackTrace();
        }
    }
    @Override
    public void update(MyUser user) {
        //TODO Auto - generated method stub

    }
    @Override
    public void delete(MyUser user) {
        //TODO Auto - generated method stub

    }
}
```

(3) 在 applicationContext. xml 中对 SessionFactory 对象进行配置。

Spring 的 applicationContext. xml 配置文件的代码如下：

```
<?xml version = "1.0" encoding = "UTF - 8"?>
<?xml version = "1.0" encoding = "UTF - 8"?>
<beans xmlns = "http://www.springframework.org/schema/beans"
    xmlns:xsi = "http://www.w3.org/2001/XMLSchema - instance"
    xmlns:context = "http://www.springframework.org/schema/context"
    xsi:schemaLocation = "
        http://www.springframework.org/schema/beans
        http://www.springframework.org/schema/beans/spring - beans - 3.0.xsd
```

```
        http://www.springframework.org/schema/context
        http://www.springframework.org/schema/context/spring-context-3.0.xsd">
    <!-- 对指定包中的所有类进行扫描,以完成 Bean 创建和自动依赖注入的功能 -->
    <context:component-scan base-package="tea.action,tea.service,tea.dao"/>
    <bean id="datasource" class="org.apache.commons.dbcp.BasicDataSource"
        destroy-method="close">
        <property name="driverClassName" value="com.mysql.jdbc.Driver">
        </property>
        <property name="url"
            value="jdbc:mysql://localhost:3306/mytest?useUnicode=true&amp;
                characterEncoding=gbk">
        </property>
        <property name="username" value="root"></property>
        <property name="password" value="root"></property>
    </bean>
    <bean id="sessionFactory"
        class="org.springframework.orm.hibernate4.LocalSessionFactoryBean">
        <property name="dataSource">
            <ref bean="datasource" />
        </property>
        <property name="hibernateProperties">
            <props>
                <prop key="hibernate.dialect">
                    org.hibernate.dialect.MySQL5Dialect
                </prop>
                <prop key="hibernate.hbm2ddl.auto">update</prop>
                <prop key="show_sql">true</prop>
            </props>
        </property>
        <!-- 自动扫描指定包中的持久化类进行映射 -->
        <property name="packagesToScan" value="tea.dao"/>
    </bean>
</beans>
```

注意:

- <context:component-scan base-package="tea.action,tea.service,tea.dao"/>的作用是让 Spring 自动扫描指定包中的所有类,并默认以 byName 的方式进行依赖注入。
- 在 Spring 创建 MyUserDAOImpl 对象时,会根据注解@Resource 的声明,自动将 sessionFactory 对象注入 MyUserDAOImpl 对象的同名属性 sessionFactory 中。
- SessionFactory 的 bean 配置中增加了一个<property name="packagesToScan" value="tea.dao"/>,用以自动扫描指定包中的持久化类并确定与相应数据表的映射。

(4) 在 tea.dao 包中,创建测试类 DAOTest,具体代码如下:

```
package tea.dao;
import java.util.List;
import org.springframework.context.ApplicationContext;
```

```
import org.springframework.context.support.FileSystemXmlApplicationContext;
public class DAOTest {
    /**
     * @param args
     */
    public static void main(String[] args) {
        //TODO Auto-generated method stub
        ApplicationContext context = new FileSystemXmlApplicationContext(
                "/WebContent/WEB-INF/classes/applicationContext.xml");
        //实例化数据访问对象
        MyUserDAOImpl myDAO = (MyUserDAOImpl) context.getBean("myDAO");
        //按 user_id 查询用户
        List<MyUser> list = myDAO.findByProperty("user_id", "zhangsan");
        System.out.println("user_name:" + list.get(0).getUser_name());
        //添加一个新用户
        MyUser user = new MyUser();
        user.setUser_id("zhaoliu");
        user.setUser_name("赵六");
        user.setUser_pass("123");
        myDAO.save(user);
        //查询所有用户
        list = myDAO.findAll();
        //列出表中所有数据
        for (MyUser u : list) {
            System.out.print(u.getUser_no() + "    ");
            System.out.print(u.getUser_id() + "    ");
            System.out.print(u.getUser_name() + "    ");
            System.out.print(u.getUser_pass() + "    ");
            System.out.println(u.getUser_email());
        }
    }
}
```

(5) 运行 DAOTest,测试结果如图 12-11 所示。

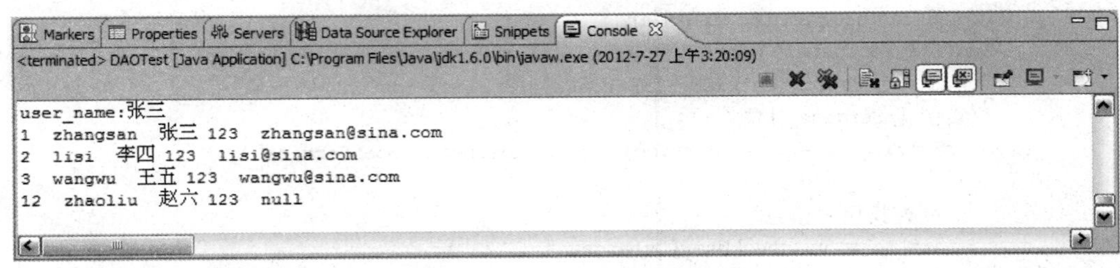

图 12-11 持久层代码测试结果

2. 业务逻辑层实现

业务逻辑层由 Spring 框架支持,提供了处理业务逻辑的服务组件。开发者需要对业务对象建模,抽象出业务模型并封装在 Model 组件中。由于数据持久层实现了 Java 持久化类并且封装了数据访问对象,因此可以在 Model 组件中方便地调用 DAO 组件来存取数据。Spring 的 IoC 容器负责统一管理 Model 组件和 DAO 组件以及 Spring 所提供的事务处理、缓冲连接池等服务组件。

在本实例中,通过业务建模创建了用户模型 UserService 类,封装了对用户信息的查询功能。UserService 类通过调用数据访问类 MyUserDAO 实现对用户数据的操作。这些组件的关系将通过源文件中的注解联系起来。

(1) 创建 Service。

src 下创建 tea. service 包,在包中创建类 UserService。使用注解@Service 声明 userService 对象由 Srping 负责创建,使用注解@Resource 声明 myDAO 属性由 Spring 进行依赖注入。具体代码如下:

```
package tea.service;
import java.sql.SQLException;
import java.util.List;
import javax.annotation.Resource;
import org.springframework.stereotype.Service;
import tea.dao.MyUser;
import tea.dao.MyUserDAOImpl;
@Service(value = "userService")
public class UserService {
    //声明 myDAO 数据库访问对象并由 Spring 进行注入
    @Resource(name = "myDAO")
    private MyUserDAOImpl myDAO;
    //checkUser 方法调用 myUserDAO 的 findByProperty 方法,根据用户名查找用户信息,
    //判断密码是否正确
    public int checkUser(String user_id,String user_pass) throws SQLException {
        List<MyUser> list = myDAO.findByProperty("user_id", user_id);
        for(MyUser u: list){
            if(user_pass.equals(u.getUser_pass()))
                return u.getUser_no();;
        }
        return -1;
    }

    //测试 Service 类的方法
    public static void main(String[] args) {
        ApplicationContext context = new FileSystemXmlApplicationContext(
                "/WebContent/WEB-INF/classes/applicationContext.xml");
        //实例化 Service 对象
        UserService us = (UserService) context.getBean("userService");
        try {
            //查找用户信息
            int no = us.checkUser("zhangsan", "123");
            if(no>0)
                System.out.println("用户名 zhangsan 密码 123 是合法用户");
            else
                System.out.println("用户名 zhangsan 密码 123 是非法用户");
        } catch (Exception e) {
            e.printStackTrace();
        }
    }
}
```

出于方便考虑，直接在 UserService 中写了测试用的 main 方法。

(2) 运行 UserService 类，观察运行结果，确保 Service 中的业务方法是正确的。

3. 表示层的实现

(1) 在 S2SH 工程中，表示层由 Struts 框架负责管理，其中的前端控制器由 Struts 提供，即整合 Struts 框架时，在 web. xml 中配置的 org. apache. struts2. dispatcher. FilterDispatcher。该过滤器负责接收所有 action 结尾的用户请求，然后根据具体的请求格式调用不同的应用控制器进行处理。

(2) 实现登录功能的应用控制器 LoginAction。

创建包 tea. action. user，在包中创建类 LoginAction。使用注解@Controller 声明 login 对象由 Spring 负责创建，使用注解@Resource 声明 userService 属性由 Spring 进行依赖注入，具体代码如下：

```
package tea.action.user;
import java.util.HashMap;
import java.util.Map;
import javax.annotation.Resource;
import org.springframework.stereotype.Controller;
import tea.common.Const;
import tea.service.UserService;
import com.opensymphony.xwork2.ActionContext;
import com.opensymphony.xwork2.ActionSupport;
@Controller(value = "login")
public class LoginAction extends ActionSupport {
    private static final long serialVersionUID = 1L;
    //属性变量名与 request 中的属性名字一致
    private String user_id;
    private String user_pass;
    private String type;
    //属性变量 userService,与 UserService 中@Service 声明的 value 值相同
    @Resource(name = "userService")
    private UserService userService;
    //用于返回信息给视图的属性变量
    private Map user;
    private String loginErr;
    //私有属性变量的访问器方法
    public String getUser_id() {
        return user_id;
    }
    public void setUser_id(String user_id) {
        this.user_id = user_id;
    }
    public String getUser_pass() {
        return user_pass;
    }
    public void setUser_pass(String user_pass) {
        this.user_pass = user_pass;
    }
    public String getType() {
```

```
        return type;
    }
    public void setType(String type) {
        this.type = type;
    }
    public Map getUser() {
        return user;
    }
    public String getLoginErr() {
        return loginErr;
    }
    //Action 中会被自动执行的方法,返回值类型是 String
    public String execute() throws Exception {
        String forward = "";
        int no = -1;
        if(type.equals("tea")) {
            no = userService.checkUser(user_id,user_pass);
            forward = "manage";
        }
        else{
            no = userService.checkUser(user_id,user_pass);
            forward = "home";
        }
        if(no>0){//合法用户
            //合法登录用户的编号存入 session
            ActionContext.getContext().getSession().put("user_no",no+"");
            ActionContext.getContext().getSession().put("user_id",user_id);
            return forward;
        }
        else{//非法用户
            user = new HashMap();
            user.put("user_id", user_id);
            user.put("user_pass", user_pass);
            user.put("type", type);
            loginErr = Const.LOGIN_ERROR;
            return "login";
        }
    }
}
```

(3) 在 struts.xml 中配置 Action。

在 struts.xml 中,<package>用于声明包,通常会将功能相似的 Action 放在同一个包中声明。在同一个包中的 Action 拥有相同的命名空间 namespace,即相同的访问路径。Struts 允许包进行多重继承,一个包继承了另一个包,就相当于继承了那个包中所有的定义。

本实例中 Action 对象也交给 Spring 进行统一创建和管理,因此声明 LoginAction 时,并未具体指明其全路径名,而是使用了 login 这个名字,也就是 Spring 在创建 bean 对象(Action 对象)时的 id 属性值。具体的配置代码如下所示:

```
<?xml version = "1.0" encoding = "UTF - 8"?>
<!DOCTYPE struts PUBLIC
    " - //Apache Software Foundation//DTD Struts Configuration 2.3//EN"
    "http://struts.apache.org/dtds/struts - 2.3.dtd">
< struts >
    < package name = "user" extends = "struts - default" namespace = "/user">
        < action name = "login" class = "login">
            < result name = "manage">/manage/manage.jsp </result >
            < result name = "home">/home/index.jsp </result >
            < result name = "login">/login.jsp </result >
        </action >
    </package >
</struts >
```

4. 视图层的实现

视图层的视图文件包括 login.jsp、manage.jsp 和 index.jsp。其实现和运行效果与第 6 章完全相同,在此不再赘述。

小　　结

本章简单介绍了设计模式和架构模式,J2EE 中的分层架构模式。针对 WebFrame 框架的不足,完成了前端控制器的设计与实现。应用流行框架组合 Struts2 + Spring + Hibernate,搭建了 S2SH 框架实例。通过前端控制器设计实例与 S2SH 框架的搭建实例,读者可以进一步理解和掌握 MVC 架构模式和流行的 Web 开发框架。

思　　考

1. AdvancedWebFrame 应用中的 Convert 以及 ActionDispatcher 中是否使用了 Java 的反射机制?

2. 如何完成一个服务定位器,以方便 Action 中访问 Service,而不需要在每一个访问 Service 的 Action 中都将这个 Service 声明为属性,并且编写相应的访问器方法?

3. 查阅 Hibernate 的常用 API,思考 12.5.6 节的 MyUserDAOImpl 中,更新和删除操作如何实现?

4. 如何在 Spring 中进行配置 Hibernate 的事务管理?

练　　习

1. 完善 AdvancedWebFrame 应用中的 Convert 验证和转换类,实现从 String 到 double、float 以及其包装类的验证和转换。

2. 基于 S2SH 框架,封装通用功能:登录处理拦截器。

3. 基于 S2SH 框架,封装通用功能:分页显示。

4. 基于 S2SH 框架,封装通用功能:文件上传/下载。

测　试

1. 在前端控制器模式应用的基础上,完成一个注册功能。
2. 在 S2SH 框架的基础上,完成作业管理子系统的设计文档。
3. 在 S2SH 框架的基础上,实现作业管理子系统。

参考文献

[1] 张阳，刘冰月，李绪成. Java Web 开发实践教程——从设计到实现. 北京：清华大学出版社，2008.

[2] Deepak Alur，John Crupi，Dan Malks. J2EE 核心模式. 刘天北译. 北京：机械工业出版社，2005.

[3] Struts 官方网站. http://struts. apache. org

[4] Spring 官方网站. http://www. springsource. org/download/community/.

[5] Hibernate 官方网站. http://www. hibernate. org/downloads/.

[6] Apache Tomcat 官方网站. http://tomcat. apache. org/tomcat-7. 0-doc/index. html.